高等学校机械类专业“十三五”规划教材

东北大学秦皇岛分校教材建设基金资助

现代机械工程图学

主　编　赵玉倩　王新刚

副主编　王海峰　黄　鹏　杨　乐

西安电子科技大学出版社

内容简介

本书适用于本科机械类专业“机械制图”课程的延伸和扩展。全书共六章，主要包括组合体、轴测图、标准件和常用件、零件图、装配图、其他工程图简介等内容。

本书引入工程项目绘图训练，旨在使学生掌握设计与制造生产图样的综合知识，同时培养学生的形象思维能力和创新思维能力，提高学生的综合应用能力和工程素养。

图书在版编目(CIP)数据

现代机械工程图学 / 赵玉倩，王新刚主编. —西安：西安电子科技大学出版社，2019.12
ISBN 978-7-5606-5550-5

Ⅰ. ① 现…　Ⅱ. ① 赵…　② 王…　Ⅲ. ① 机械制图—教材　Ⅳ. ① TH126

中国版本图书馆 CIP 数据核字(2019)第 270180 号

策划编辑　刘小莉
责任编辑　权列秀　阎　彬
出版发行　西安电子科技大学出版社（西安市太白南路 2 号）
电　　话　(029)88242885　88201467　邮　　编　710071
网　　址　www.xduph.com　电子邮箱　xdupfxb001@163.com
经　　销　新华书店
印刷单位　陕西天意印务有限责任公司
版　　次　2019 年 12 月第 1 版　2019 年 12 月第 1 次印刷
开　　本　787 毫米×1092 毫米　1/16　印张 11
字　　数　223 千字
印　　数　1～2000 册
定　　价　32.00 元
ISBN 978－7－5606－5550－5 / TH
XDUP 5852001-1

前　言

本书根据教育部高等学校工程图学教学指导委员会2015年制定的《高等学校工程图学课程教学基本要求》，吸取近年来教育改革和计算机图形学发展的新成果，按照国家质量技术监督局发布的最新国家标准，在传统工程图学课程内容的基础上，从教学实际和基本要求出发，对教学内容进行了重新编写。

本书是“机械制图”的后续课程。全书共六章，主要包括组合体、轴测图、标准件和常用件、零件图、装配图、其他工程图简介等内容，部分章节中还融入了基于Solidworks 2018的机件信息建模技术。

本书引入工程项目绘图训练，可使学生掌握设计与制造生产图样的综合知识，培养学生的形象思维能力和创新思维能力，提高学生的综合应用能力和工程素养。本书以综合性机械工程项目绘图形式将机械制图课程的难点展开讲授，旨在强化和提升学生的绘图水平。

本书为东北大学秦皇岛分校教材建设基金资助项目，由赵玉倩、王新刚任主编，王海峰、黄鹏、杨乐任副主编，参加本书编写工作的还有姜潇潇、陈超等。

由于编者水平有限，书中难免存在不足，请广大读者批评指正。

编　者

2019年10月

目　录

第一章 组 合 体

任何机械零件，从形体的角度看，都是由一些简单的平面立体和曲面立体组合而成的，如棱柱、棱锥、棱台、圆柱、圆锥、圆台等。组合体可以看作是将工艺结构简化后的零件。应用形体分析法和线面分析法，可实现组合体的画图、读图和尺寸标注。通过本章的学习，学生能够根据给定的轴测图画组合体的三视图；能够根据给定组合体的三视图想象出组合体的空间形状；能够由组合体的两个视图画出组合体的第三视图；能够完整、准确、清晰地标注组合体的尺寸。

第一节 三视图的形成及其投影规律

一、三视图的形成

将物体向指定投影面投射所得的图形称为视图，如图 1.1 所示。物体的视图由围成物体表面的点、线、面的投影组成。视图是一个二维图形，一个投影面的视图不足以表达一个空间物体的三维几何结构。从图 1.1 中可以看出，两个结构不同的物体其视图可能相同。

将物体置于如图 1.2 所示的三投影面体系中，分别向三个投影面投射。

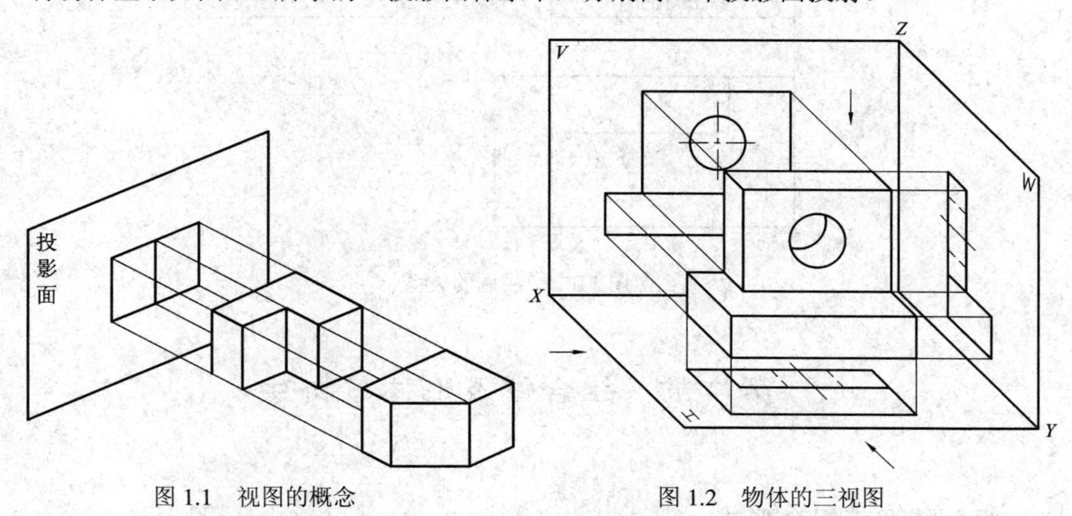

图 1.1 视图的概念　　　　图 1.2 物体的三视图

从前往后投射，在正面上得到的正面投影图形称为主视图；从上往下投射，在水平面上得到的水平投影图形称为俯视图；从左往右投射，在侧面上得到的侧面投影图形称为左视图或侧视图。将三个视图展开在一个平面上，得到物体的三视图。

二、三视图之间的关系

如图 1.3 所示，三视图之间的位置关系为：俯视图在主视图的正下方，左视图在主视图的正右方。按照这种位置配置视图时，国家标准规定不用标注视图的名称。

从图 1.2 和图 1.3 可以看出，主视图反映物体的长度和高度；俯视图反映物体的长度和宽度；左视图反映物体的高度和宽度。由此可以得出三视图之间的投影规律：

主视图、俯视图长度相等(长对正)；

主视图、左视图高度相等(高平齐)；

俯视图、左视图宽度相等(宽相等)。

“长对正、高平齐、宽相等”是画图和看图必须遵循的最基本的投影规律。无论是整体的投影还是局部的投影都必须符合这个规律。组成视图的点、线、面的投影也必须符合这个规律。

由图 1.3 还可以看出，主视图反映物体的上下、左右的位置关系；俯视图反映物体的左右、前后的位置关系；左视图反映物体的上下、前后的位置关系。

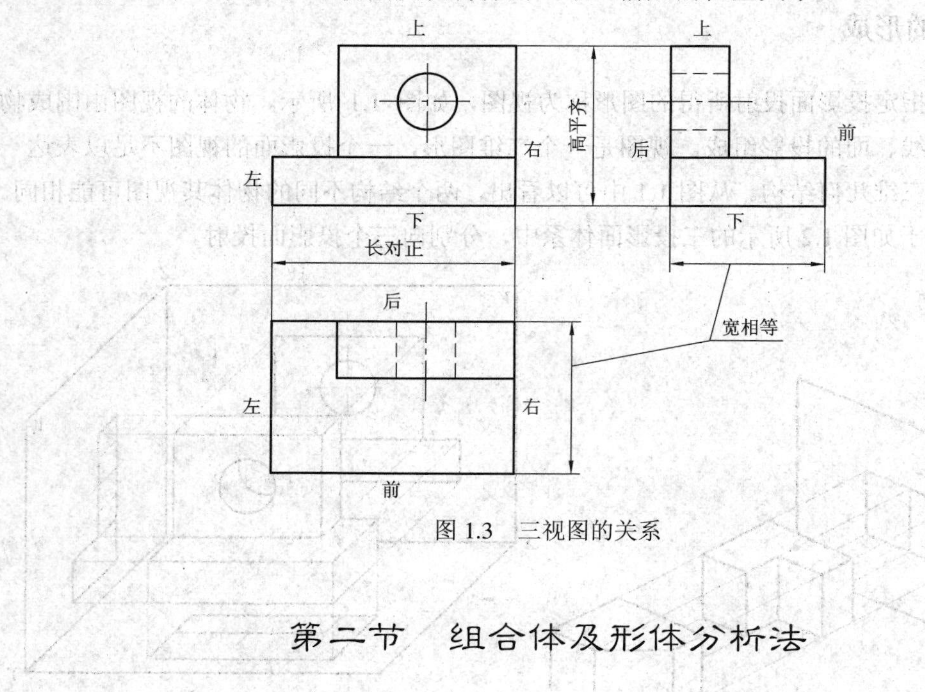

图 1.3　三视图的关系

第二节　组合体及形体分析法

一、组合体及其组合形式

由一些简单的基本形体组合而成的立体称为组合体。组合体的组合方式有叠加和切割两种。按其组合方式及形状特征，组合体可以分为叠加型组合体、切割型组合体、综合型组合体三种。组合方式及形状特征不同，三视图的绘制方法就不同。

1. 叠加型组合体

叠加型组合体是由基本体按不同形式叠加而形成的，如图 1.4 所示。该组合体由圆柱同轴叠加在正六棱柱左端面形成。绘制三视图时应依次绘制各基本体。

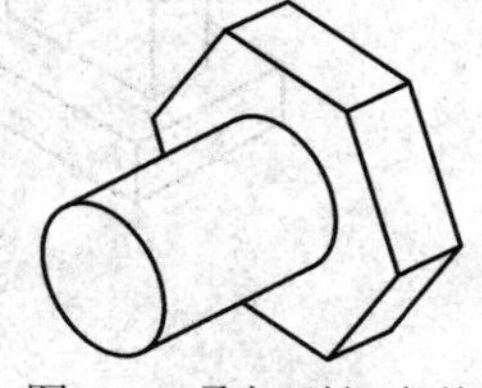

图 1.4　叠加型组合体

2. 切割型组合体

切割型组合体是按一定的要求，在基本体上进行切割所得到的形体，如图 1.5 所示。该组合体由大长方体作为主体，分别挖切小长方体、小长方体、小三棱柱及小圆柱组成。绘制三视图时应先画大长方体三视图，再从积聚性视图入手，依次挖切小基本体。

3. 综合型组合体

切割型组合体是若干个基本体经叠加和切割后所得到的形体，是组合体中最常见的类型，如图 1.6 所示。该组合体可以看成由底板、支承板、圆筒和肋板叠加形成。其中底板由大长方体作为主体，挖切小长方体形成底槽，挖切两个圆柱体形成螺栓孔；支承板可以看成三棱柱挖切圆柱形成；圆筒可以看成由大圆柱挖切小圆柱形成。

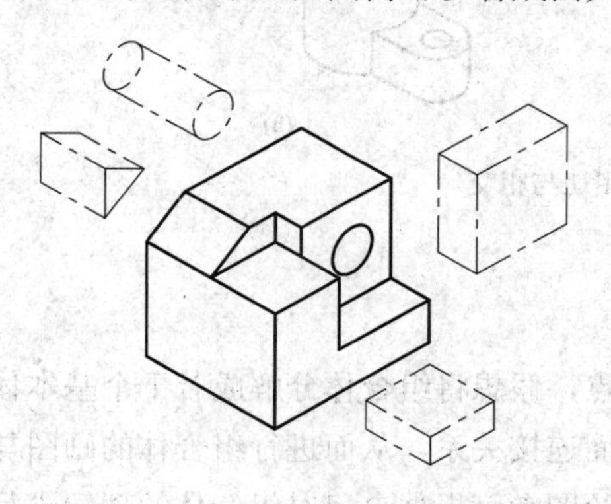

图 1.5　切割型组合体

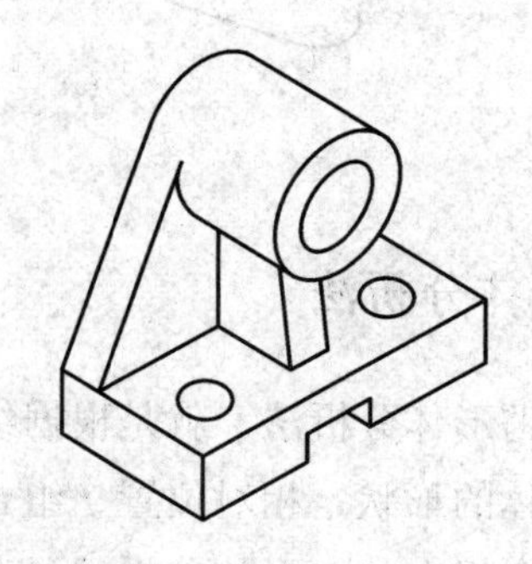

图 1.6　综合型组合体

二、组合体表面间的连接关系

1. 平齐与错开

形体间平面与平面的连接可分为平齐、错开。当两个基本体的表面不平齐时，中间应该有线，如图 1.7(a)所示；当两个基本体的表面平齐时，中间应该无线，如图 1.7(b)所示。

2. 相切与相交

形体间平面与曲面相切时无交线，如图 1.8(a)所示；形体间平面与曲面相交时有交线，如图 1.8(b)所示。

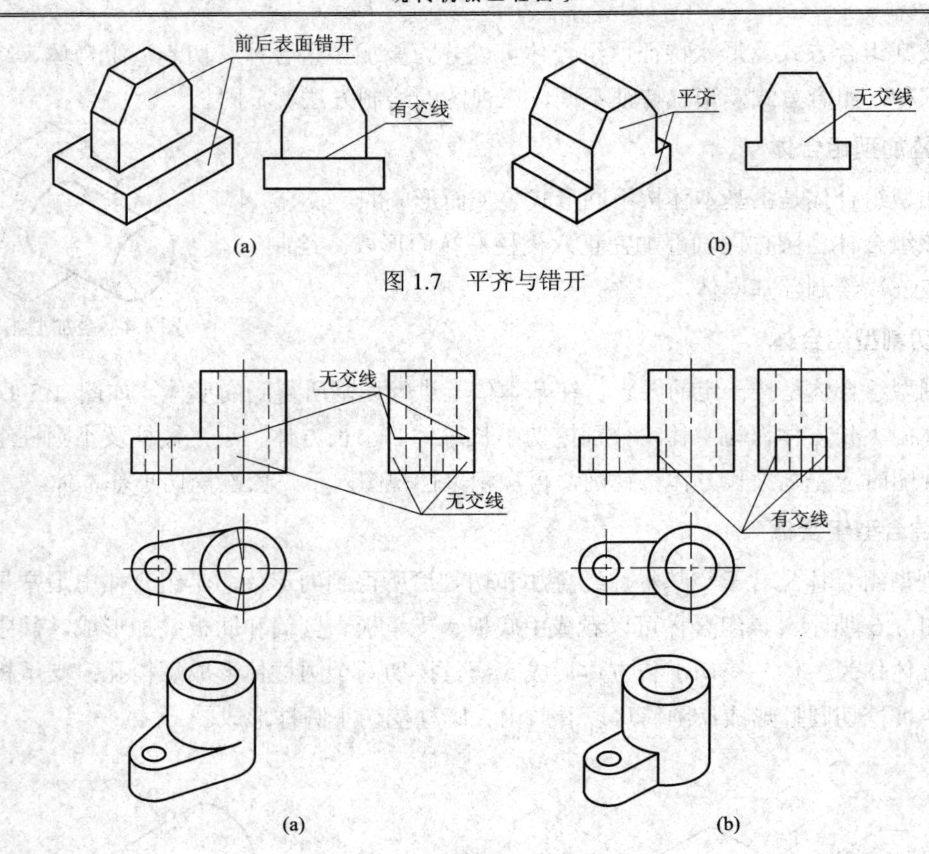

图 1.7　平齐与错开

图 1.8　相切与相交

三、形体分析法

所谓形体分析法，就是根据组合体的特点，假想将组合体分解成若干个基本体，弄清各基本体的形状、相对位置、组合方式和表面连接关系，从而进行组合体的画图与读图。对于一个组合体，形体分析法没有唯一解，绘图者可根据自己对组合体的理解进行分析。叠加型组合体是从小基本体到大组合体进行形体分析，切割型组合体需要先找到大基本体进行形体分析，综合型组合体是依据组合体的特点分解成若干带有挖切特征的小组合体进行形体分析的。

第三节　组合体三视图的画法

一、综合型组合体三视图的画法

下面以图 1.9(a)所示的轴承座为例，说明绘制组合体三视图的方法和步骤。

1. 分析形体

轴承座是用来支承轴的。用形体分析法把它假想分解成五部分：安装用的底板，与轴相配的圆筒，支撑圆筒的支承板和肋板，注油用的凸台，如图 1.9(b)所示。

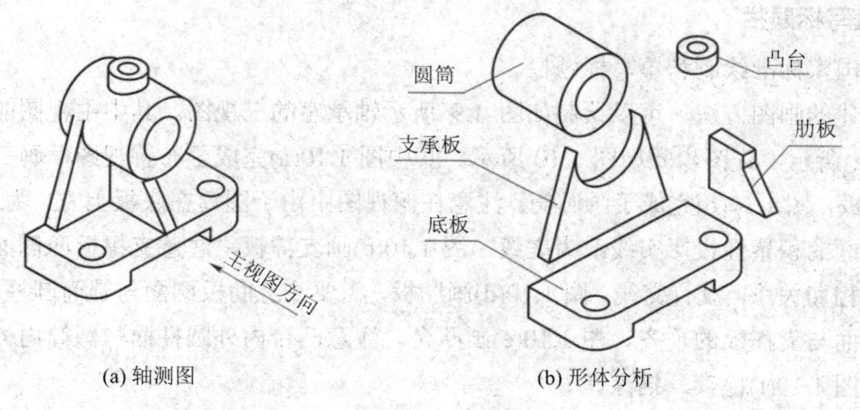

图 1.9　轴承座

2. 选择主视图

三视图中，主视图是最主要的视图，选择时要从两个方面考虑：一是组合体的放置位置，通常将其放正(主要轮廓或轴线平行或垂直于投影面)；二是主视图的投影方向，选择最能反映形体结构特征、表面连接关系的视图作为主视图，同时还要考虑其他视图上不可见轮廓线(细、虚线)要少。

3. 选图幅定比例

根据组合体的尺寸选择图纸的尺寸，确定恰当的比例。尺规绘图中要先选择绘图比例和图纸幅面尺寸；CAD 绘图中，先采用 1∶1 的比例绘图，出工程图时再确定比例和图幅。确定图幅时除了要考虑图形尺寸外，还应留足标注尺寸和画标题栏的空间。

4. 画底图

(1) 布置视图，画基准线。布置视图时，应根据各个视图每个方向的最大尺寸，在视图之间留足标注尺寸的空隙，使视图布局合理，排列均匀，画出各视图的作图基准线。

(2) 按照所分解的形体，逐个画出各形体的三视图。要逐个形体地画三视图，且要先画特征视图。每个视图要先画主要部分，后画次要部分；先画可见部分，后画不可见部分；先画圆弧，后画直线。

5. 检查、整理

底图画好后要注意检查各基本体表面之间的连接方式。表面平齐没有线，表面错开有线；表面相切没有线，表面相交有线。注意视图中表面间的前后关系引起的实线变虚线。

6. 描粗、描深

尺规绘图描粗、描深时，要注意组合体的组合形式和连接方式，边画图边修改，以提高画图的速度，还要避免出现漏线或多线。二维 CAD 绘图中，为避免线宽引起的绘图误差，通常在完成底图绘制后显示线宽。在三维图生成工程图的过程中，要注意切边的显示和隐藏。

7. 填写标题栏

依据国家标准绘制和填写标题栏。

按上述的画图方法，可以绘制如图 1.9 所示轴承座的三视图。其中主视图的投影方向如图 1.9(a)所示，作图步骤如图 1.10 所示。其中图 1.10(a)完成了布置视图，画三视图基准线，画底板；图 1.10(b)完成了画圆筒。注意在俯视图中由于圆筒在底板上方，为重叠区域，底板后表面的积聚性投影实线改为虚线。图 1.10(c)画支撑板，注意支撑板两侧面与圆筒外圆柱面的相切关系，没有交线。图 1.10(d)画肋板，需要注意肋板侧面与圆筒圆柱面的相交，肋板后表面与支撑板的平齐。图 1.10(e)画凸台，注意凸台内外圆柱面与圆筒内外圆柱面的相贯线。图 1.10(f)检查、描深。

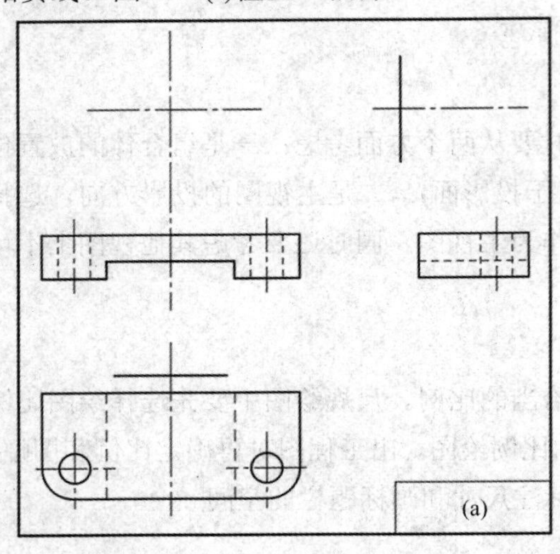
(a)

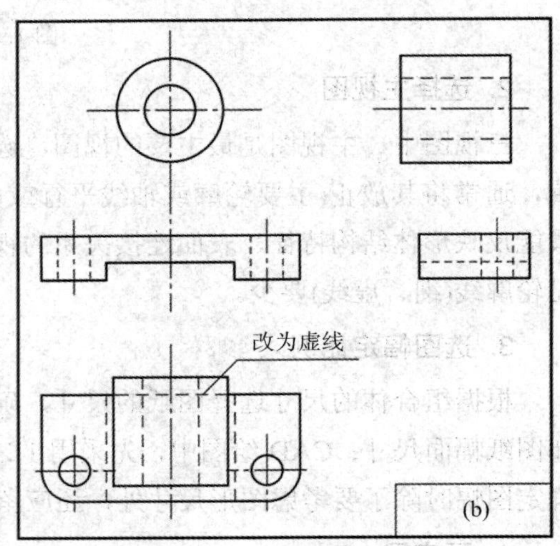

(b)

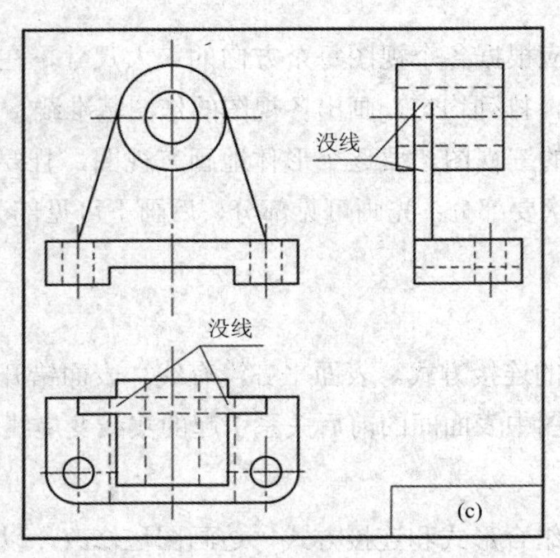

(c)

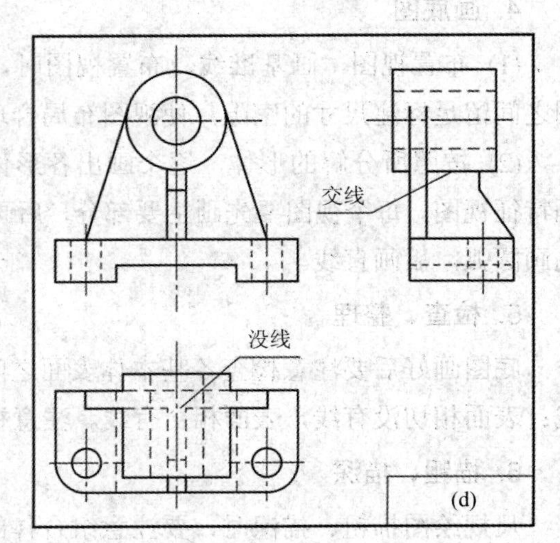

(d)

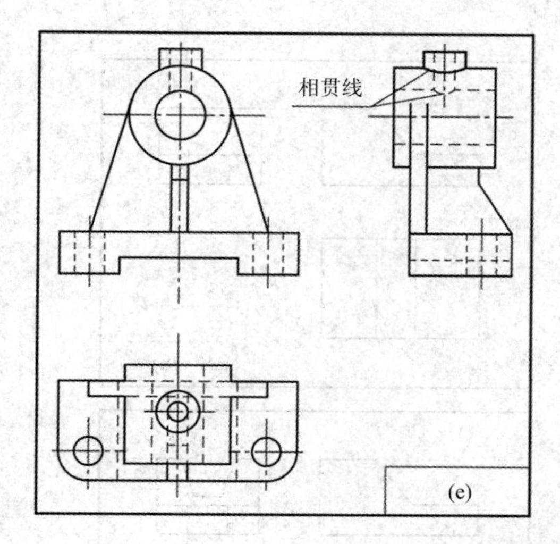

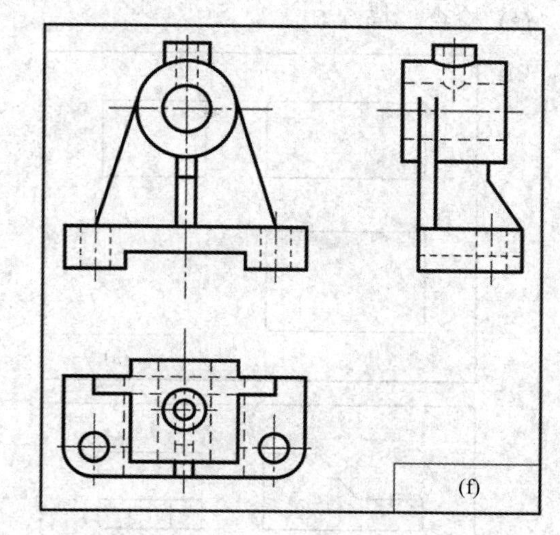

图 1.10 轴承座三视图的绘制过程

二、切割型组合体三视图的画法

如图 1.11 所示为切割型组合体。绘制其三视图时，首先要进行形体分析，分析完整基本体的形状以及截切面的位置，然后选定主视图方向，最后按照求截交线的方法和步骤，从大到小逐个截面绘制三视图。

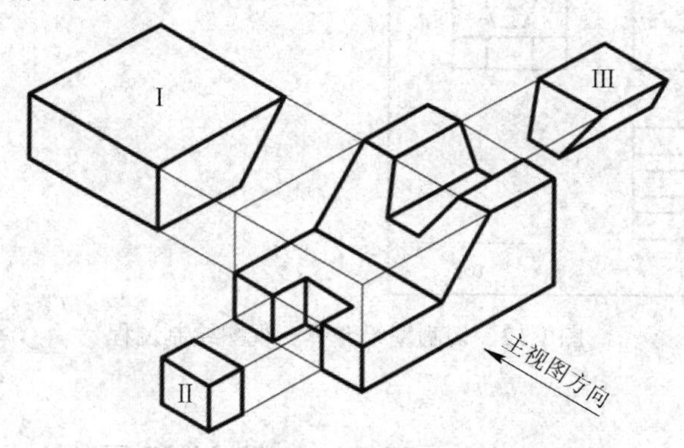

图 1.11 切割型组合体

绘图过程分为五个步骤，如图 1.12(a)～(e)所示。

(a) 布置视图，画基准线，画完整几何体。本例中基本几何体为长方体，各面积聚性投影包含了基准线。

(b) 切割六面体Ⅰ。六面体Ⅰ各表面积聚于主视图，从主视图开始绘制。

(c) 切割六面体Ⅱ。六面体Ⅱ各表面积聚于俯视图，从俯视图开始绘制，需要注意六面体Ⅱ左端面在主视图中不可见，用虚线表达。

(d) 切割六面体Ⅲ。六面体Ⅲ各表面积聚于左视图，从左视图开始绘制，需要注意六面体Ⅲ下表面在主视图中不可见，用虚线表达。

(e) 检查、描深。

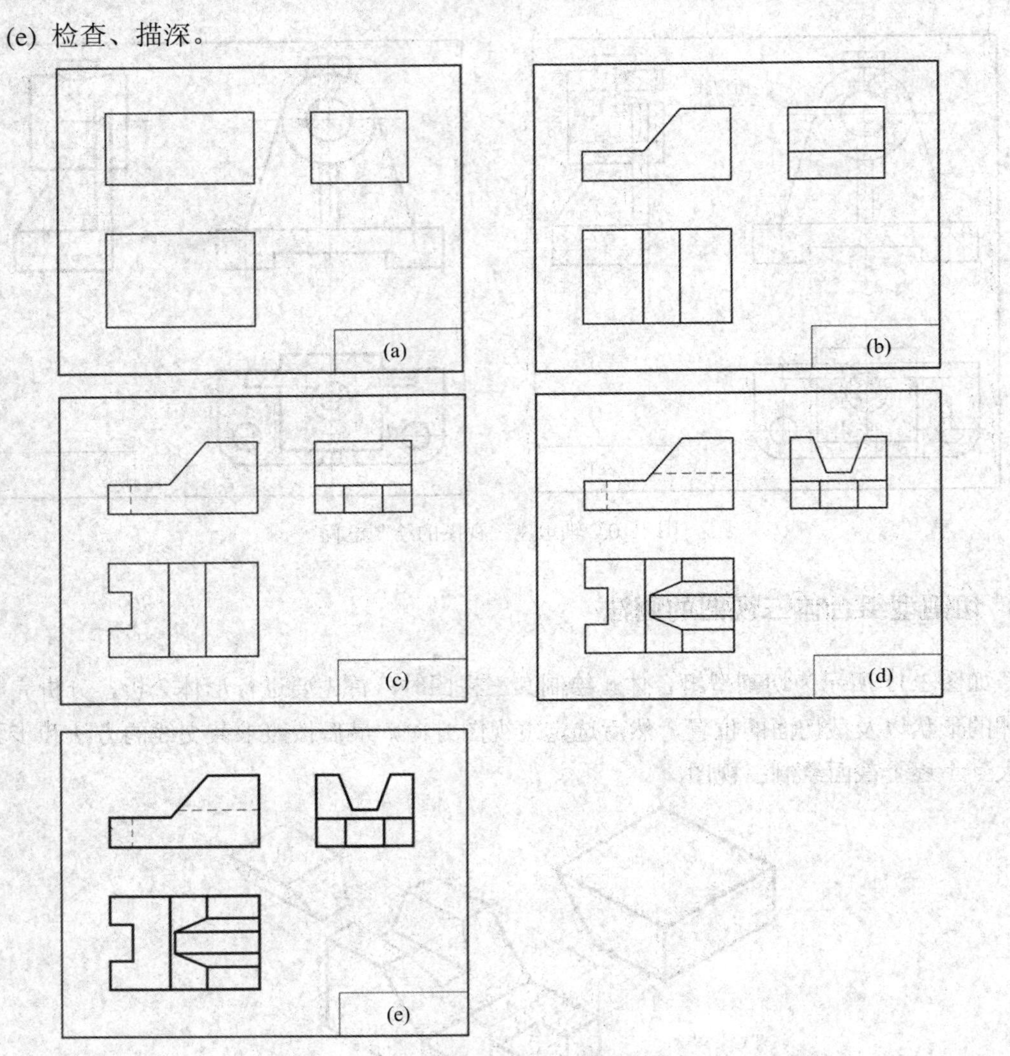

图 1.12　切割型组合体三视图绘制过程

第四节　读组合体的视图

一、读图的基本要领

1. 将几个视图联系起来读

一般情况下，一个视图往往不能唯一地表达物体的结构形状，因此，在读图时，一定要把几个视图联系起来，进行分析构思，才能想象出组合体的形状来。

如图 1.13(a)～(e)所示的五组视图，它们的主视图都相同，但实际上表示了五种不同形状的组合体。

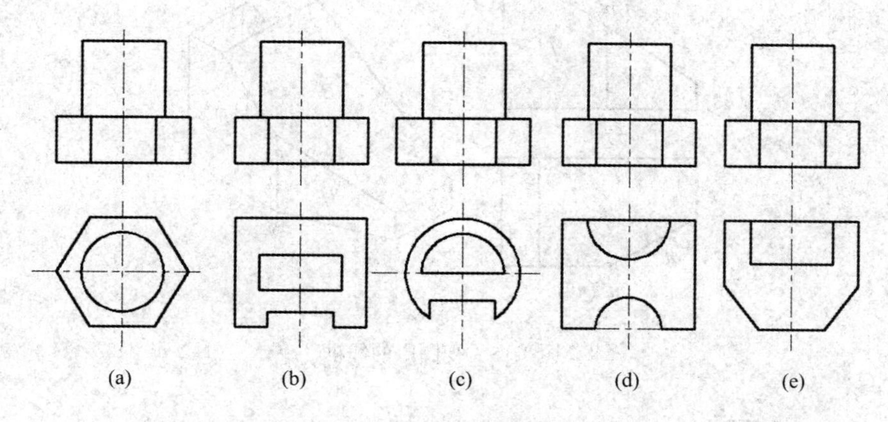

图 1.13 几个视图联系起来读

2. 要找出特征视图

特征视图包括“形状特征”和“位置特征”视图。“形状特征”视图是指最能反映形体形状特征的视图，如图 1.13 所示的五组视图中的俯视图。“位置特征”视图是指最能反映组合体形体之间相互关系的视图，如图 1.14 所示的这组视图中，形状特征Ⅰ、Ⅱ在主视图中表达出来了，要确定组合体的结构形状，还必须看表示位置特征的左视图。

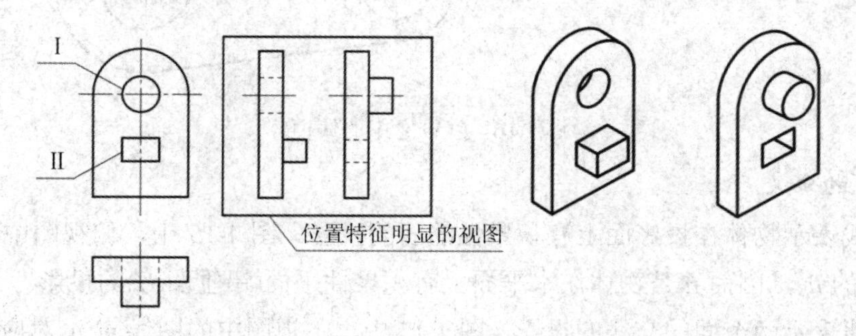

图 1.14 特征视图

3. 应弄清楚视图中线框和图线的含义

1) 线框的含义

(1) 视图中的每一个封闭线框通常是表示物体上的一个面(平面或曲面)的投影。如图 1.15 所示，在俯视图中，a、b 两个线框对应主视图可知，线框 a 是水平面，线框 b 是正垂面。其他线框也均表示了立体上的一个面的投影。

(2) 视图中相邻两个线框表示物体上两个不同的面。图 1.15 中，主视图中 h'、f'线框表示相交的两个面(h'线框是铅垂面、f'线框是正平面)的投影。

(3) 处在线框之中的线框，可能表示的是凸面、凹面或通孔，如图 1.16 所示。

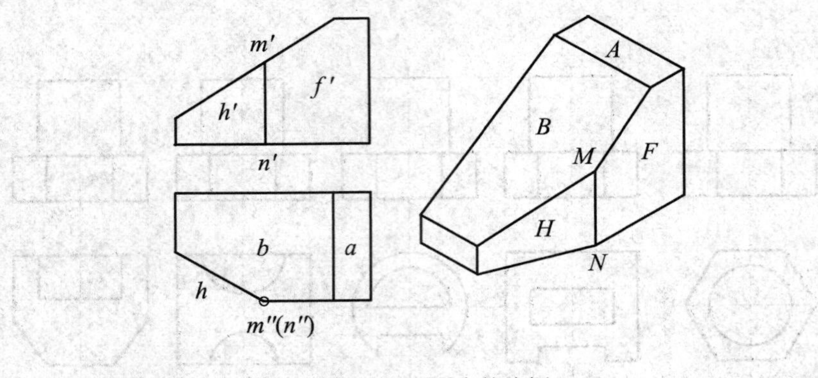

图 1.15　视图中的线框

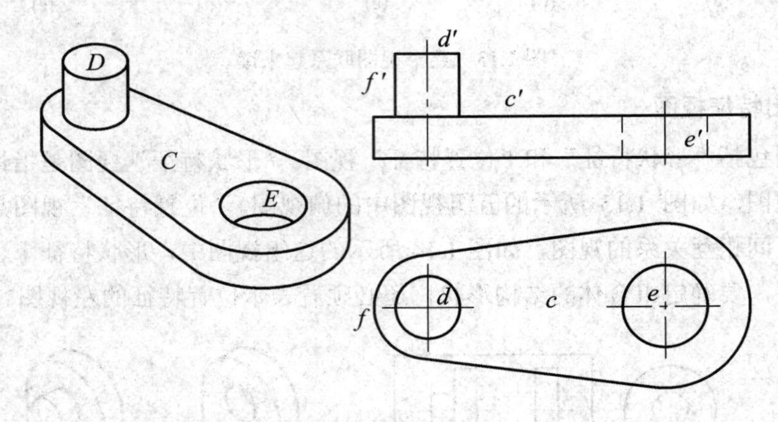

图 1.16　线框之中的线框

2) 图线的含义

(1) 图线表示物体在投影面上有积聚性的面的投影。图 1.15 中，俯视图中的图线 h 对应主视图中的 h'，因而 h 是物体在水平面上有积聚性平面(铅垂面 H)的投影。

(2) 图线表示两个面的交线的投影。图 1.15 中，主视图中的图线 $m'n'$ 对应俯视图中积聚成一点的 $m''(n'')$，因而图线 $m'n'$ 是铅垂面 H 与正平面 F 的交线的投影。

(3) 图线表示曲面立体转向轮廓线的投影。如图 1.16 所示，主视图中的图线 f' 对应俯视图中积聚成一点的 f，因而图线 f' 是圆柱面转向轮廓线的正面投影。

二、读图的基本方法

1. 形体分析法

用形体分析法读图时，首先在反映组合体形状特征的视图上着手划分线框，再对照其他视图，想象出每个形体的空间形状，最后根据图示的各形体间的组合方式和表面连接关系综合起来，就可得到组合体完整的空间结构形状。

现以图 1.17 所示的组合体三视图为例，说明用形体分析法读图的一般步骤。

(1) 分线框，对投影。从已知的三视图上可知，主视图为特征视图，该组合体组合方式主要为叠加式，且左右对称。整个组合体大致可分为三个部分，故将其主视图分成三个线框 1、2、3，如图 1.17 所示。

(2) 分部分，想形状。依据三视图之间“长对正、高平齐、宽相等”的投影规律，找出每一个线框所对应的部分，从而想象出每一个线框所表示的基本形体的空间形状。

(3) 综合起来想整体。综合起来想象组合体的整体形状。组合体的整体形状如图 1.18 所示。

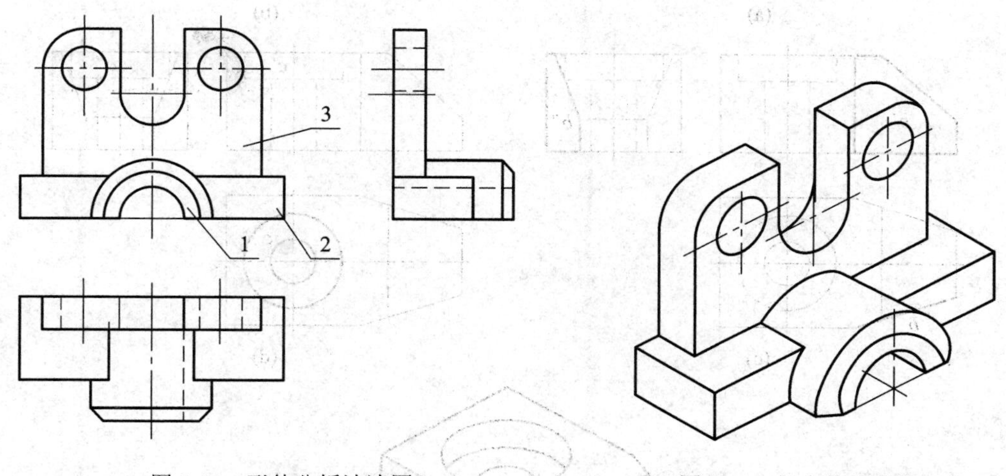

图 1.17 形体分析法读图　　图 1.18 组合体的整体形状

2. 线面分析法

线面分析法，就是以线、面的投影规律为基础，分析视图中各线框和图线所表达的意义，以确定各表面的形状和相对位置，最后综合想象出由这些表面和图线所围成的组合体的整体空间形状。

下面以图 1.19(a)所示的压块的三视图为例，说明用线面分析法读图的方法和步骤。

(1) 初步了解、分析视图。从压块的三视图的轮廓形状看，它的基本形状为一长方体，是经不同位置的平面切割后形成的。

(2) 分线框、想含义、定位置。从图 1.19(b)中可知 *A* 为正垂面；从图 1.19(c)中可知 *B* 为铅垂面；从图 1.19(d)中可知 *C* 为一个阶梯孔(其轴线为铅垂线)。

(3) 综合起来想整体。根据各线、面间的相对位置，可以想象出压块的空间形状，如图 1.19(e)所示。

读组合体视图常常是形体分析法和线面分析法并用。通常情况下，读叠加型和综合型组合体视图以形体分析法为主，再辅以线面分析法；读切割型组合体视图以线面分析法为主。

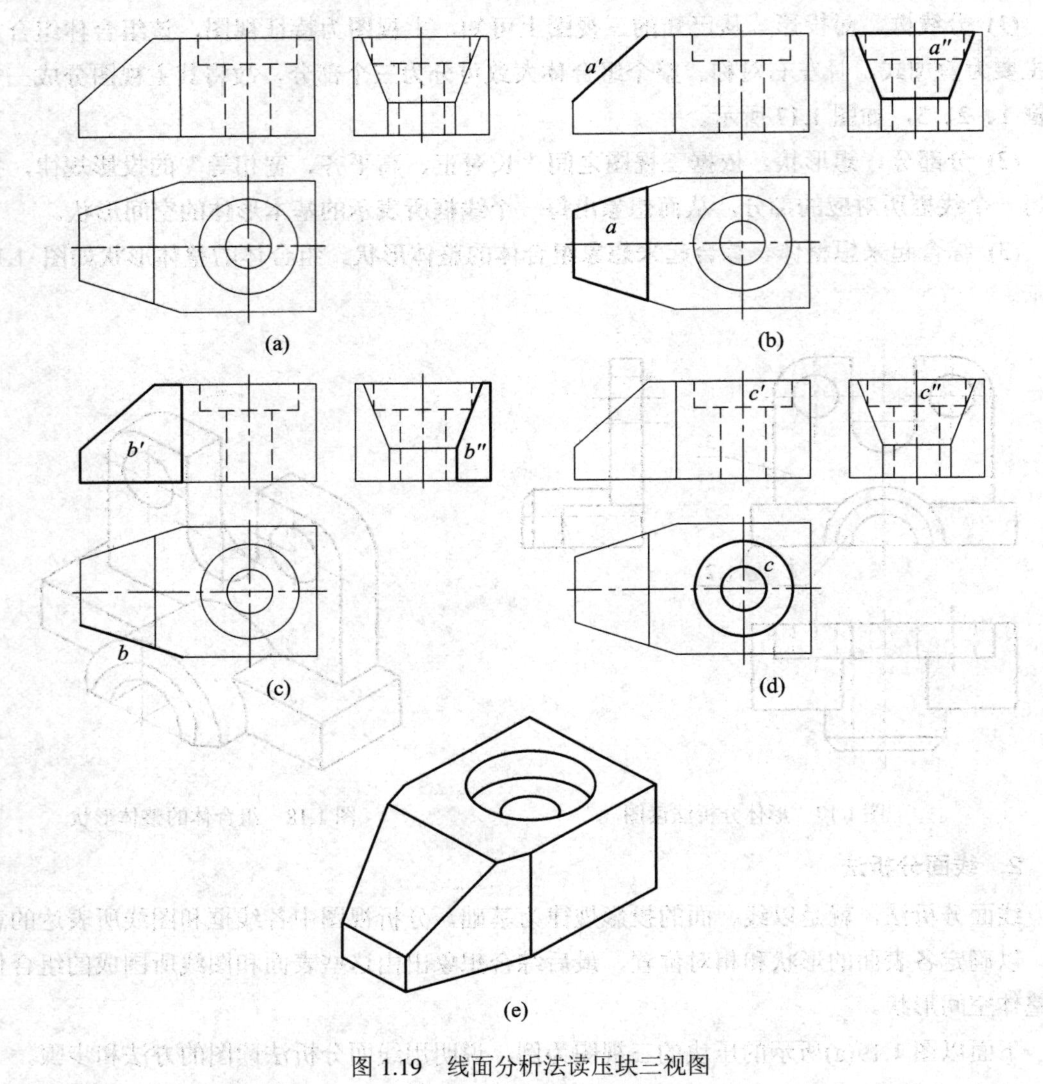

图 1.19 线面分析法读压块三视图

三、读图举例

由已知两个视图补画第三视图、由已知视图补画缺线，是培养分析问题和解决问题能力的重要方法。补图、补线一般是在读懂视图的基础上进行的。

【例 1.1】 如图 1.20(a)所示，已知组合体的主视图和俯视图，补画左视图。

分析： 采用形体分析法。从主视图入手，划分成四个封闭的实线框，在俯视图上分别找出相对应的投影，想象出它们的空间形状分别为：带切口的半圆筒Ⅰ、左连接板Ⅱ和右连接板Ⅲ、支承板Ⅳ。半圆筒的切口上开有一小方孔，方孔与半圆筒的内表面产生交线。半圆筒与左右连接板相交，支承板与半圆筒相交，分别产生交线。想象出组合体的整体空间形状，如图 1.20(b)所示。

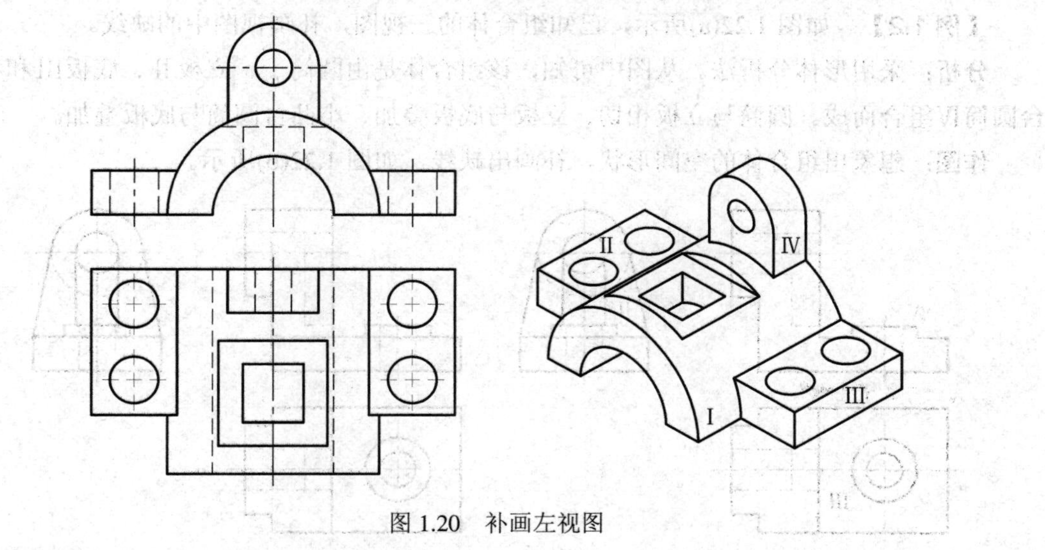

图 1.20　补画左视图

作图：

(1) 补画半圆筒的左视图，如图 1.21(a)所示；

(2) 补画左右连接板的左视图，如图 1.21(b)所示；

(3) 补画支承板的左视图，如图 1.21(c)所示。

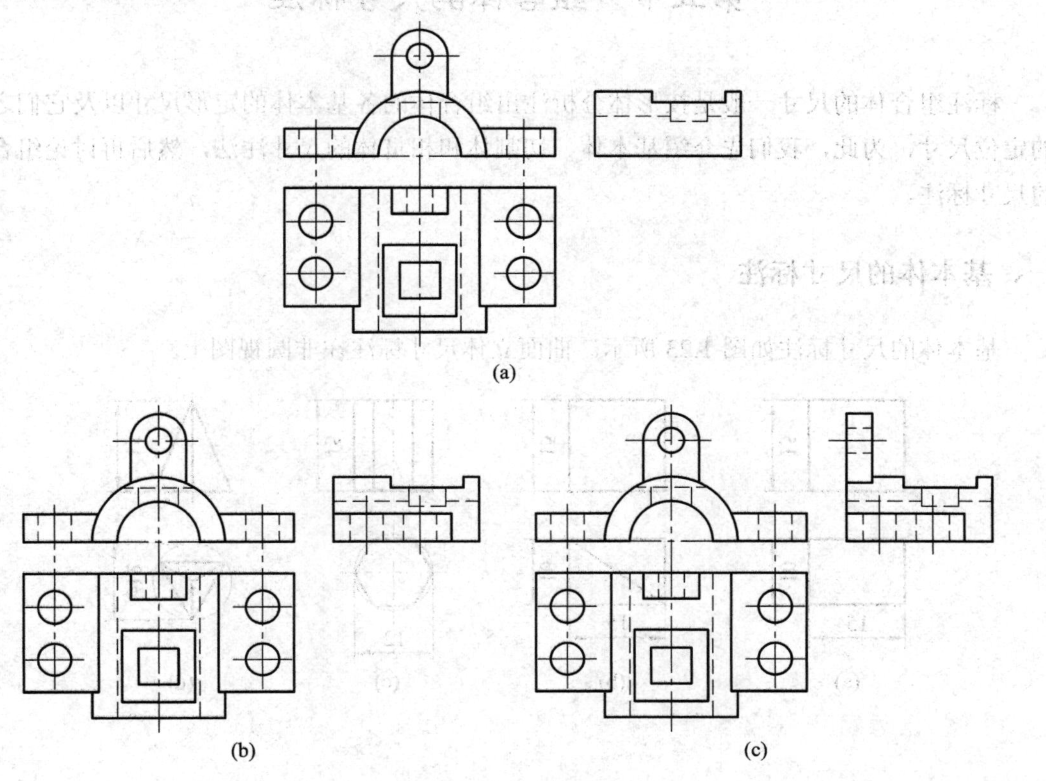

图 1.21　补画左视图

【例 1.2】 如图 1.22(a)所示，已知组合体的三视图，补画视图中的缺线。

分析：采用形体分析法。从图中可知，该组合体是由圆筒Ⅰ、立板Ⅱ、底板Ⅲ和小凸台圆筒Ⅳ组合而成。圆筒与立板相切、立板与底板叠加、小凸台圆筒与底板叠加。

作图：想象出组合体的空间形状，补画出缺线，如图 1.22(b)所示。

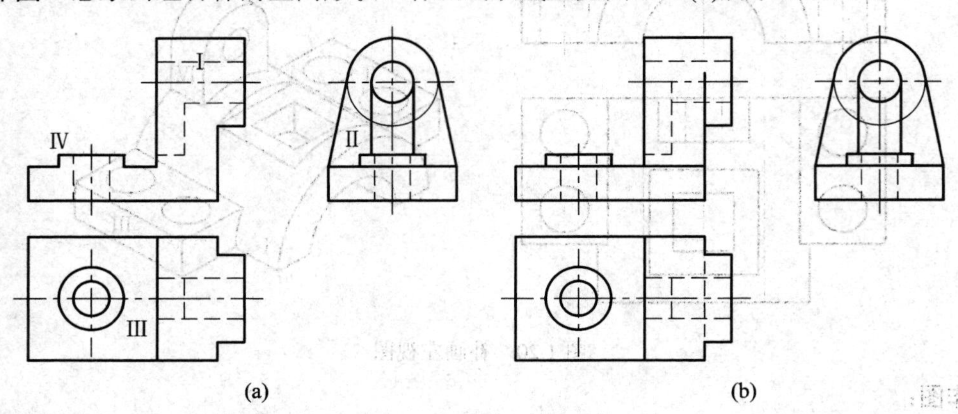

图 1.22 补画视图中的缺线

第五节 组合体的尺寸标注

标注组合体的尺寸一般是按形体分析注出组合体的各基本体的定形尺寸以及它们之间的定位尺寸，为此，我们先介绍基本体、切割体和相贯体的尺寸注法，然后再讨论组合体的尺寸标注。

一、基本体的尺寸标注

基本体的尺寸标注如图 1.23 所示。曲面立体尺寸标注在非圆视图上。

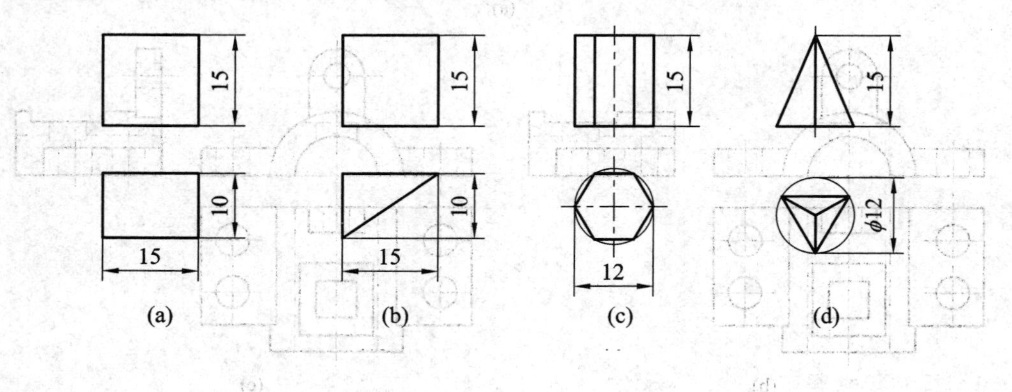

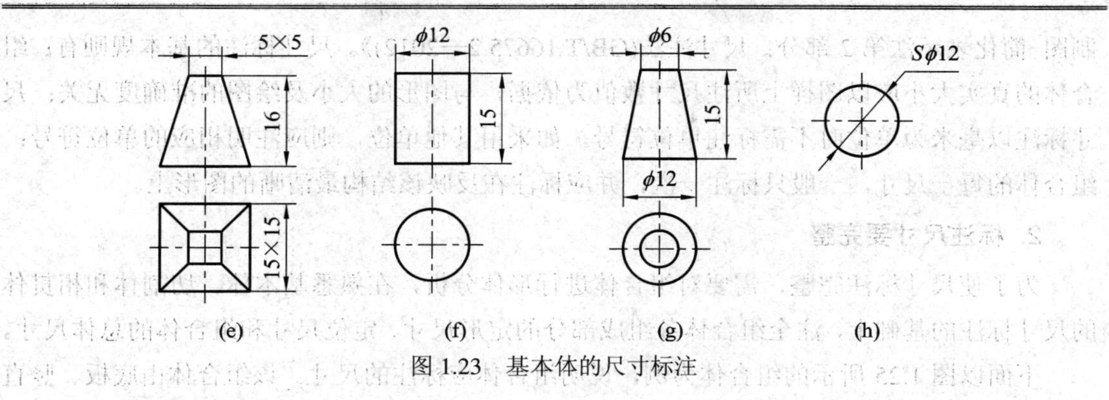

图 1.23 基本体的尺寸标注

二、切割体、相贯体的尺寸标注

切割体、相贯体的尺寸标注如图 1.24 所示。切割体上的切口尺寸标注在切口特征视图上，不能标注截交线的尺寸；相贯体的尺寸标注除了要标注相贯的立体的大小尺寸外，还要标注出它们的相对位置尺寸，但不能标注相贯线形状大小的尺寸。

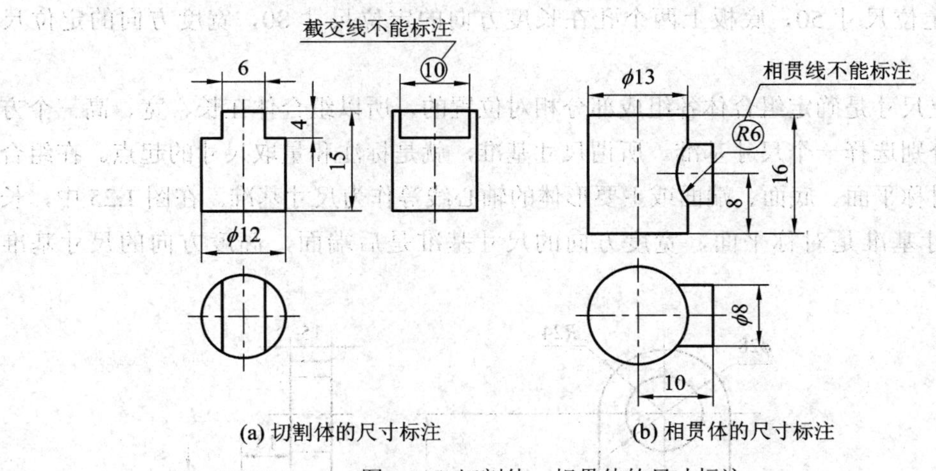

图 1.24 切割体、相贯体的尺寸标注

三、组合体的尺寸标注

视图只能表达组合体的结构形状，各形体的真实大小及其相互位置要由尺寸来确定。组合体尺寸标注的基本要求有：

正确——尺寸标注要符合国家标准的有关规定。

完整——尺寸标注要齐全，既不能遗漏，也不能重复。

清晰——尺寸标注要合理、清晰，便于读图。

1．标注尺寸要正确

与尺寸标注相关的国家标准有《机械制图-尺寸注法)(GB/T 4458.4—2003)》和《技术

制图-简化表示法第 2 部分：尺寸注法(GB/T 16675.2—2012)》。尺寸标注的基本规则有：组合体的真实大小应以图样上所注尺寸数值为依据，与图形的大小及绘图的准确度无关；尺寸标注以毫米为单位时不需标注单位符号，如采用其他单位，则应注明相应的单位符号；组合体的每一尺寸，一般只标注一次，并应标注在反映该结构最清晰的图形上。

2. 标注尺寸要完整

为了使尺寸标注完整，需要对组合体进行形体分析，在熟悉基本体、切割体和相贯体的尺寸标注的基础上，注全组合体各组成部分的定形尺寸、定位尺寸和组合体的总体尺寸。

下面以图 1.25 所示的组合体为例，说明组合体应标注的尺寸。该组合体由底板、竖直板和肋板组成。

(1) 定形尺寸。定形尺寸是确定组合体各组成部分的形状和大小的尺寸。在图 1.25 中，底板的长 120、宽 60、高 12 和底板上的两个孔的直径 $\Phi 20$、圆角半径 $R12$，竖直板上的孔径 $\Phi 28$、圆弧半径 $R24$、板厚 15，肋板的 10、18、16 均为定形尺寸。

(2) 定位尺寸。定位尺寸是确定各组成部分相对位置的尺寸。如图中竖直板上圆孔在高度方向的定位尺寸 50，底板上两个孔在长度方向的定位尺寸 80，宽度方向的定位尺寸 35。

由于定位尺寸是确定组合体各组成部分相对位置的，所以组合体在长、宽、高三个方向上都应该分别选择一个尺寸基准。所谓尺寸基准，就是标注和量取尺寸的起点。在组合体上通常以对称平面、底面、端面或主要形体的轴心线等作为尺寸基准。在图 1.25 中，长度方向的尺寸基准是对称平面，宽度方向的尺寸基准是后端面，高度方向的尺寸基准是底面。

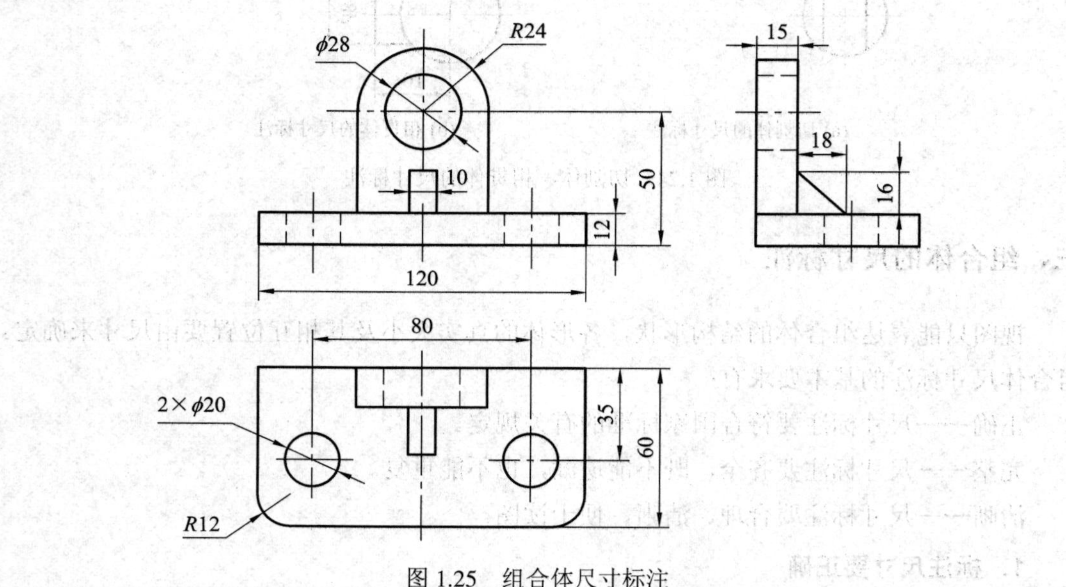

图 1.25　组合体尺寸标注

(3) 总体尺寸。总体尺寸是组合体外形的总长、总宽和总高尺寸。图 1.25 中，总长尺寸 120，总宽尺寸 60，总高尺寸为 50 与 R24 之和，不需要直接标注。

对于具有圆弧面的组合体，为了确定圆弧的中心和孔的轴线的位置，通常要标注其定位尺寸，而此方向的总体尺寸就不必标注了，如图 1.26(a)、(b)所示。

有些组合体，当标注了总体尺寸后，某些定形尺寸就要取消。如图 1.26(c)所示，在俯视图中，标注了总宽尺寸 22，小凸台圆柱的高度尺寸 7 就不能标注了。

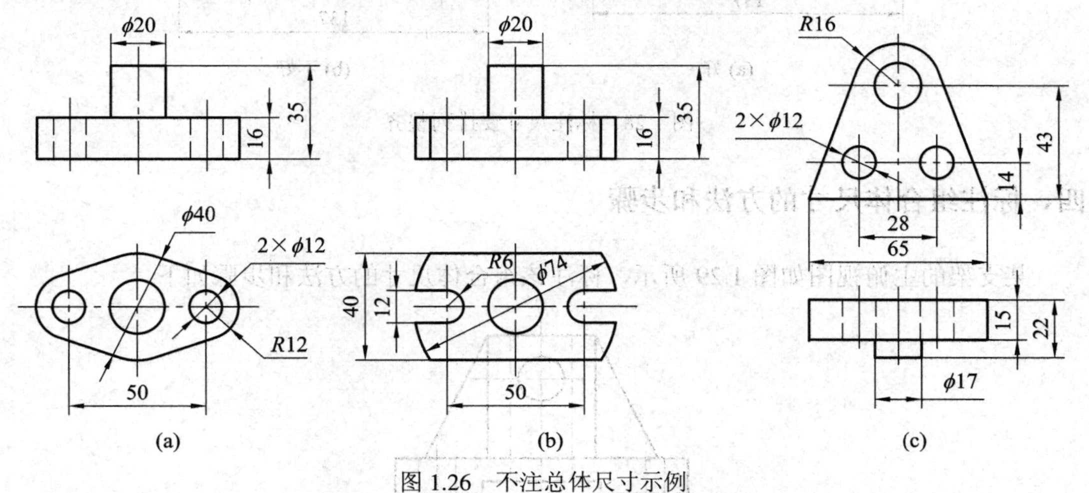

图 1.26 不注总体尺寸示例

有时，为了满足加工要求，既要标注总体尺寸，又要标注定形尺寸。如图 1.27 所示，底板四个圆角的圆柱面的轴线可能与孔的轴线同轴，也可能不同轴，但无论同轴与否，均要注出孔的轴线间的定位尺寸和圆角的定形尺寸，还要标注总体尺寸。

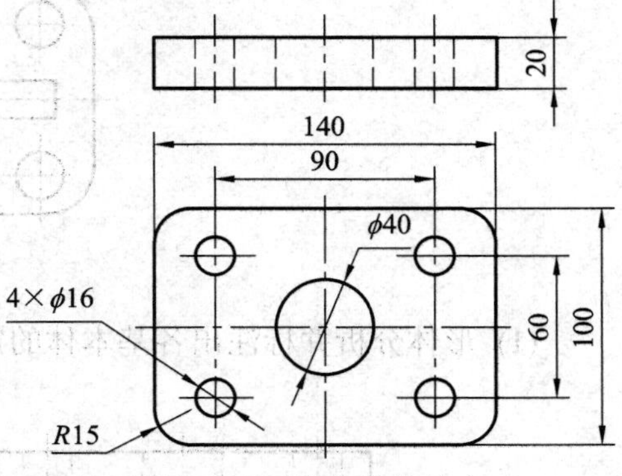

图 1.27 要注全总体尺寸

3. 标注尺寸要清晰

(1) 尺寸应尽量标注在视图轮廓线之外；与两视图有关的尺寸尽量标注在两个视图之间。以保证视图的清晰，便于读图，如图 1.25 所示。

(2) 回转体的直径尺寸尽量标注在反映其轴线的视图上，而圆弧半径尺寸必须标注在反映圆弧实形的视图上。

(3) 同一基本体的定形尺寸以及有联系的定位尺寸应尽量集中标注。如图 1.25 中底板上孔的定形尺寸和定位尺寸。

(4) 标注尺寸要排列整齐。同一方向的并联尺寸，小尺寸在内(靠近视图)，大尺寸在外，尽量避免尺寸线与尺寸界线相交，且间隔要均匀(一般取 7～10 mm)；同一方向的串联尺寸，应尽量标注在同一直线上，如图 1.28 所示。

(5) 直径相同且均匀分布在同一平面上的孔组，只需标注一个孔的直径尺寸，并在直径符号“Φ”前注明孔的个数(见图 1.25)。但在同一平面上若干相同的圆弧，只需标注一个圆弧的半径尺寸，不应在半径符号前加注其个数(见图 1.25)。

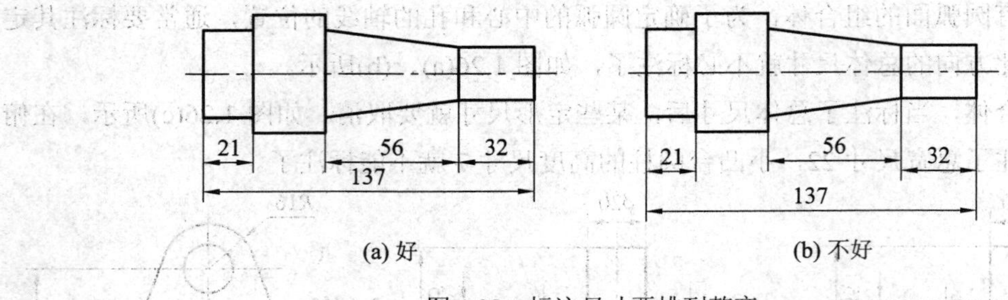

图 1.28　标注尺寸要排列整齐

四、标注组合体尺寸的方法和步骤

某支架的主俯视图如图 1.29 所示，标注该组合体尺寸的方法和步骤如下。

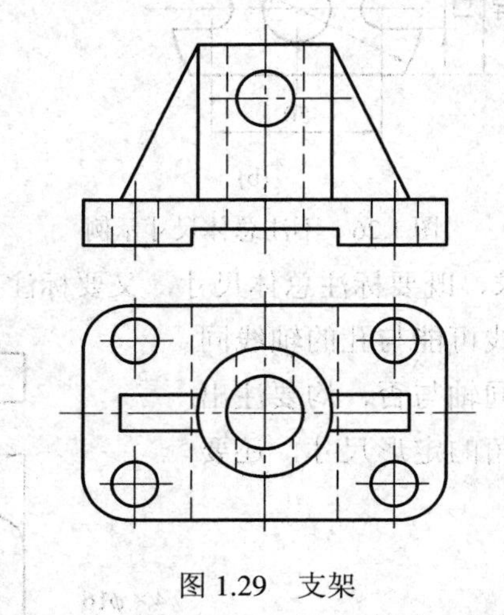

图 1.29　支架

(1) 形体分析并标注出各基本体的定形尺寸，如图 1.30 所示。

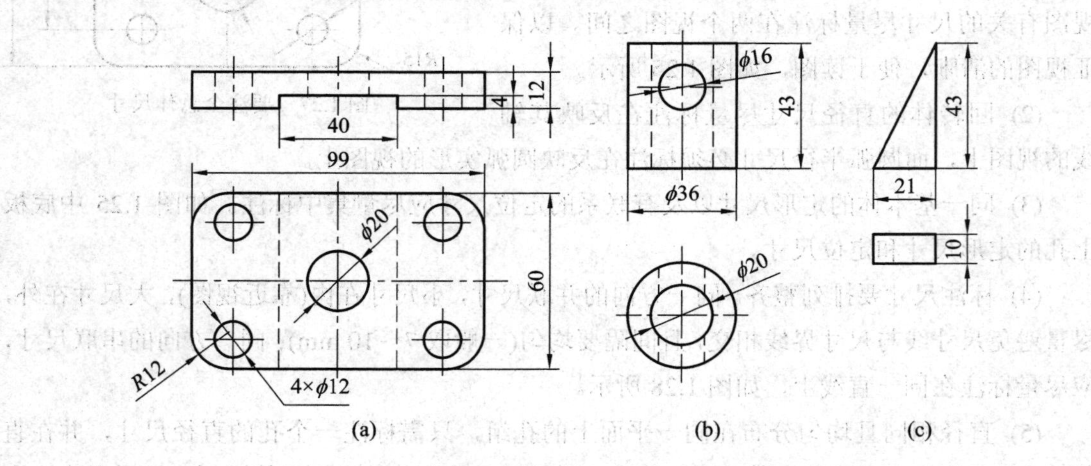

图 1.30　基本体定形尺寸

(2) 选择尺寸基准。

(3) 标注各基本体的定形尺寸和定位尺寸，如图 1.31(a)所示。

(4) 调整标注总体尺寸。如图 1.31(b)所示，在对支架这个组合体标注尺寸时，应注意到组合体是一个整体，只是假想地将它分解成几个组成部分，因此，标注总体尺寸时可能会产生尺寸多余或矛盾，必须进行调整。如：若标注支架的总高尺寸 55，就要对底板的高度尺寸 12 和圆筒的高度尺寸 43 进行调整，这时应省略圆筒的高度尺寸 43，以免造成封闭尺寸链。支架的总长尺寸和总宽尺寸分别为底板的长度尺寸 99 和宽度尺寸 60。

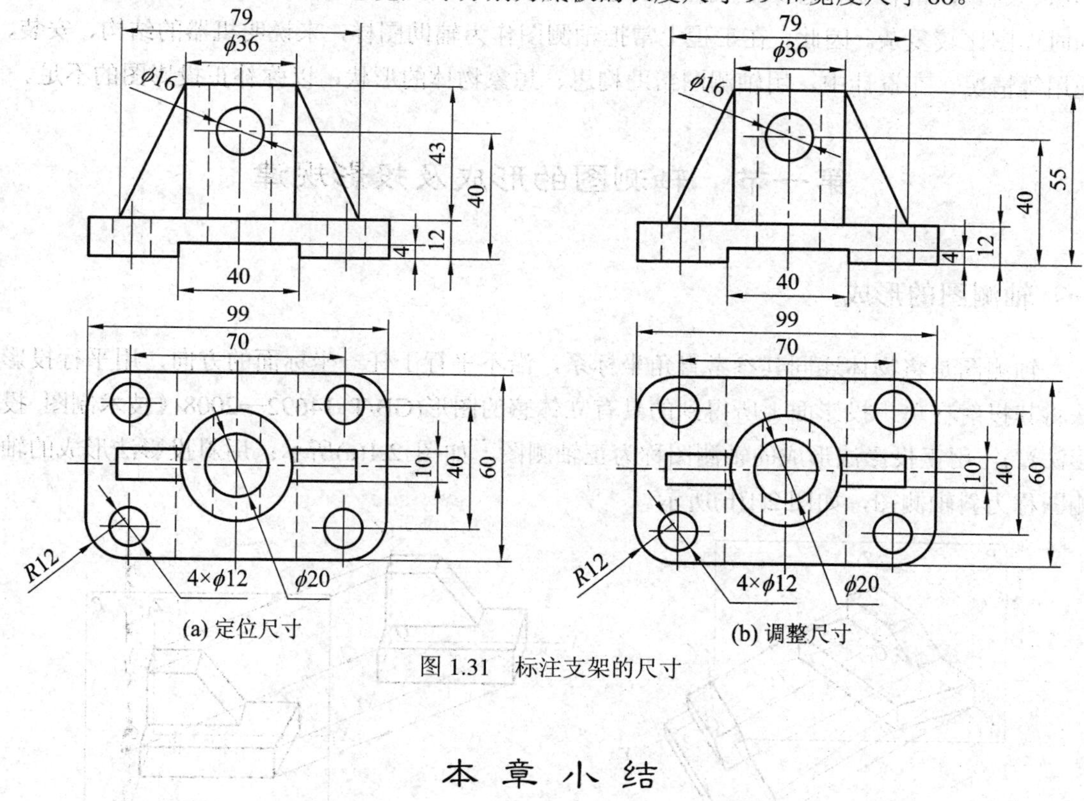

(a) 定位尺寸　　(b) 调整尺寸

图 1.31　标注支架的尺寸

本 章 小 结

本章介绍了利用形体分析法和线面分析法绘制和识读组合体的视图。绘制组合体视图时，对叠加为主的组合体，主要运用形体分析法，逐个形体画图。先画主要形体，后画次要形体；先定位置，后画形状；先画形体，后画交线；先画具有形状特征的视图，后画其他视图以及尽可能将几个视图联系起来画。对切挖式的组合体，主要运用线面分析法。选一个难易程度适当的形体作为画图的基础，画出其视图，再在此基础上按面形画出斜面和切口的投影。读图时，一般从特征视图入手，先粗略读，后细读；先读易懂的形体，后读难懂的形体。在标注组合体尺寸时，要熟悉国家标准对尺寸标注的基本规定。尺寸标注要完整，利用形体分析法将组合体分解为基本体，先标注各基本体的定形尺寸和定位尺寸，再考虑总体尺寸并进行修改和调整。

第二章　轴　测　图

轴测图在一个投影面上能同时反映出物体三个坐标面的形状，并接近人们的视觉习惯，形象、逼真，富有立体感。但轴测图一般不能反映出物体各表面的实形，因而度量性差，同时作图比较复杂。因此，在工程上常把轴测图作为辅助图样，来说明机器的结构、安装、使用等情况，在设计中，用轴测图帮助构思、想象物体的形状，以弥补正投影图的不足。

第一节　轴测图的形成及投影规律

一、轴测图的形成

轴测图是将物体连同其参考直角坐标系，沿不平行于任一坐标面的方向，用平行投影法将其投射在单一投影面上所得到的具有立体感的图形(GB/T 14692—2008《技术制图 投影法》)。用正投影法形成的轴测图称为正轴测图，如图 2.1(a)所示；用斜投影法形成的轴测图称为斜轴测图，如图 2.1(b)所示。

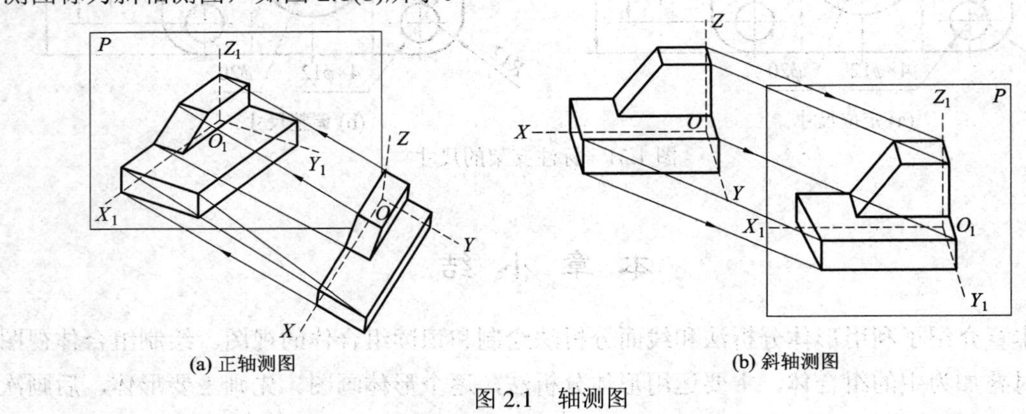

图 2.1　轴测图

二、轴测图的投影规律

由于轴测图是根据平行投影法画出来的，因此它具有平行投影的基本性质。其主要投影特性如下：

(1) 空间直角坐标轴投影成轴测轴以后，因坐标平面与投影面存在夹角，其直角在轴测图中一般会变形而不是 90°。但是，沿轴确定长宽高三个坐标方向的性质不变，即仍可沿轴测轴确定长宽高方向的尺寸。

(2) 在轴测图中，形体上原来平行于坐标轴的线段仍然平行于轴测轴；原来互相平行的线段也仍然相互平行。

(3) 画轴测图时，形体上平行于坐标轴的线段(轴向线段)，可按其原来的尺寸乘轴向变形系数后，再沿着相应的轴测轴的线段定出其投影的长短。轴测图中“轴测”这个词就含有沿轴测量的意思。

形体上那些不平行于坐标轴的线段(非轴向线段)，它们投影的变化与平行于轴线的那些线段不同，因此不能将非轴向线段的长度直接移到轴测图上。画非轴向线段的轴测投影时，需要应用坐标法定出其两点在轴测坐标系中的位置，然后再连成线段得其轴测投影。

三、轴测投影的术语

轴测投影面——轴测投影的投影面称为轴测投影面，如图 2.1 中所示的平面 P。

轴测轴——直角坐标轴 OX、OY、OZ 在轴测投影面上的投影 O_1X_1、O_1Y_1、O_1Z_1 称为轴测投影轴，简称轴测轴。

轴间角——轴测轴之间的夹角称为轴间角，如图 2.1 中的$\angle X_1O_1Z_1$等。

轴向伸缩系数——三条直角坐标轴上的单位长度 e 的轴测投影长度为 e_x、e_y、e_z，它们与 e 的比例，即 $p = e_x/e$、$q = e_y/e$、$r = e_z/e$，分别称为 OX、OY、OZ 的轴向伸缩系数。

轴向线段——轴测图上平行于轴测轴的线段称为轴向线段。它们与所平行的轴有着相同的轴向伸缩系数。

四、轴测投影的种类

轴测投影如前所述，分为正轴测投影和斜轴测投影两类。每类根据轴向伸缩系数不同，又可分为三种：

(1) 若 $p = q = r$，即三个轴向伸缩系数相同，称为正(或斜)等测投影。

(2) 若只有两个变形系数相等，如 $p = r \neq q$，称为正(或斜)二测投影。

(3) 若三个轴向变形系数都不相等，即 $p \neq q \neq r$，称为正(或斜)三测投影。

工程中经常采用的是正等测和斜二测，本章将重点介绍这两种轴测投影图的画法。

第二节　正等轴测图

一、正等轴测图的形成及轴间角和轴向简化伸缩系数

1. 正等轴测图的形成

正等轴测图的三个轴向伸缩系数是相等的，这就要求空间的三个坐标轴与轴测投影面

具有相同的夹角。以图 2.2 所示的正方体为例，设取其后面三条相互垂直的棱线作为其内部直角坐标系，然后将正立方体连同直角坐标系从图 2.2(a)所示的位置(后表面与投影面平行)绕 Z 轴旋转 45°，再向前倾斜，使立方体的对角线 AO 垂直于投影面 P，成为图 2.2(b)所示的位置。再按 AO 方向对轴测投影面 P 进行投影，所得到的投影图即为此立方体的正等轴测图。

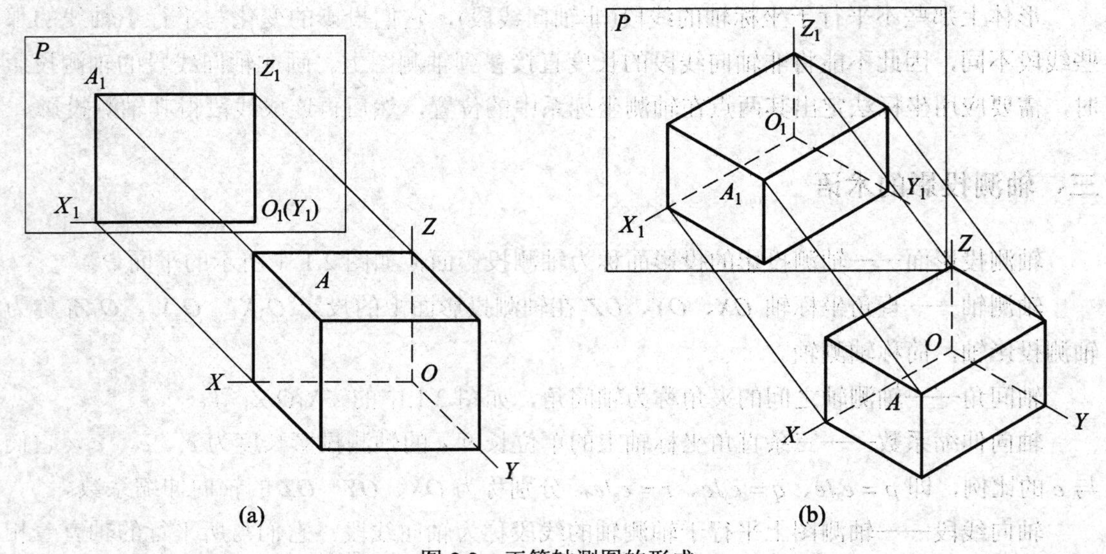

图 2.2　正等轴测图的形成

2. 轴间角和轴向简化伸缩系数

由于三个坐标面与轴测投影面 P 的倾角都相等，所以得到相同的轴间角：$\angle X_1O_1Y_1 = 120°$、$\angle X_1O_1Z_1 = 120°$、$\angle Z_1O_1Y_1 = 120°$。而三条轴测轴的轴向伸缩系数 $p = q = r \approx 0.82$(因为三个坐标轴都与轴测投影面成 35°16′，而 cos35°16′ = 0.816)，为了作图方便，常把轴向伸缩系数简化为 $p = q = r = 1$，称为轴向简化伸缩系数(见图 2.3)。

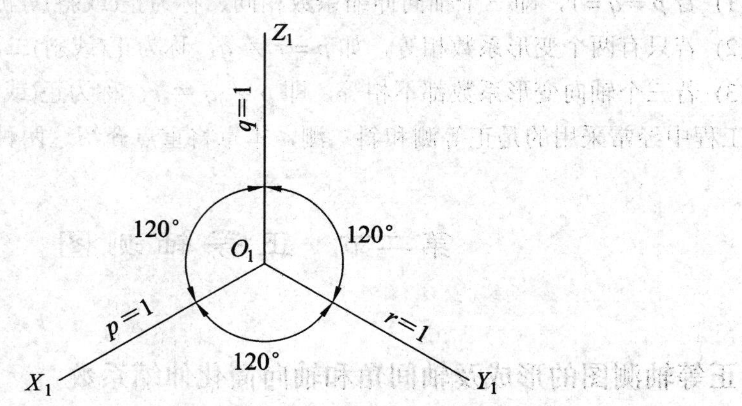

图 2.3　正等轴测图的轴间角和轴向简化伸缩系数

下面介绍几种基本体及组合体的正等轴测图画法。

二、平面立体的正等轴测图

绘制平面立体轴测图的基本方法是坐标法，根据物体形状的特点，选定合适的坐标轴，画出轴测轴，然后按坐标关系画出物体上各点的轴测投影，再把各点的投影连接成物体的轴测图，这种方法称为坐标法。

【例 2.1】　如图 2.4(a)所示，已知长方体的三视图，画出其正等轴测图。

分析：长方体顶面和底面都处于水平位置的四边形，可选棱边作为 Z 轴，顶面的点 O 为原点。

作图：

(1) 选坐标轴：选长方体的右后上方的顶点 4 为原点 O，经过原点的三条棱线分别为 OX、OY、OZ 轴，见图 2.4(a)；

(2) 画轴测轴，根据尺寸 a、b 分别在轴测轴 O_1X_1 和 O_1Y_1 上，直接定出 1、3、4 的轴测投影 1_1、3_1、4_1，过 1_1、3_1 分别作 O_1Y_1、O_1X_1 的平行线定出 2_1，依次连接各顶点即得顶面的轴测图，如图 2.4(b)所示；

(3) 如图 2.4(c)所示，过顶点 1_1、2_1、3_1、4_1 沿平行于 O_1Z_1 的方向向下画棱线，并在线上量取高度 h，依次连接得底面的轴测图，描深即完成作图(一般情况下，虚线不画出)，如图 2.4(d)所示。

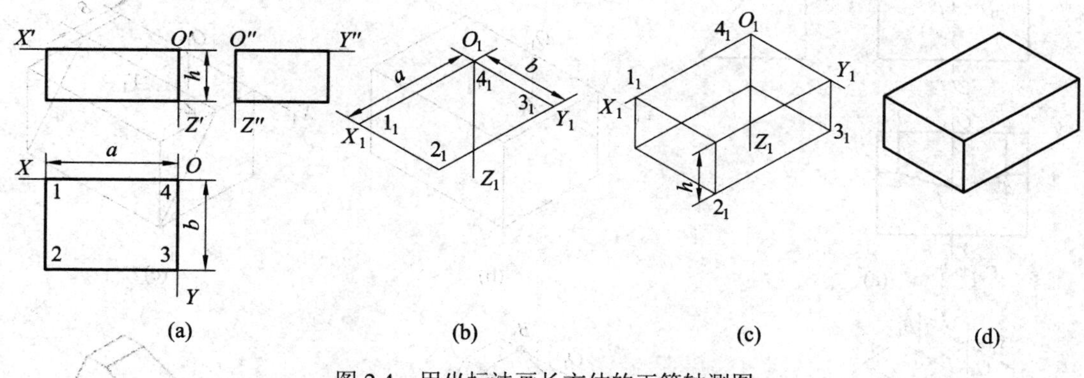

图 2.4　用坐标法画长方体的正等轴测图

【例 2.2】　如图 2.5(a)所示，已知四棱台的三视图，求作四棱台的正等轴测图。

分析：直角棱四台上下两面均为水平面，且左右对称，选择后面的底面 O 点为原点。

作图：

(1) 选坐标：在正投影图上定出坐标轴的位置。因为物体是左右对称的，所以把原点定在底面后面的中点，这样度量尺寸比较方便，见图 2.5(a)；

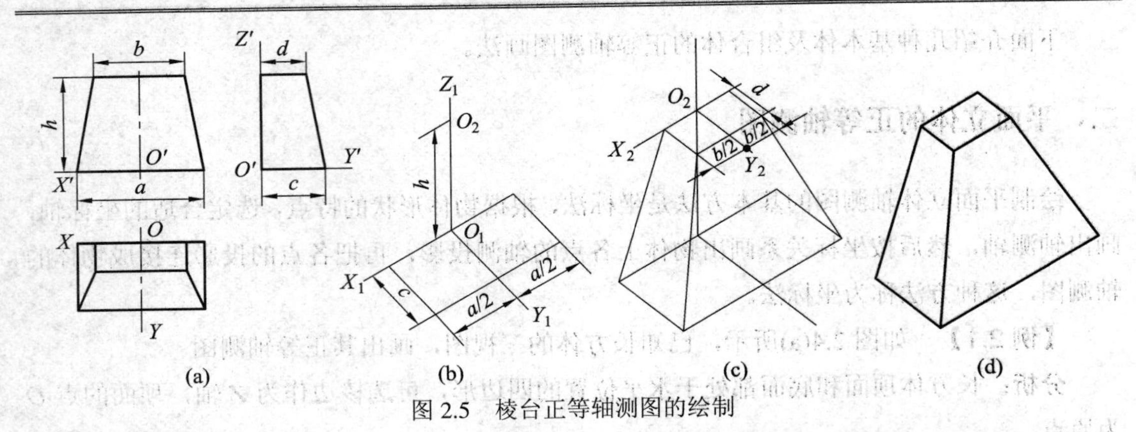

图 2.5　棱台正等轴测图的绘制

(2) 画轴测图：以轴线 O_1Y_1 为对称线，按尺寸 a、c 画出底面的轴测图，因为各棱不能直接画出，只能先画出顶面，所以在 Z_1 轴上量取 $O_1O_2=h$，如图 2.5(b)所示；以 O_2 为中心画出 X_2、Y_2 轴，再按尺寸 b、d 作出顶面的轴测图，如图 2.5(c)所示；

(3) 把顶面和底面相应的各端点连接起来，擦去作图线，如图 2.5(d)所示。

【例 2.3】　已知形体的三视图如图 2.6(a)所示，画出其正等轴测图。

分析：该形体可以看成由一个长方体切割而成，前面用一个侧垂面切割，中间用两个正垂面切割。画图时可先画出完整的长方体，然后画出切割的部分。以中间顶面的后面 O 为原点。

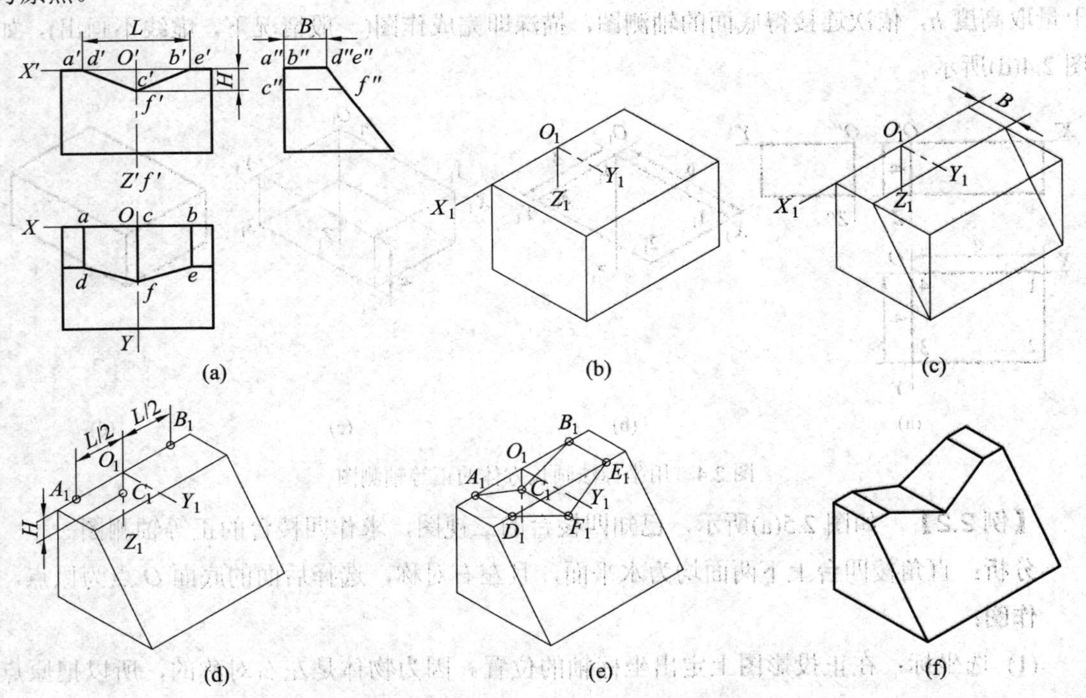

图 2.6　用切割法画物体的正等轴测图

作图：

(1) 选坐标轴；见图 2.6(a)；

(2) 画轴测轴和完整的长方体，见图 2.6(b)；

(3) 用切割法切去形体前端三棱柱，画出前斜面，见图 2.6(c)；

(4) 画 V 形槽后面的三个角点 A_1、B_1、C_1，见图 2.6(d)；

(5) 切去上端的三棱柱 $A_1B_1C_1D_1E_1F_1$，见图 2.6(e)；

(6) 擦去多余的线，描深可见部分即完成作图，见图 2.6(f)。

三、圆和圆角的正等轴测图

1. 圆的正等轴测图的画法

在正等轴测图中，空间坐标面对轴测投影面都是倾斜的，因此，平行坐标面的圆的轴测投影都是椭圆。为了画出正等轴测投影中的椭圆，要知道相应的椭圆长短轴的方向及长短轴大小。

假设在立方体的三个面上各有一个直径为 d 的内切圆如图 2.7(a)所示，由图 2.7(b)可知立方体三个正方形的正等轴测图为三个相同的菱形，所以三个面上的内切圆的正等轴测图为内切于菱形的、形状相同的椭圆。

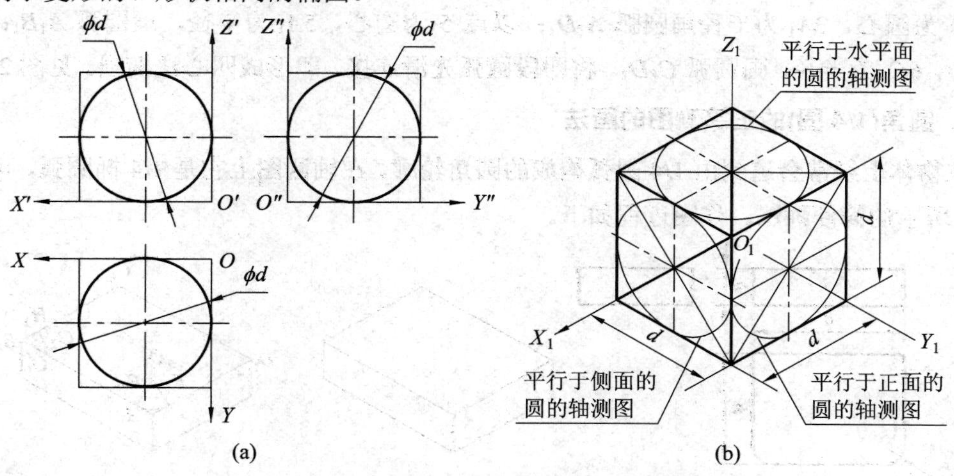

图 2.7　平行于各坐标面的圆的正等轴测图的画法

1) 椭圆长、短轴的方向

椭圆的长轴总是菱形的长对角线方向，短轴总是菱形的短对角线方向。

物体上的圆平行于 XOY 面(即 H 面)时，其轴测图上椭圆的长轴垂直于 O_1Z_1 轴，短轴平行于 O_1Z_1 轴；圆平行于 XOZ 面(即 V 面)时，其轴测图上椭圆的长轴垂直于 O_1Y_1 轴，短轴平行于 O_1Y_1 轴；圆平行于 YOZ 面(即 W 面)时，其轴测图上椭圆的长轴垂直于 O_1X_1 轴，短轴平行于 O_1X_1 轴。

2) 椭圆长、短轴的大小

椭圆长轴的长度等于原圆的直径 d，短轴的长度约等于 $0.58d$。当采用简化变形系数时，取长轴的长度为 $1.22d$，短轴的长度为 $0.7d$。

3) 四心椭圆法近似作图

先作出空间圆的外切正方形的正等轴测投影(为菱形)，再确定四个圆心，作出四段光滑相接的圆弧，以此代替椭圆曲线。图 2.8 所示为四心法的作图过程：

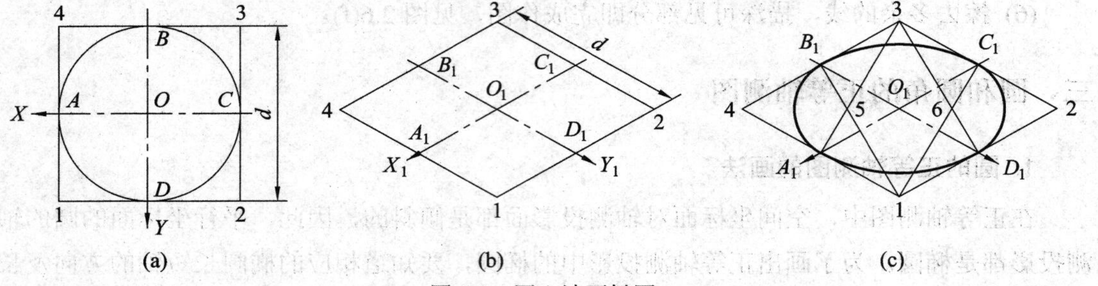

图 2.8　四心法画椭圆

(1) 作一直径为 d 的圆及其外接正方形，见图 2.8(a)；

(2) 作出该外接正方形 1234 的轴测投影(菱形 1234)，见图 2.8(b)；

(3) 连接 $1B_1$、$1C_1$、$3A_1$、$3D_1$，得交点 5、6。以点 1 为圆心，$1B_1$ 为半径，画圆弧 B_1C_1；以点 3 为圆心，$3A_1$ 为半径画圆弧 A_1D_1；以点 5 为圆心，$5A_1$ 为半径，画圆弧 A_1B_1；以 6 为圆心，$6C_1$ 为半径，画圆弧 C_1D_1。将四段圆弧光滑连接，即形成四心法椭圆。见图 2.8(c)。

2. 圆角(1/4 圆)的正等测图的画法

在物体上经常会遇到由 1/4 圆弧构成的圆角轮廓，在轴测图上它是 1/4 椭圆弧，可用如图 2.9 所示的简便画法。作图过程如下。

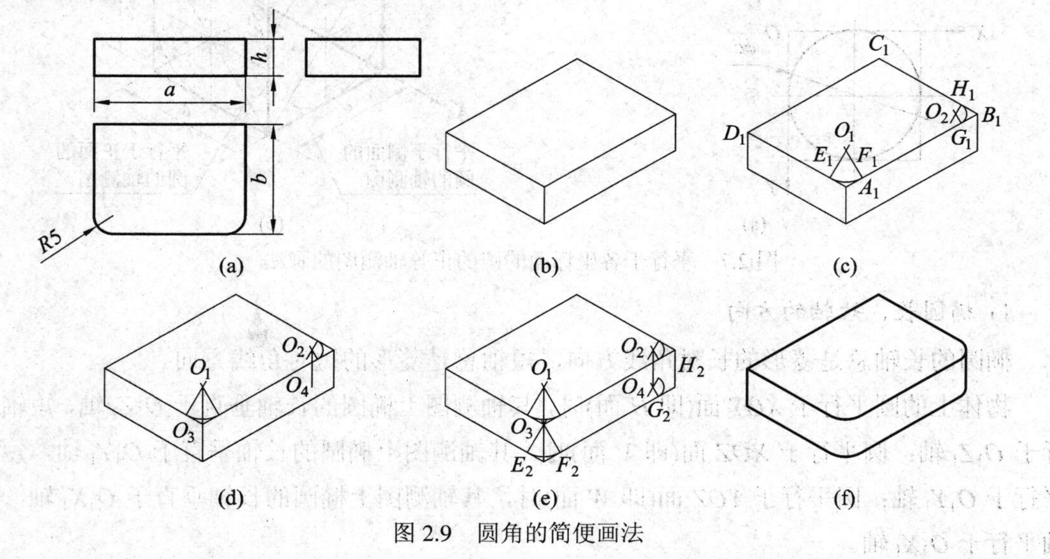

图 2.9　圆角的简便画法

(1) 已知三视图；

(2) 画出完整的四棱柱体的正等轴测图；

(3) 画上棱面圆角的圆弧。量 $A_1E_1 = A_1F_1 = B_1G_1 = B_1H_1 = R$。作 $O_1E_1 \perp A_1D_1$，$O_1F_1 \perp A_1B_1$，$O_2G_1 \perp A_1B_1$，$O_2H_1 \perp B_1C_1$。以 O_1、O_2 为圆心，O_1E_1、O_2G_1 为半径画弧 E_1F_1、G_1H_1；

(4) 定下棱面圆弧圆心。作 $O_1O_3 /\!/ O_2O_4 /\!/ A_1A_2$，量 $O_1O_3 = O_2O_4 = A_1A_2$(板厚)；

(5) 与(3)同。定切点 D_2、E_2、G_2、H_2，以 O_3、O_4 为圆心，O_3E_2、O_4G_2 为半径画弧 E_2F_2、G_2H_2；

(6) 画轮廓线。作弧 G_1H_1、G_2H_2 的公切线(由作图可知弧 G_2H_2 有一半不可见，故可不必画出)。

四、回转体的正等轴测图的画法

1. 沿三坐标轴向放置的圆柱的正等轴测图的画法(见图 2.10)

(1) 按给定圆柱的直径和高，画出端面圆外接正方形的轴测投影菱形；

(2) 按四心法在菱形内画出椭圆，并用公切线相连；

(3) 擦去多余线条并加深。

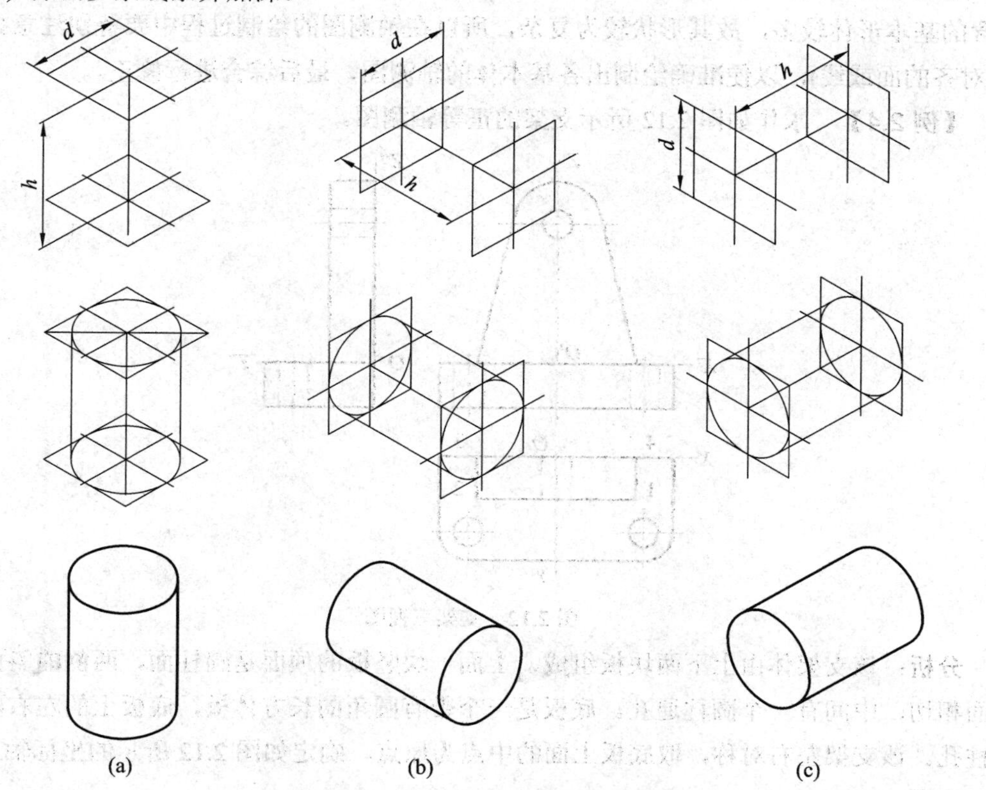

图 2.10 圆柱正等轴测图的画法

2. 圆锥台正等轴测图的画法(见图 2.11)

圆锥台的正等轴测图画法和圆柱正等轴测图的画法相同，只是两个端面圆的直径是不相同的。圆台的顶圆和底圆都画成水平位置的椭圆，而圆台曲面的轮廓线是大小椭圆的公切线。

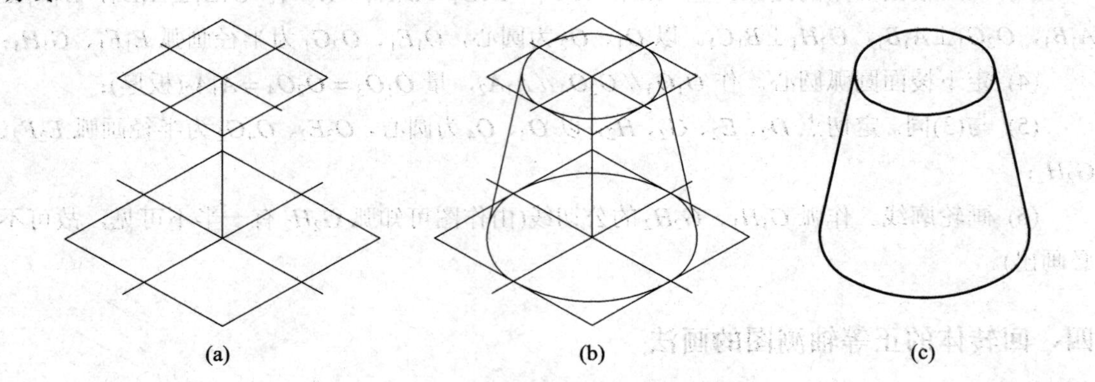

图 2.11　圆锥台正等轴测图的画法

五、组合体的正等轴测图

绘制组合体的轴测图，是坐标法、组合法、切割法的综合应用。一般而言，组合体所包含的基本形体较多，故其形状较为复杂，所以在轴测图的绘制过程中要特别注意找准基准(对齐的面或线)，以便准确绘制出各基本体的轴测图，最后综合进行修正。

【例 2.4】　求作如图 2.12 所示支架的正等轴测图。

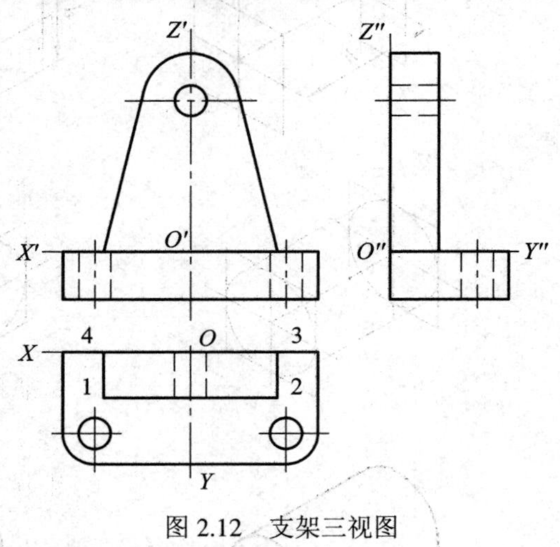

图 2.12　支架三视图

分析：该支架体由上下两块板组成，上面一块竖板的顶面是圆柱面，两侧的斜面与圆柱面相切，中间有一个圆柱通孔。底板是一个带有圆角的长方体板，底板上的左右两边有圆柱孔。该支架左右对称，取底板上面的中点为原点，确定如图 2.12 所示的坐标轴。

作图：

(1) 由三视图确定的坐标轴，画出轴测轴及底板的轴测图，如图 2.13(a)所示；

(2) 确定竖板与底板的交线 $1_1 2_1 3_1 4_1$ 及竖板后孔口的圆心，并由此圆心定出前孔口的圆心，画出竖板圆柱面顶部的正等轴测近似椭圆，如图 2.13(b)所示；

(3) 由 1_1、2_1、4_1 各点作椭圆的切线，再作出竖板上的孔，完成竖板的轴测图。作出底板上的孔及圆角的轴测图，并作出右边两圆弧的公切线，如图 2.13(c)所示；

(4) 擦去多余的线，描深可见部分即完成作图，如图 2.13(d)所示。

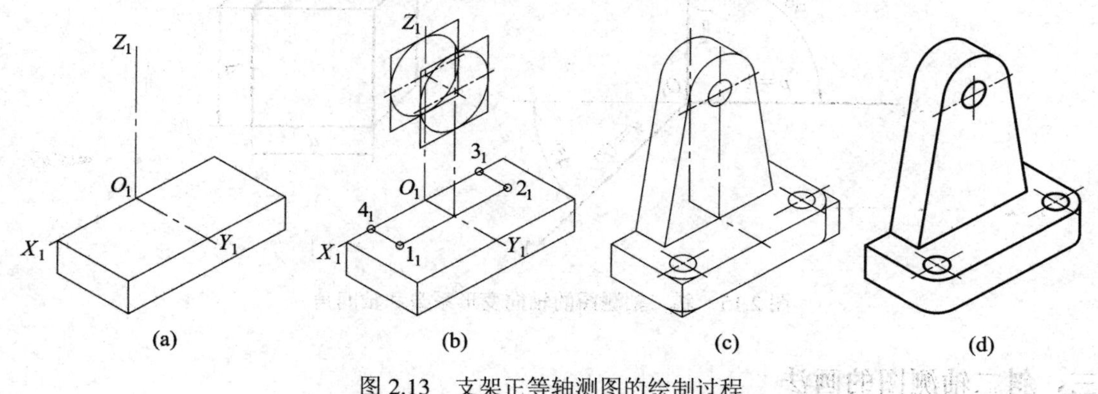

图 2.13 支架正等轴测图的绘制过程

第三节 斜二轴测图

一、斜二轴测图的形成

当物体上的两个坐标轴 OX 和 OZ 与轴测投影面平行而投射方向与轴测投影面倾斜时，所得的轴测图称为斜二轴测图，如图 2.14 所示。

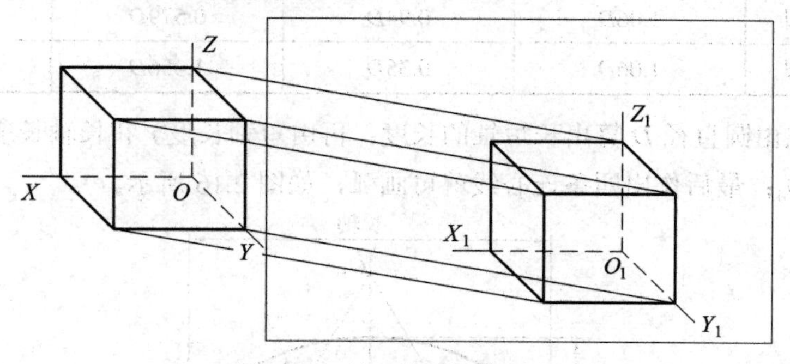

图 2.14 斜二轴测图的形成

二、斜二轴测图轴向伸缩系数及轴间角

斜二测的轴测轴的夹角 $X_1O_1Z_1$ 保持 90°，并且长度不变，也就是 X 轴和 Y 轴的轴向变形系数都是 1，即 $p = r = 1$。因为平行光线斜射的方向和角度是任意的，所以第三个轴测轴 O_1Y_1 与水平线倾斜的角度和 Y 轴的轴向变形系数都是可以任选的。常用的斜二轴测图，O_1Y_1

与水平线倾斜成 45°，变形系数选为 1∶2，即 $q = 1/2$，如图 2.15 所示。

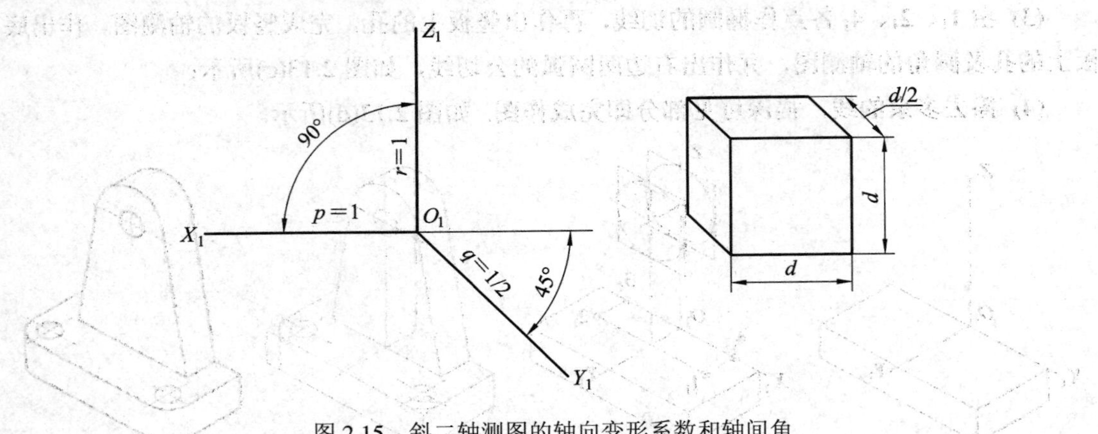

图 2.15　斜二轴测图的轴向变形系数和轴间角

三、斜二轴测图的画法

斜二轴测图的正面形状能反映形体正面的真实形状，特别是形体正面有圆和圆弧时。作图简单方便，这是斜二轴测图的最大优点。斜二轴测图上的水平椭圆和侧面椭圆可用坐标法来画，但坐标法比较繁琐，可用计算法来画，见表 2.1。

表 2.1　斜二轴测图中各种椭圆的计算画法

椭圆类型	长轴长度	短轴长度	大圆弧半径	小圆弧半径
正等测椭圆	$1.22D$	$0.70D$	$0.960D$	$0.255D$
斜二测椭圆	$1.06D$	$0.33D$	$1.547D$	$0.099D$
正二测宽椭圆	$1.06D$	$0.94D$	$0.579D$	$0.433D$
正二测扁椭圆	$1.06D$	$0.35D$	$1.456D$	$0.107D$

作图时，先由圆直径 D 算出长短轴的长度；再由短轴长度 r 和长轴长度 R 定出四圆心 O_1、O_2、O_3、O_4；最后作出四条连心线就可画弧，如图 2.16 所示。

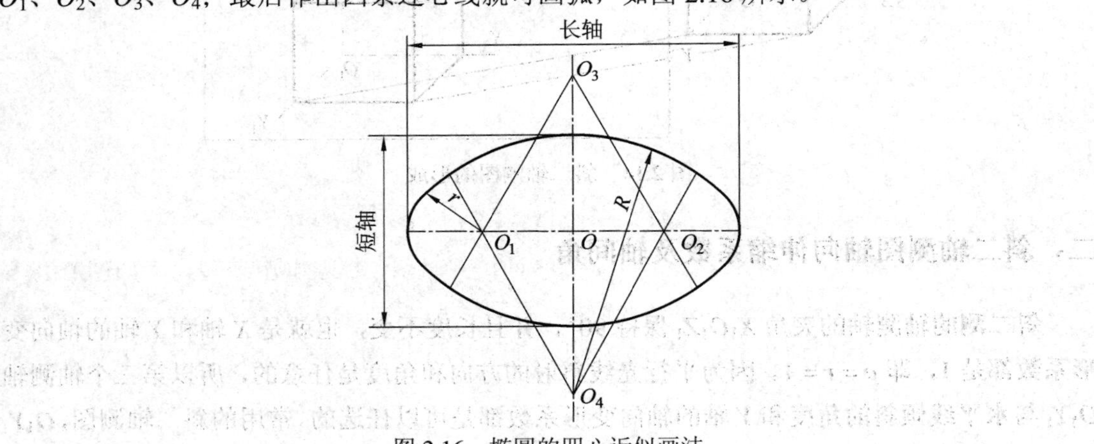

图 2.16　椭圆的四心近似画法

【例 2.5】 作穿孔圆台的斜二轴测图(见图 2.17)。

分析：穿孔圆台的前后端面都是圆，可将前后端面放置成与 *XOZ* 面平行的位置，这时作图比较简单方便。取圆台的前端面中心点为原点，确定如图所示的坐标轴。

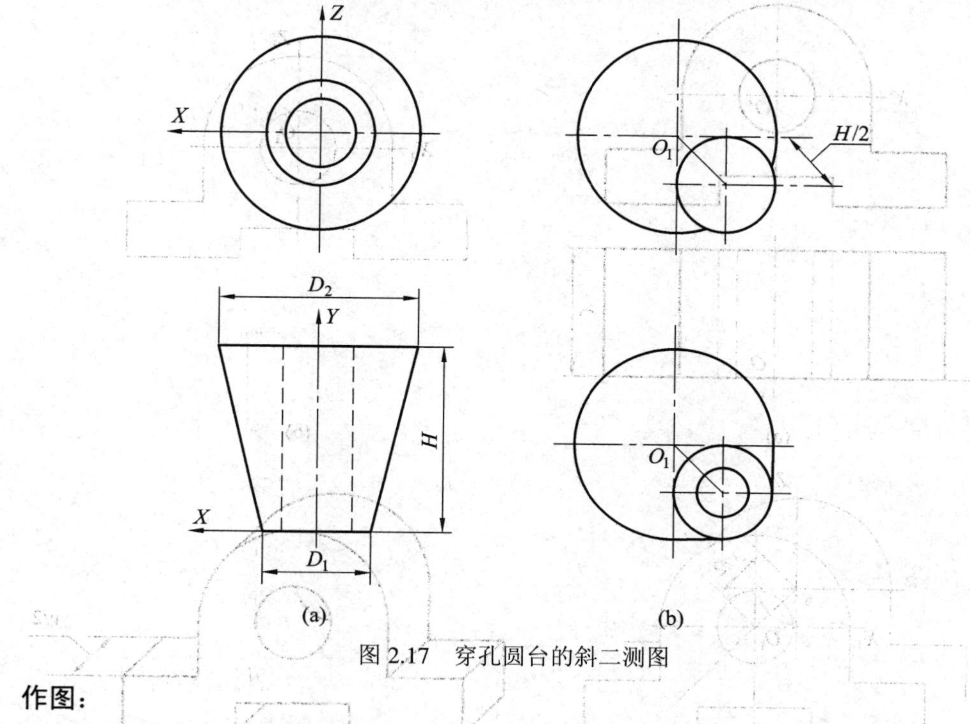

图 2.17 穿孔圆台的斜二测图

作图：

(1) 在视图中定出坐标原点及坐标轴，见图 2.17(a)；

(2) 画轴测轴，以 O_1 为中心，D_1 为直径画圆，得前端的斜二测图，将中心后移 $H/2$，并以 D_2 为直径画圆，得后端面的斜二轴测图，见图 2.17(b)；

(3) 作前、后端面的公切线，即得到圆台的斜二测图。再作出前、后孔口斜二测图的可见部分，这时前后孔口仍为圆，然后擦除多余图线，即完成了穿孔圆台的斜二测图，见图 2.17(b)。

【例 2.6】 画出如图 2.18(a)所示组合体的斜二轴测图。

分析：因为该组合体是由半圆柱和四棱柱组成，并且组合体左右对称，且圆柱轴线垂直于 *XOZ* 面，采用斜二轴测图。

作图：

(1) 选好坐标轴，将坐标原点定在前轴孔的中心；

(2) 以 O_1 为圆心，先画前端面的圆和图形(所得图形和主视图完全一样)，如图 2.18(b)所示；

(3) 在 O_1Y_1 上找后轴孔中心(前、后轴孔中心在 O_1Y_1 的距离为 y/2)，以后轴孔中心为圆心，画后端面的圆和图形，如图 12.18(c)所示；

(4) 画出可见线和圆柱面的轮廓线(前后端面的公切线)，描深可见部分，即完成作图，如图 2.18(d)所示。

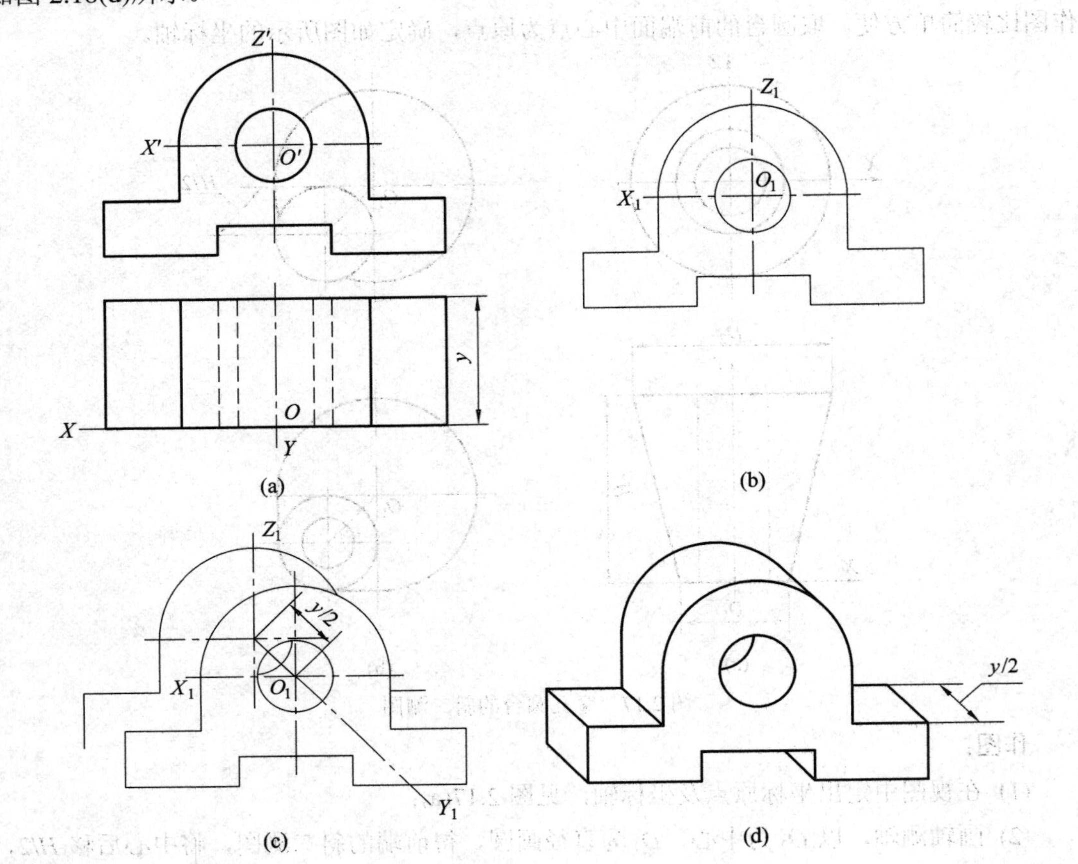

图 2.18　支架的斜二轴测图

本 章 小 结

本章主要介绍了正等轴测图和斜二轴测图的画法。轴测图的主要参数是轴间角和轴向伸缩系数。在三维建模后生成工程图时，一组视图加轴测图的布局方法有利于机件的表达。

第三章　标准件和常用件

在机器或部件中，广泛使用螺纹紧固件和其他连接件进行紧固、连接。同时，在机械的传动、支承、减震等方面，也广泛使用齿轮、轴承、弹簧等机件。这些零件需要量很大，为了便于专业化生产，提高生产效率，国家标准将它们的结构、尺寸、画法、标记、精度等均予标准化，称为标准件。齿轮、弹簧等零件的部分参数标准化，称之为常用件。标准件和常用件一般都由专用的机床和专用工具加工，并由专门化的工厂生产。所以标准件和常用件绘图时不需要完全按真实投影画出，而是采用国家标准规定的画法和标记，进行绘图。

本章将分别介绍螺纹紧固件、键、销、齿轮、轴承、弹簧的结构、画法、标注及有关知识。螺纹及螺纹紧固件相关资料见附录 A；常用键与销相关资料见附录 B；常用滚动轴承相关资料见附录 C；弹簧相关资料见附录 D；常用机械加工一般规范和零件结构要素见附录 E。

第一节　螺纹及螺纹紧固件

一、螺纹

1．螺纹的形成

螺纹指的是在圆柱或圆锥等母体表面上制出的螺旋线形的、具有特定截面的连续凸起和沟槽。螺纹按其母体形状分为圆柱螺纹和圆锥螺纹；按其在母体上所处的位置分为外螺纹和内螺纹；按其截面形状(牙型)分为三角形螺纹、矩形螺纹、梯形螺纹、锯齿形螺纹及其他特殊形状螺纹。

螺纹是按照螺旋线原理形成的。如图 3.1 所示，圆柱面上一点 A 绕圆柱的轴线作等速旋转运动的同时又沿一条直线作等速直线运动，A 点形成的运动轨迹就是螺旋线。

在车床上加工螺纹是一种常见的螺纹加工方法，如图 3.2 所示。将工件装夹在车床主轴的卡盘上，工件随主轴作等速旋转(即绕圆柱的轴线作等速旋转运动)，同时，车刀沿轴线方向作等速移动(即沿母线作等速直线运动)。这样当刀尖切入工件

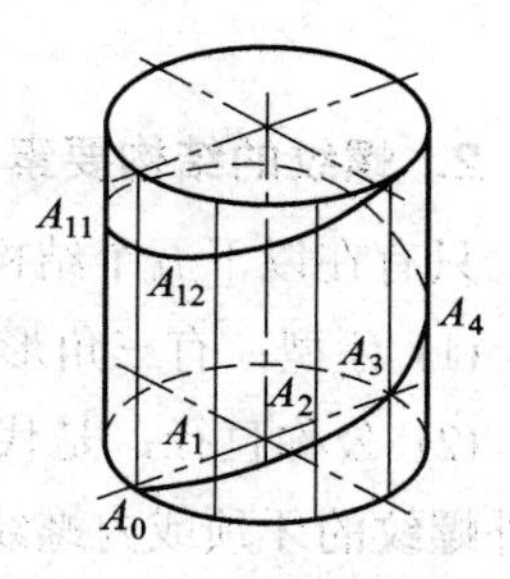

图 3.1　圆柱螺旋线

达一深度时，就会沿着螺旋线形成连续凸起和沟槽，在工件上车制出螺纹。在外表面上形成的螺纹称为外螺纹。在内表面上形成的螺纹称为内螺纹。

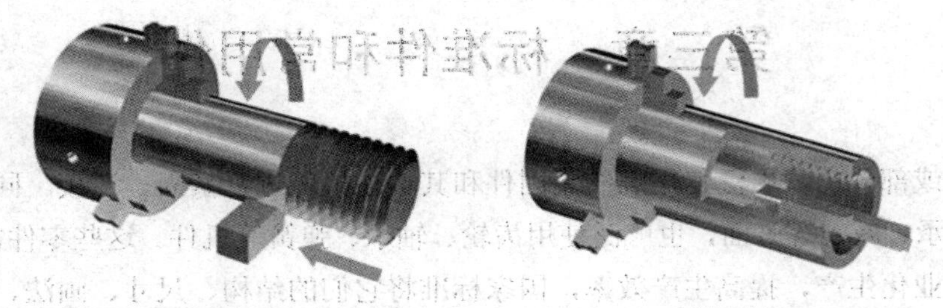

(a) 车削外螺纹　　(b) 车削内螺纹

图 3.2　用车床加工螺纹

螺纹的凸起部分称为牙顶，沟槽部分称为牙底。在通过螺纹轴线的剖面上，螺纹的轮廓形状称为螺纹牙型，如图 3.3 所示。

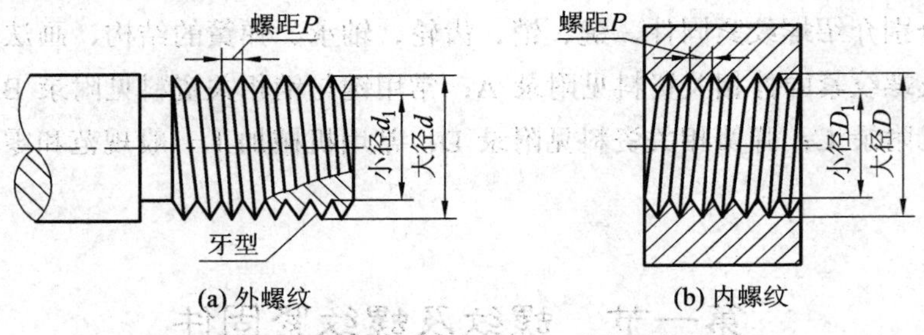

(a) 外螺纹　　(b) 内螺纹

图 3.3　螺纹的牙型、大径、小径和螺距

车削螺纹时刀具接近螺纹末尾处要逐渐离开工件，导致螺纹收尾部分的牙型不完整。通常预先在螺纹末尾处加工出退刀槽。为了便于装配和防止螺纹起始圈损坏，常在螺纹的起始处加工成一定的形式，如倒角、倒圆等，如图 3.4 所示。关于普通螺纹的退刀槽和倒角，可查阅附表 26。

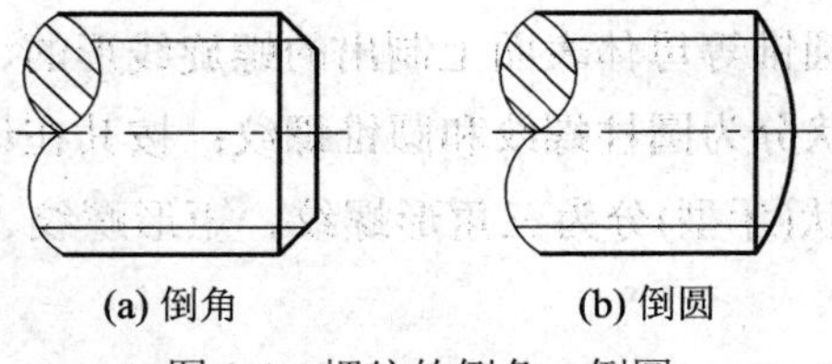

(a) 倒角　　(b) 倒圆

图 3.4　螺纹的倒角、倒圆

2．螺纹的结构要素

只有在以下五个结构要素都相同的情况下，内、外螺纹才能旋合在一起。

(1) 牙型：有三角形、梯形、锯齿型和方形等，不同的牙型有不同的用途。

(2) 公称直径：是代表螺纹规格尺寸的直径，一般是指螺纹的大径的公称尺寸。它是与外螺纹的牙顶或内螺纹的牙底相重合的假想圆柱面的直径，用 d(外螺纹)或 D(内螺纹)表示；与外螺纹的牙底或内螺纹的牙顶相重合的假想圆柱面的直径称为螺纹小径，用 d_1(外螺纹)或 D_1(内螺纹)表示，如图 3.3 所示。

(3) 线数：螺纹有单线和多线之分。沿一条螺旋线形成的螺纹，称为单线螺纹；沿两条或两条以上螺旋线所形成的螺纹称为多线螺纹。螺纹的线数以 n 表示，如图 3.5 所示。

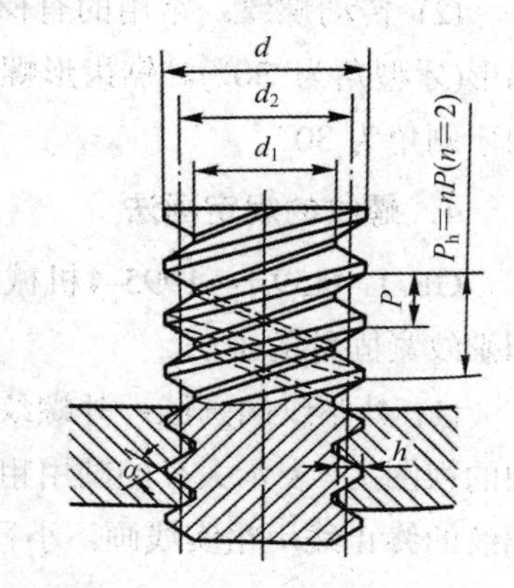

图 3.5　螺纹的线数、导程与螺距

(4) 螺距和导程：螺纹相邻两牙在中径线(中径 d_2 指一个假想圆柱的直径，该圆柱的母线通过牙型上沟槽和凸起宽度相等的地方，中径的母线称为中径线)上对应两点间的轴向距离，称为螺距，用 P 表示。同一条螺旋线上的相邻两牙在中径线上对应两点的轴向距离，称为导程，用 P_h 表示。对于单线螺纹，导程与螺距相等，即 $P_h = P$；多线螺纹的导程等于线数乘螺距，即 $P_h = n \times P$。

(5) 旋向：螺纹的旋向有左旋和右旋之分，工程上常用右旋螺纹。顺时针旋转时旋入的螺纹称为右旋螺纹；逆时针旋转时旋入的螺纹称为左旋螺纹，也可用左右手判别，如图 3.6 所示。将螺纹沿轴线垂直放置，可以看到螺纹有一定的倾斜角度，如果左边高于右边，则为左旋螺纹；如果右边高于左边，则为右旋螺纹。

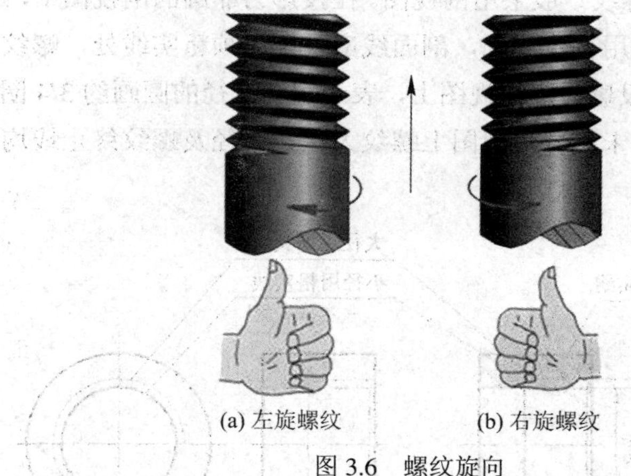

(a) 左旋螺纹　　(b) 右旋螺纹

图 3.6　螺纹旋向

在螺纹的结构要素中，牙型、直径和螺距是决定螺纹最基本的要素，通常称为螺纹三要素。凡螺纹三要素符合国家标准的称为标准螺纹；牙型、直径和螺距不符合标准的，称为非标准螺纹。

3．螺纹的种类

按螺纹的用途，可将螺纹分为两大类。

(1) 连接螺纹：常用的有粗牙普通螺纹、细牙普通螺纹、圆柱管螺纹和圆锥管螺纹。这些螺纹的牙型均为三角形，普通螺纹的牙型为等边三角形(牙型角为 60°)，细牙螺纹和粗牙螺纹的区别是在大径相同的条件下，细牙螺纹比粗牙螺纹的螺距小。圆柱管螺纹和圆锥管螺纹的牙型为等腰三角形(牙型角为 55°)。

(2) 传动螺纹：常用的有梯形螺纹、锯齿形螺纹和方形螺纹。梯形螺纹的牙型为等腰梯形(牙型角为 30°)。锯齿形螺纹的牙型为不等腰梯形，工作面的牙侧角为 3°，非工作面的牙侧角为 30°。

4．螺纹的规定画法

GB/T 4459.1—1995《机械制图 螺纹及螺纹紧固件表示法》规定了在机械图样中螺纹和螺纹紧固件的画法。

(1) 外螺纹的画法：外螺纹大径(牙顶)用粗实线画，小径(牙底)用细实线画。在投影为圆的视图上，表示大径的圆用粗实线画，表示小径的圆用细实线画约 3/4 圈。如图 3.7 所示。螺纹的终止线用粗实线画，小径通常画成大径的 0.85 倍。

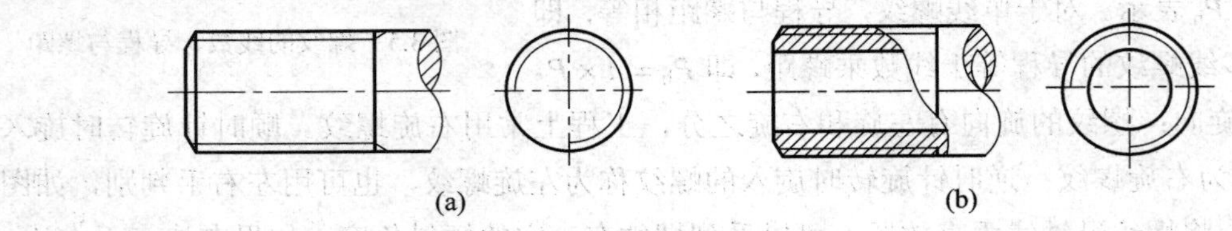

图 3.7　外螺纹的画法

(2) 内螺纹的画法：内螺纹一般采用剖视图。在投影为非圆的剖视图中，螺纹的大径(牙底)用细实线画，小径(牙顶)用粗实线画，剖面线应画至牙顶粗实线处，螺纹终止线用粗实线画，如图 3.8(a)所示。在投影为圆的视图上，表示螺纹大径的圆画约 3/4 圈的细实线，表示螺纹小径的圆用粗实线，未剖开的视图上螺纹大径、小径及螺纹终止线均画成细虚线，如图 3.8(b)所示。

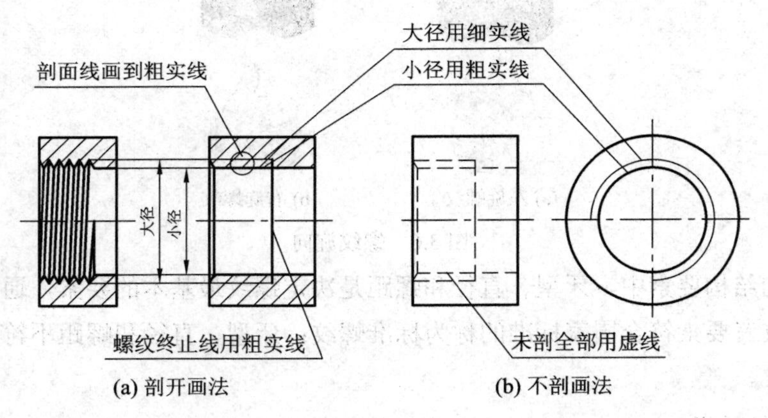

图 3.8　内螺纹的画法

(3) 非标准螺纹的画法：对于标准螺纹只需注明代号，不必画出牙型，而对于非标准螺纹，如方形螺纹，则需要在零件图上作局部剖视表示牙型，或在图形附近画出螺纹局部放大图，如图 3.9 所示。

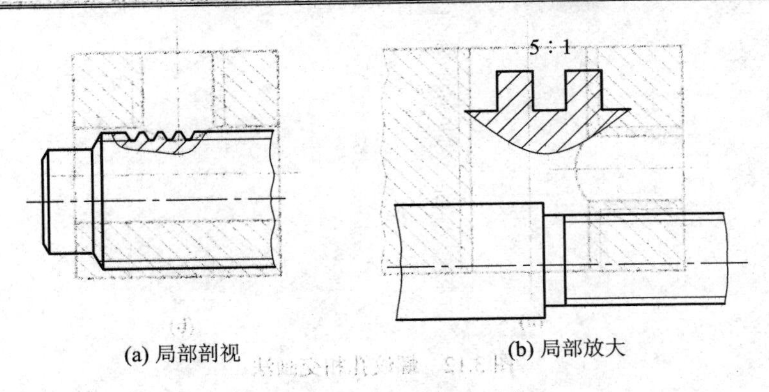

(a) 局部剖视　　(b) 局部放大

图 3.9　非标准螺纹的画法

(4) 内、外螺纹连接的画法：内、外螺纹旋合在一起，称为螺纹连接。螺纹连接一般用剖视图表示，其旋合部分应按外螺纹画，其余部分仍按各自的画法表示。应注意，表示大、小径的粗实线和细实线应分别对齐，而与倒角的大小无关，如图 3.10 所示。

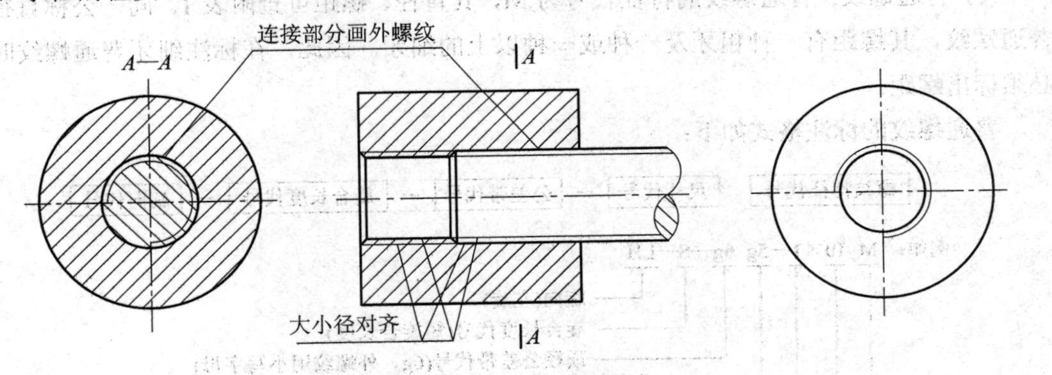

图 3.10　螺纹连接的画法

(5) 其他规定画法：对于不穿通的螺纹，钻孔深度与螺纹深度分别画出，如图 3.11(b)所示，钻孔深度一般应比螺纹深度深 0.5*D*(*D* 为螺孔大径)。又由于钻头锥端角约为 120°，所以钻孔底部以下的圆锥坑的锥角应画成 120°，如图 3.11(a)所示。螺纹孔相交时，只画出钻孔的交线(用粗实线表示)，如图 3.12 所示。

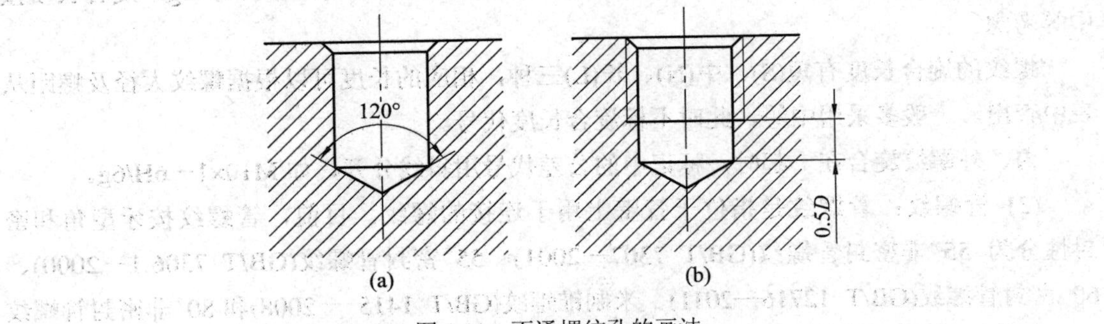

图 3.11　不通螺纹孔的画法

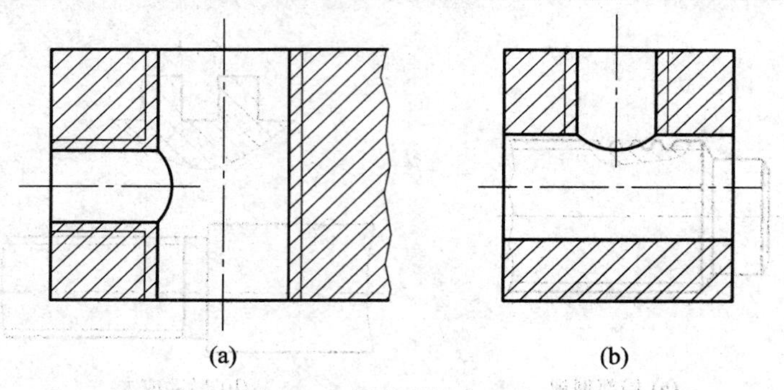

图 3.12　螺纹孔相交画法

5．螺纹的代号及标注

各种螺纹的画法都相同，为了便于区别，每一种螺纹都有规定的代号和标记，在图纸上必须标注螺纹的规定代号或标记。

(1) 普通螺纹：普通螺纹的特征代号为 M，其直径、螺距可查附表 1。同一公称直径的普通螺纹，其螺距有一种粗牙及一种或一种以上的细牙。因此，在标注细牙普通螺纹时，必须标出螺距。

普通螺纹的标注格式如下：

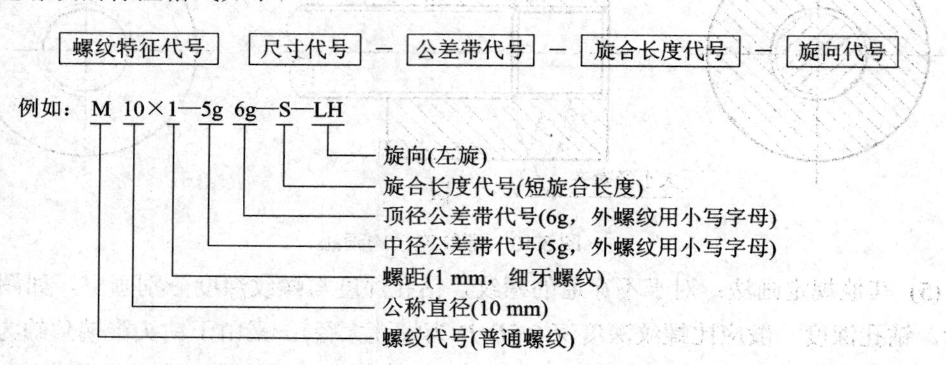

如果中径与顶径公差代号相同，则只注一个代号。如 M10—6g 表示公称直径为 10 mm，右旋的粗牙普通外螺纹(粗牙普通螺纹不标螺距)，中径和顶径公差带皆为 6g，旋合长度按中等考虑。

螺纹的旋合长度有短(S)、中(N)、长(L)三种，相应的长度可以根据螺纹大径及螺距从表中查出。一般多采用中等，此时不标旋合长度代号。

内、外螺纹旋合在一起时，标记中的公差代号用斜线分开，如 M10×1－6H/6g。

(2) 管螺纹：管螺纹是指位于管壁上用于连接的螺纹。目前，管螺纹按牙型角和密封性分为 55°非密封管螺纹(GB/T 7307—2001)、55°密封管螺纹(GB/T 7306.1—2000)、60°密封管螺纹(GB/T 12716—2011)、米制锥螺纹(GB/T 1415 一 2008)和 80°非密封管螺纹(GB/T 29537—2013)五种。

55°非密封管螺纹内外螺纹都是圆柱形的管螺纹，该螺纹拧紧后没有密封功能，仅在管路中起机械连接作用，适用于管接头、旋塞、阀门及其他管路附件。其特征代号为 G，尺寸代号标注于特征代号之后，外螺纹的公差等级代号写在尺寸代号之后。若未注公差等级则为内螺纹。管螺纹的尺寸代号不是螺纹的大径，而是管子孔径的英寸值。例如，G 1 A 表示尺寸代号为 1，公差等级为 A 级，右旋 55°非密封管螺纹外螺纹。

55°密封管螺纹具有密封性，允许在螺纹副内加入密封填料来增强密封性，适用于管子、管接头和旋塞等管路附件。标准中规定了两种配合方式，即圆柱内螺纹 R_p 与圆锥外螺纹 R_1 配合、圆锥内螺纹 R_c 与圆锥外螺纹 R_2 配合。标注示例如表 3.1 所示。

60°密封管螺纹、米制锥螺纹和 80°非密封管螺纹属于美国螺纹，标记方法和使用范围可参考国家标准文件和美国标准文件。

(3) 梯形螺纹与锯齿形螺纹：梯形螺纹的特征代号为 Tr，锯齿形螺纹的特征代号为 B，标注内容包含螺纹特征代号、公称直径×导程(螺距)、旋向、中径公差代号、旋合长度代号。如果是单线螺纹只标注螺距，右旋不标注，中等旋合长度不标注。梯形螺纹的基本尺寸见附表 3。

各种螺纹的标注示例如表 3.1 所示。

表 3.1　各种螺纹的标注示例

螺纹种类	标注图例	代号的含义	说明
粗牙普通外螺纹	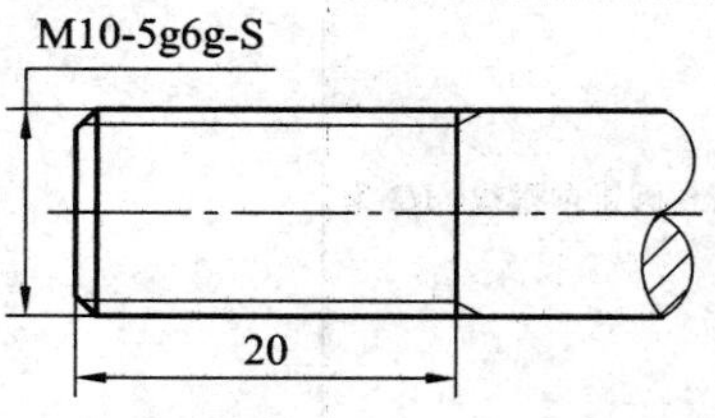 M10-5g6g-S 20	公称直径为 10 的普通粗牙螺纹，中径公差带代号为 5g，顶径公差带代号为 6g，短旋合长度，右旋	粗牙不注螺距； 单线不注线数； 旋向为右旋不标注
粗牙普通内螺纹	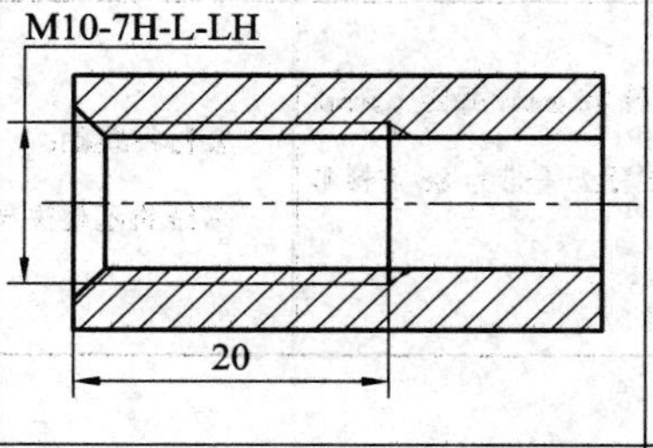 M10-7H-L-LH 20	公称直径为 10 的普通粗牙螺纹，中径和顶径公差带代号为 7H，长旋合长度，左旋	中径和顶径公差带相同时，只注一个代号；大写表示内螺纹。旋合长度为中等长度时，不标注；图中所注螺长纹度不包括螺尾
细牙普通螺纹	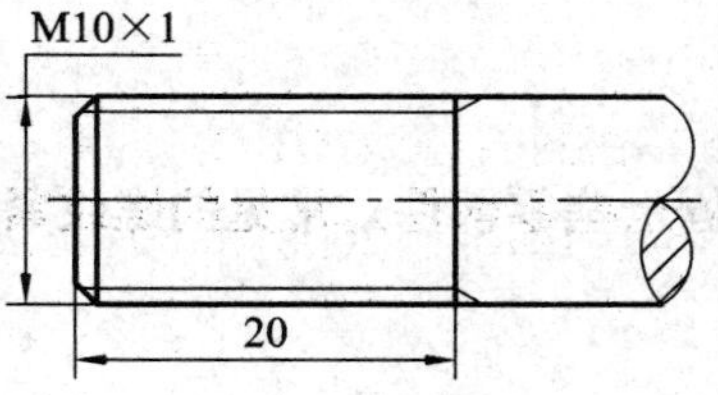 M10×1 20	M10×1 代表公称直径为 10 mm，螺距为 1 mm 的普通细牙螺纹，中等旋合长度，右旋	细牙要注螺距。 其他规定同粗牙普通螺纹

续表

螺纹种类	标注图例	代号的含义	说明
55°非密封管螺纹	G1	尺寸代号为 1，右旋的 55°非密封管螺纹，内螺纹	管螺纹的尺寸代号不是螺纹大径，而是管子的内径，单位为英寸。作图时应据此查出螺纹大径。 管螺纹的标注一律注在指引线上(不能以尺寸方式标注)，引出线应由大径处引出(或由对称中心线引出)
55°密封管螺纹	$R_1 1/2$	R_1 表示 55°密封圆锥外螺纹，为尺寸代号，右旋，与 R_p 配合使用	
	$R_p 1/2$	R_p 表示 55°密封圆柱内螺纹，1/2 为尺寸代号，右旋	
	$R_c 1/2$	R_c 表示 55°密封圆锥内螺纹，1/2 为尺寸代号，右旋	
单线梯形螺纹	Tr36×6-8e	表示公称直径 36 mm，螺距 6 mm，单线，中径、顶径公差带为 8e 的梯形螺纹	要标注螺距； 多线的还要注导程

二、螺纹紧固件

1. 螺纹紧固件的种类及标记

螺纹紧固件是运用一对内、外螺纹来连接和紧固一些零部件。常见的螺纹紧固件有螺栓、螺柱、螺钉、螺母、垫圈等，如图 3.13 所示。

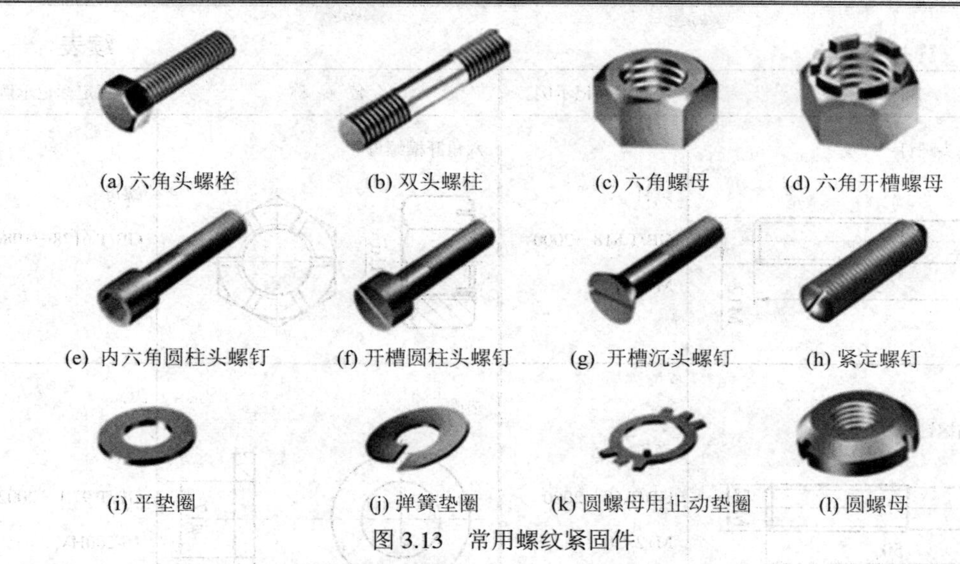
(a) 六角头螺栓　(b) 双头螺柱　(c) 六角螺母　(d) 六角开槽螺母

(e) 内六角圆柱头螺钉　(f) 开槽圆柱头螺钉　(g) 开槽沉头螺钉　(h) 紧定螺钉

(i) 平垫圈　(j) 弹簧垫圈　(k) 圆螺母用止动垫圈　(l) 圆螺母

图 3.13　常用螺纹紧固件

螺纹紧固件的结构、尺寸均已标准化，属于标准件，由专门的工厂生产。根据这些螺纹紧固件的规定标记，就能在相应的标准中查出有关的尺寸和资料。GB/T 1237—2000《紧固件标记方法》规定，紧固件有完整标记和简化标记两种标记方法。常用螺纹紧固件及其规定标记见表 3.2。

表3.2　常用螺纹紧固件及其规定标记

名　　称	规定标记示例	名　　称	规定标记示例
六角头螺栓	螺栓 GB/T 5780—2000 M12×50	开槽长圆柱端紧定螺钉	螺钉 GB/T 75—1985 M12×50
双头螺柱 A 型	螺柱 GB/T 897 AM12×50	内六角圆柱头螺钉	螺钉 GB/T 70.1—2008 M12×50
开槽圆柱头螺钉	螺钉 GB/T 65—2000 M12×50	六角螺母—C 级	螺母 GB/T 41—2000 M12

续表

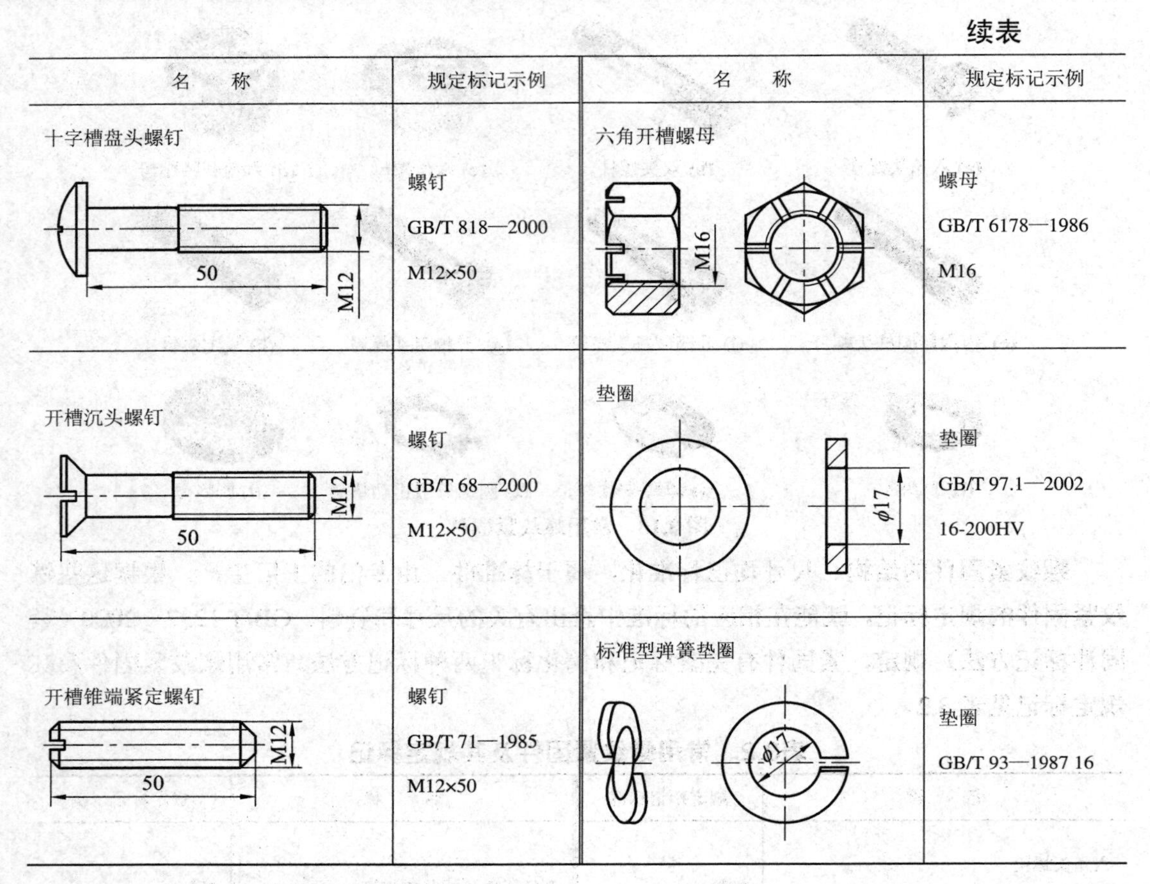

名　　称	规定标记示例	名　　称	规定标记示例
十字槽盘头螺钉	螺钉 GB/T 818—2000 M12×50	六角开槽螺母	螺母 GB/T 6178—1986 M16
开槽沉头螺钉	螺钉 GB/T 68—2000 M12×50	垫圈	垫圈 GB/T 97.1—2002 16-200HV
开槽锥端紧定螺钉	螺钉 GB/T 71—1985 M12×50	标准型弹簧垫圈	垫圈 GB/T 93—1987 16

从表 3.2 中可以看出以下几点：

(1) 完整的紧固件标记包含：名称、标准编号、螺纹规格(螺纹规格×公称长度)、性能等级或硬度。如表中平垫圈的标记：垫圈 GB/T 97. 1－2002 16-200HV，标记中的 HV 表示维氏硬度，200 为硬度值。

(2) 采用现行标准规定的各螺纹紧固件时，标准编号中的年号可以省略。如表中双头螺柱的标记：螺柱 GB/T 897 A M12×50，标记中省略年份 1988，A 表示 A 型，公称直径为 12 mm。

(3) 在标准编号后，螺纹代号或公称规格前，不论是否省略年号，都要空一格。

(4) 当性能等级及硬度是标准规定的常用等级时，可以省略不注明。如平垫圈的标记可省略为：垫圈 GB/T 97. 1 16，表示标准系列、公称规格(螺纹大径 d)16 mm，由钢制造的硬度等级为 200HV，不经表面处理，产品等级为 A 级的平垫圈。

2．螺纹紧固件的画法

螺纹紧固件是标准件，其结构尺寸数据可以从有关手册中查得，但是为了画图方便，提高绘图速度，螺纹紧固件各部分的尺寸都可以按螺纹大径 d(或 D)的一定比例数值画，而对螺纹紧固件的有效长度 l，需经计算后参考长度标准选定。

螺栓、螺母、垫圈、螺钉的比例画法如图 3.14 所示。

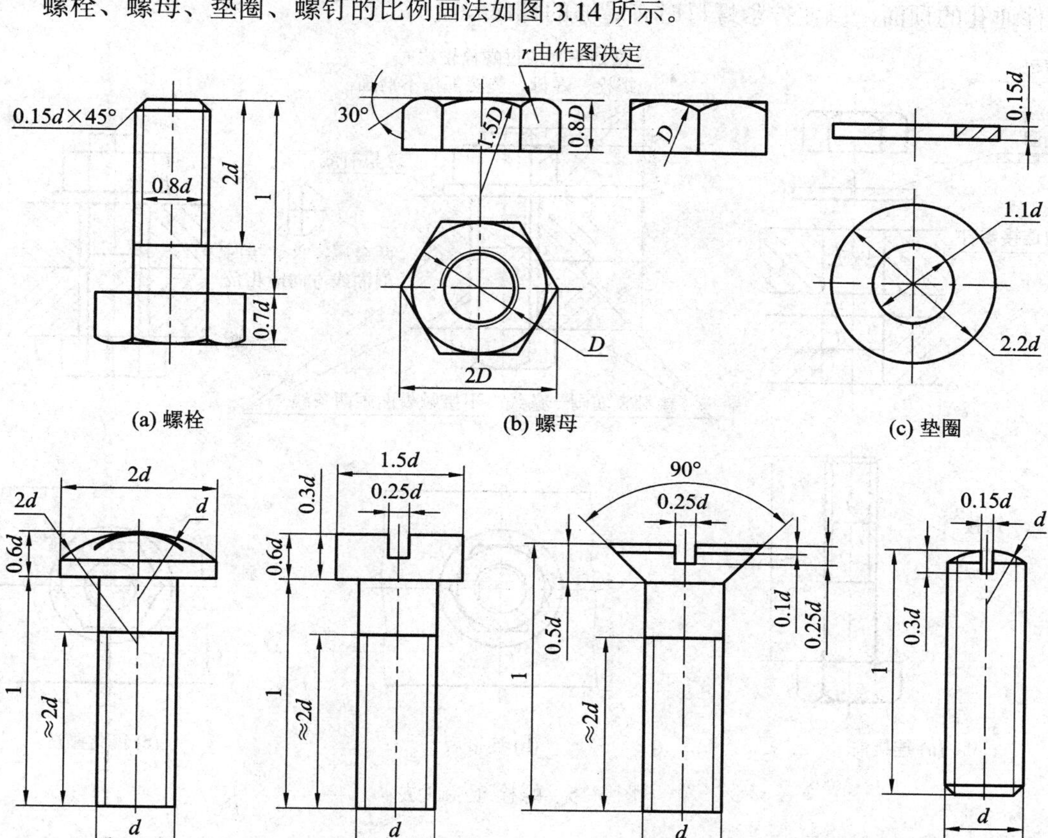

图 3.14　常见螺纹紧固件的比例画法

3．螺纹紧固件连接的画法

在画螺纹紧固件连接时，首先要注意以下几点：① 两零件接触表面只画一条线，不接触表面无论间隙多小，要画两条线；② 当剖切平面通过螺杆的轴线时，螺栓、螺柱、螺母、螺钉及垫圈等均按未剖切绘制，即只画出其外形，但垂直螺杆轴线剖切时，应按剖视图的规定绘制；③ 在剖视图中，相邻两零件的剖面线方向应相反，无法做到时，应互相错开，但同一零件在各个剖视图中的剖面线方向和间隔应一致。

1) 螺栓连接

螺栓连接是将两个不太厚的零件连接在一起，这两个零件钻成通孔，螺栓穿过去，再装上垫圈拧紧螺母。连接的画法如图 3.15 所示。

螺栓的有效长度 l 的确定：$l=\delta_1+\delta_2+h+m_{\max}+a$

其中：δ_1、δ_2 为两零件的厚度，$h=0.15d$(垫圈厚)，$m_{\max}=0.8d$(螺母厚)，$a=0.3d$(螺栓末端的伸出高度)。

根据以上估算的数值，按标准长度系列选取与其相适应的数值。螺纹的终止线低于两零件通孔的顶面，以便拧紧螺母时有足够的螺纹长度。

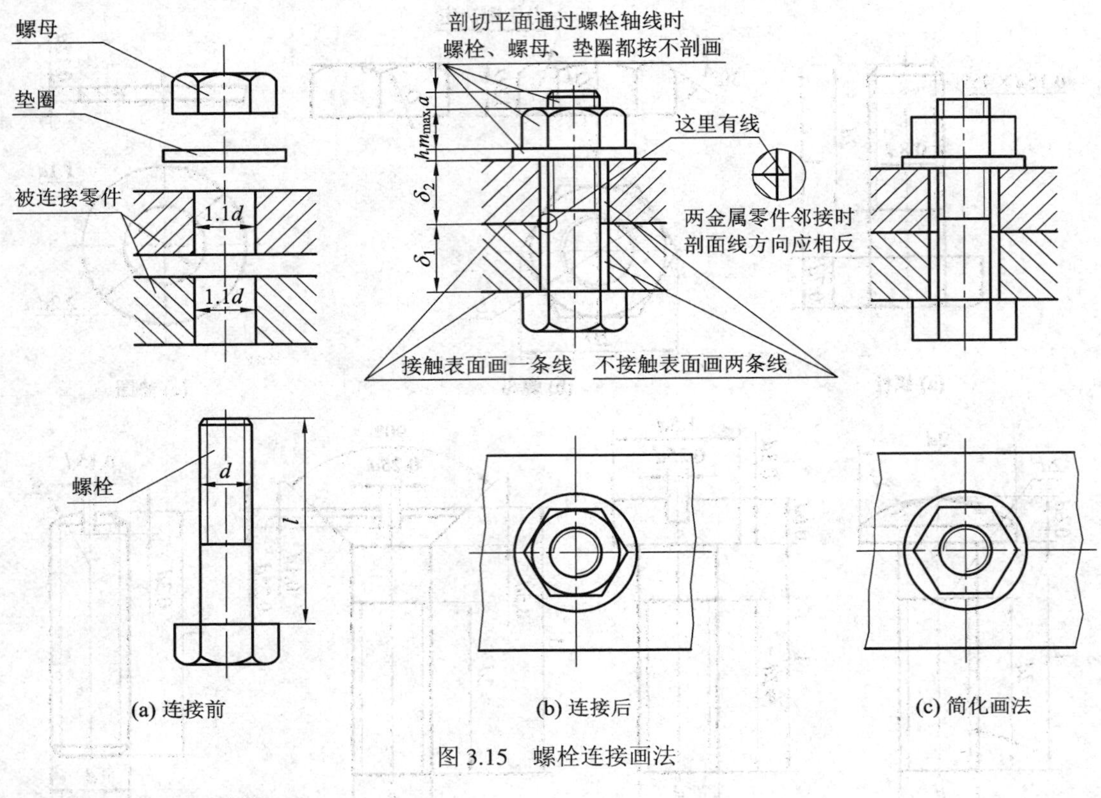

(a) 连接前　(b) 连接后　(c) 简化画法

图 3.15　螺栓连接画法

2) 双头螺柱连接

双头螺柱连接是将一较薄零件和一较厚零件连接在一起。较薄的零件钻成通孔，而较厚的零件上做成不穿通的螺孔(内螺纹)。连接时，将螺柱的一端拧入较厚零件的螺孔中，另一端穿过较薄的零件上的通孔，套上垫圈，再用螺母拧紧。

双头螺柱的连接画法如图 3.16(a)所示。

画双头螺柱连接时，要注意以下几点：

(1) 双头螺柱的旋入端长度 b_m 的值与零件的材料有关，对于钢或青铜，$b_m = d$；对于铸铁，$b_m = 1.25d$ 或 $1.5d$，对于铝合金 $b_m = 2d$；

(2) 旋入端全部拧入零件的螺孔内，所以终止线与零件端面应平齐；

(3) 双头螺柱的长度：$l = t + 0.15d$(垫圈厚) + $0.8d$(螺母厚) + $0.3d$(螺柱末端的伸出高度)；

(4) 零件上螺孔深度应大于旋入端的螺纹长度 b_m，在画图时，螺孔的螺纹深度可按 $b_m + 0.5d$ 画出，钻孔的深度可按 $b_m + d$ 画出；

(5) 采用弹簧垫圈的画法如图 3.16(b)所示。弹簧垫圈是一种开有斜口、形状扭曲、具有弹性的垫圈。当螺母拧紧后，垫圈被压平，产生弹力，作用在螺母和机件上，使摩擦力增大，可防止螺母自动松脱。在画图时要注意斜口的方向应与螺栓或螺柱的螺纹旋向相反。

一般螺栓或螺柱上的螺纹为右旋，斜口的方向相当于左旋。

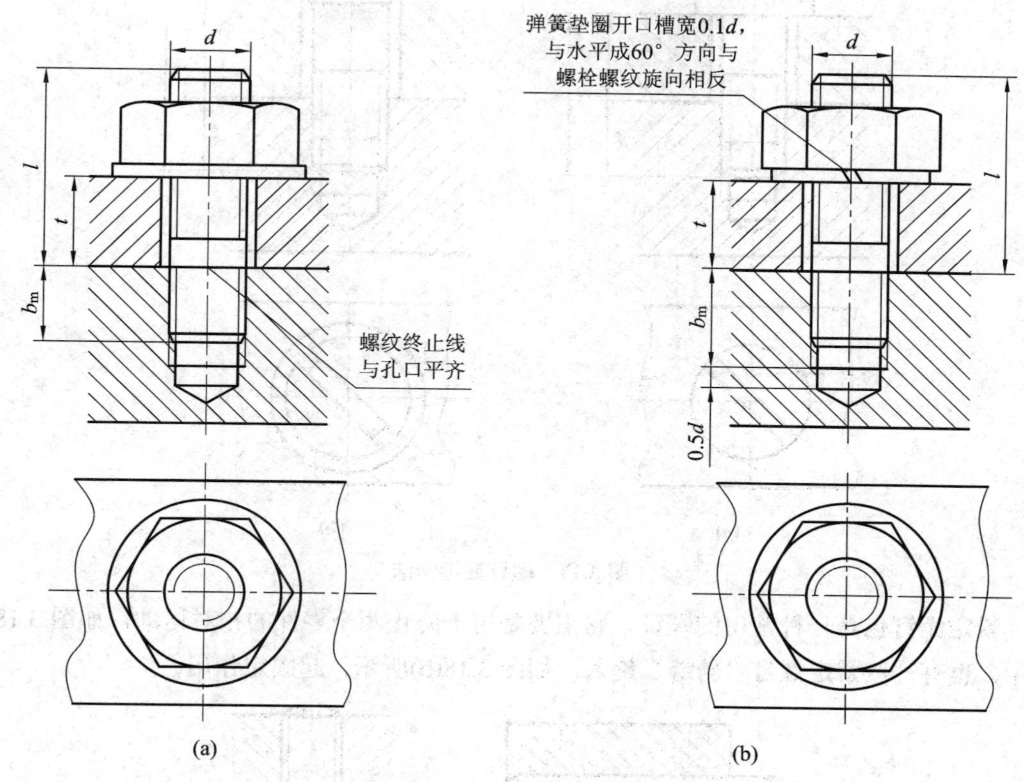

图 3.16　双头螺柱连接画法

3) 螺钉连接

螺钉按用途分为连接螺钉和紧定螺钉两类。前者用于连接零件，后者用于固定零件。连接螺钉用于将一较薄零件和一较厚零件连接在一起。较厚的零件上加工成螺纹孔(多为盲孔)，较薄的零件上加工成光孔，将螺钉穿过光孔而旋入螺孔，靠螺钉头部压紧，将两被连接零件连在一起。螺钉连接多用于受力不大，且不经常拆卸的情况下。螺钉连接的画法如图 3.17 所示。螺钉连接画图时应注意以下几点：

(1) 螺钉的有效长度 l 应按下式估算：$l = t + b_m$(b_m 根据被旋入零件的材料而定，见双头螺柱)，然后根据估算值选取标准系列数值；

(2) 为了使螺钉能压紧被连接零件，螺钉的螺纹终止线应高出螺孔的端面或螺杆全长上都有螺纹；

(3) 螺钉头上的一字槽在投影为非圆的视图上，缺口面向观察者并按 d 的比例画出，在投影为圆的视图上，习惯上将槽画成与中心线成 45°；

(4) 当槽宽小于 2 mm 时，可涂黑表示。

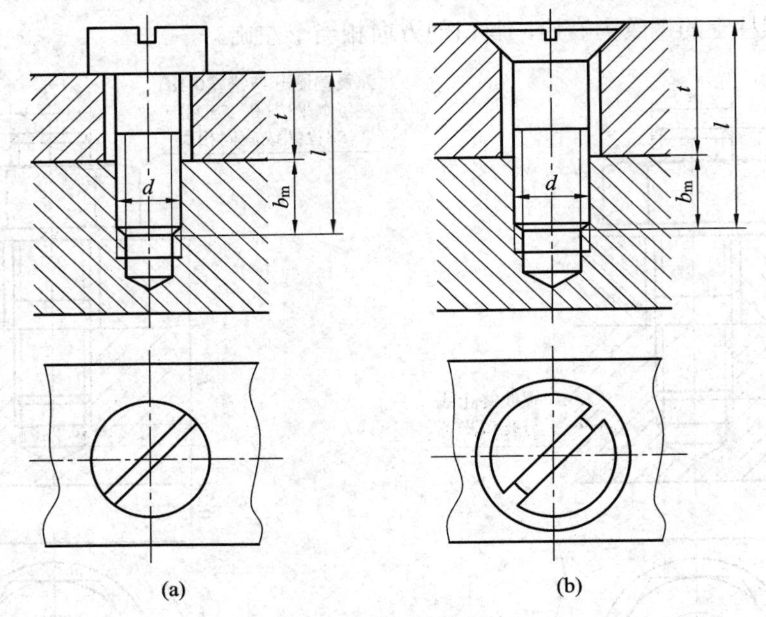

图 3.17　螺钉连接画法

紧定螺钉也是一种常用的螺钉，它主要是用于防止两个零件的相对运动，如图 3.18(a)所示，也有一些紧定螺钉“骑缝”旋入，如图 3.18(b)所示，起固定作用。

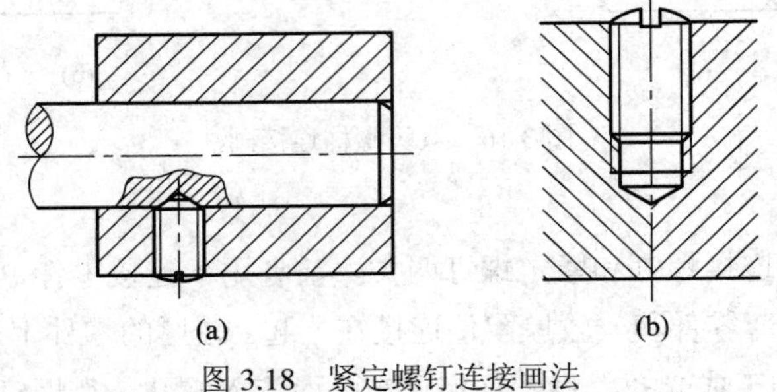

图 3.18　紧定螺钉连接画法

在机械设计中，可供选用的螺纹紧固件的标准件很多，本书只是列出了一些最常用的。在螺栓连接和螺柱连接中，可按需选用各种垫圈、螺母配套使用，不受书中所举的例图限制。

第二节　键连接与销连接

一、键连接

键连接就是用键将轮子与轴连接在一起转动，起传递扭矩的作用。

常用的键有普通平键、半圆键及钩头楔键，如图 3.19 所示，其中应用最广的是普通平键。

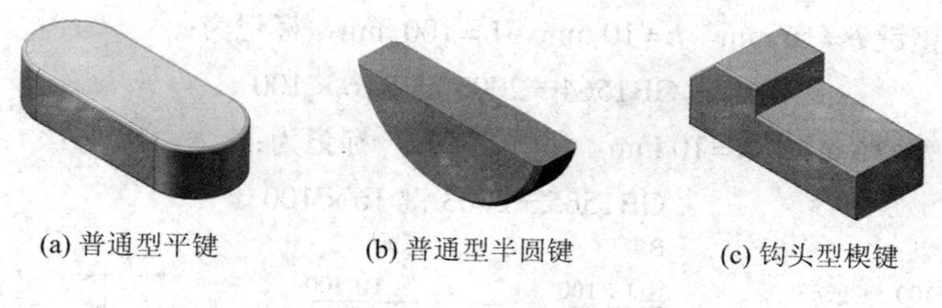

图 3.19　常用的键

1．键的形式及标记

键是标准件，画图时可根据有关标准查得相应的尺寸及结构。

(1) 普通型平键的形式有 A、B、C 三种，其形状和尺寸见图 3.20 所示，标记时 A 型平键省略“A”，而 B 型和 C 型应写出“B”或“C”。

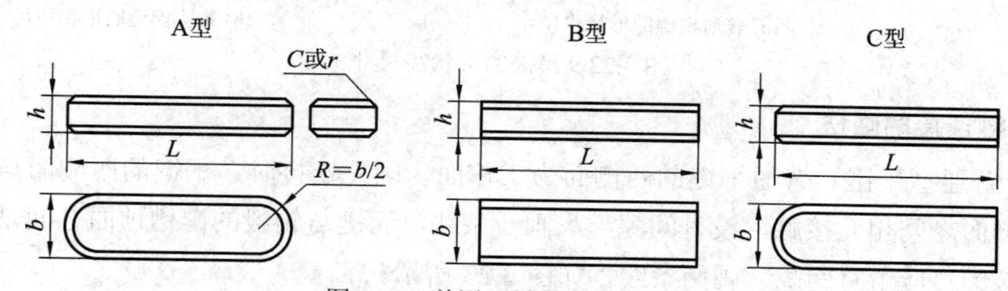

图 3.20　普通平键的型式和尺寸

例如，$b=16$ mm，$h=10$ mm，$L=100$ mm 的普通 A 型平键，应标记为：

GB1096 键 18 × 11 × 100

又如，$b=16$ mm，$h=11$ mm，$L=100$ mm 的单圆头普通平键，应标记为：

GB1096 键 C16 × 11 × 100

(2) 普通型半圆键。半圆键的形式和尺寸如图 3.21 所示。

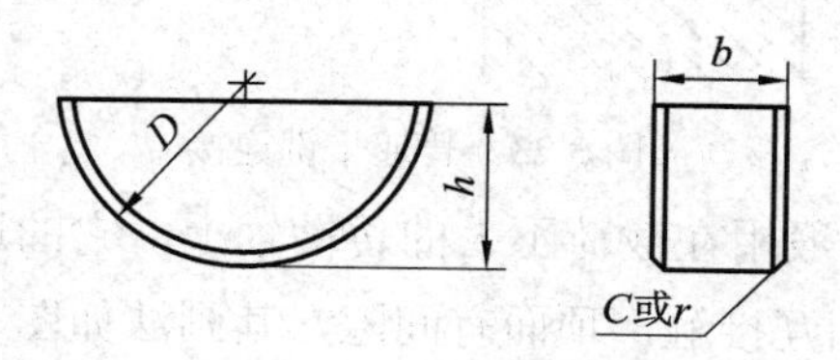

图 3.21　半圆键的形状和尺寸

若 $b=6$ mm，$h=10$ mm，$d_1=25$ mm，则标记为：

键 6 × 10 × 25 GB1099—2003

(3) 楔键。楔键有普通楔键和钩头楔键两种。普通楔键有 A 型(圆头)、B 型(方头)、C 型(单圆头)三种，钩头楔键只有一种，它们的形状与尺寸见图 3.22。

标记时，对于普通楔键 A 型可省略“A”字，B 型和 C 型须写出“B”或“C”。

如，圆头普通楔键 $b=16$ mm，$h=10$ mm，$L=100$ mm，标记为：

GB1564—2003 键 16 × 100

方头普通楔键 b=16 mm，h=10 mm，L=100 mm，标记为：

GB1564—2003 键 B16×100

钩头楔键 b=16 mm，h=10 mm，L=100 mm，标记为：

GB1565—2003 键 16×100

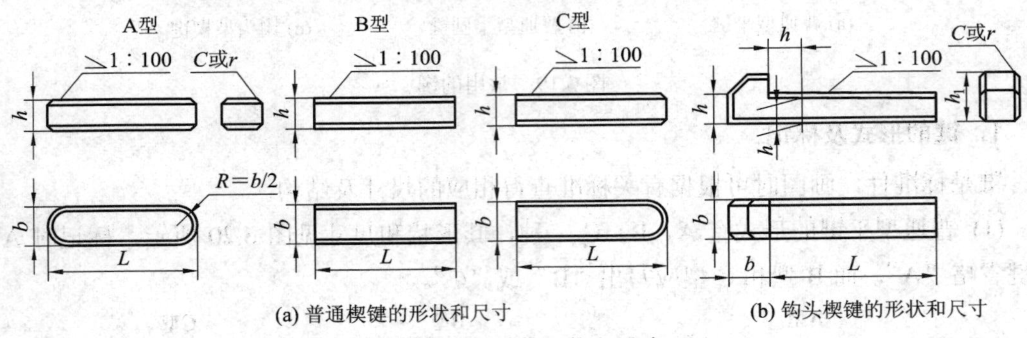

(a) 普通楔键的形状和尺寸　　(b) 钩头楔键的形状和尺寸

图 3.22　楔键的形状和尺寸

2．键连接的画法

(1) 普通型平键。普通平键的两侧面为工作面，因此连接时，平键的两侧面与轴和轮毂键槽侧面之间相互接触，没有间隙，只画一条线，而键与轮毂的键槽顶面之间是非工作面，不接触，应留有间隙，画两条线，如图 3.23 所示。

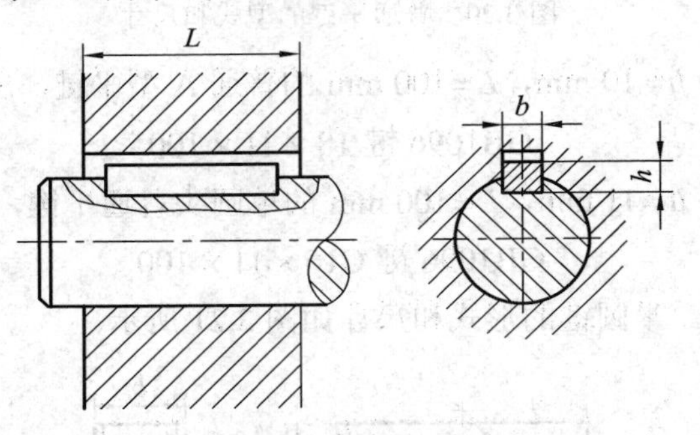

图 3.23　普通平键连接

(2) 半圆键。半圆键一般用在载荷不大的传动轴上，它的连接情况与普通平键相似，即两侧面为工作面与键槽相互接触，顶面有间隙，其画法如图 3.24 所示。

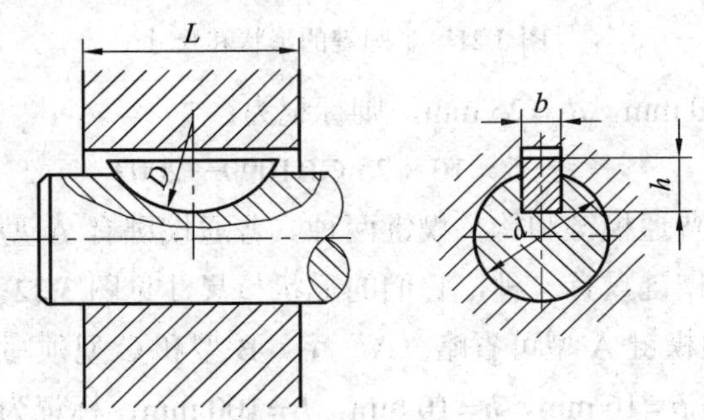

图 3.24　半圆键连接

(3) 楔键。楔键顶面是 1∶100 的斜度，装配时沿轴向将键打入键槽内，直至打紧为止，因此，它的上、下两面为工作面，两侧面为非工作面，画图时侧面应留间隙。如图 3.25 所示。

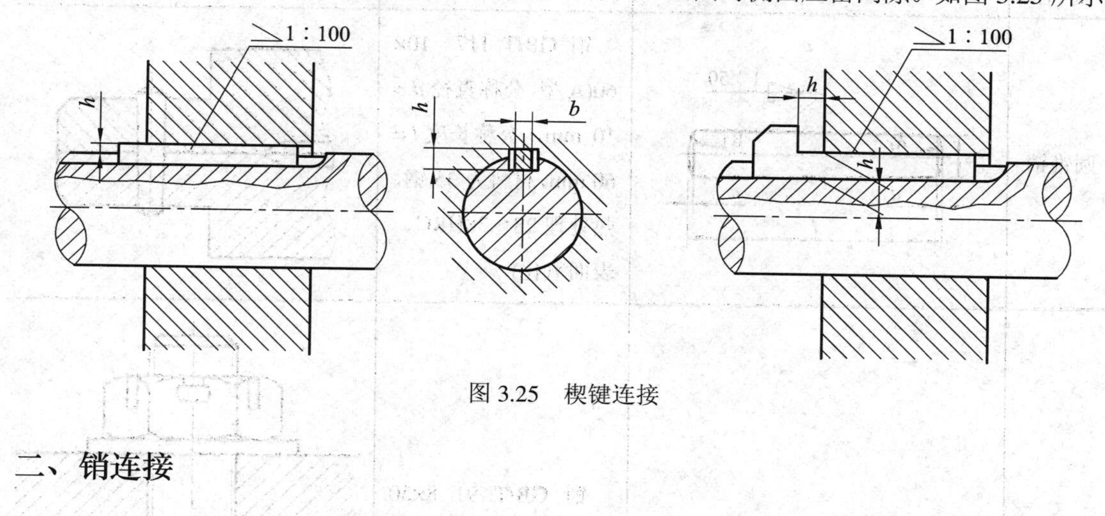

图 3.25　楔键连接

二、销连接

销常用来连接和固定零件，或在装配时起定位作用。销连接是一种可拆连接，销已标准化，常用的有圆柱销、圆锥销和开口销三种，如图 3.26 所示。

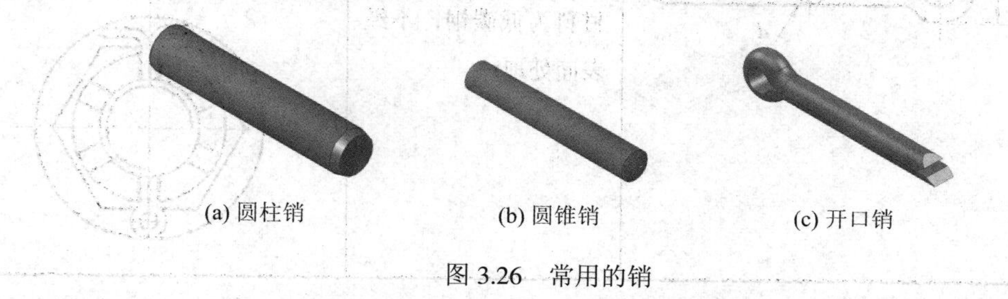

(a) 圆柱销　(b) 圆锥销　(c) 开口销

图 3.26　常用的销

在减速器装配中，用圆锥销来使箱盖与箱体装配时能准确对中定位。在用带孔螺栓和六角开槽螺母时，将开口销穿过螺母的槽口和螺栓的孔，并在销的尾部叉开，防止螺母与螺栓松脱。

常用销的型式、规定标记和连接画法见表 3.3。当剖切平面通过销的轴线时，销作为不剖处理。

表 3.3　常用销的型式、规定标记及连接画法

名 称	型　　式	规定标记示例	连接画法示例
圆柱销	≈15°　d　c　c　l	销 GB/T 119.1 6m6 × 30(公称直径 $d = 6$ mm，公差 m6，公称长度 $l = 30$ mm，材料为钢，不淬火，不表面处理)	

续表

名 称	型 式	规定标记示例	连接画法示例
圆锥销	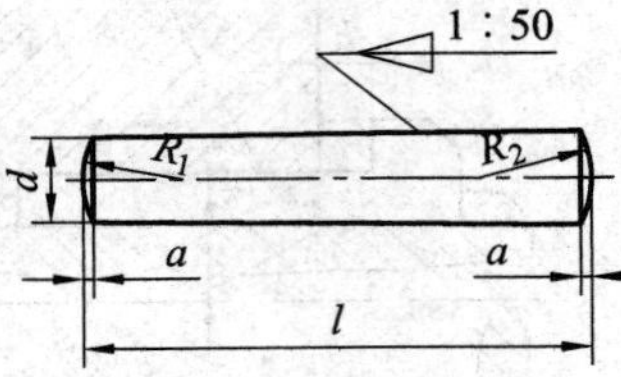 1:50 R1 R2 d a a l	销 GB/T 117 10×60(A型，公称直径 d = 10 mm，公称长度 l = 60 mm，材料为35钢，热处理28～38HRC、表面氧化)	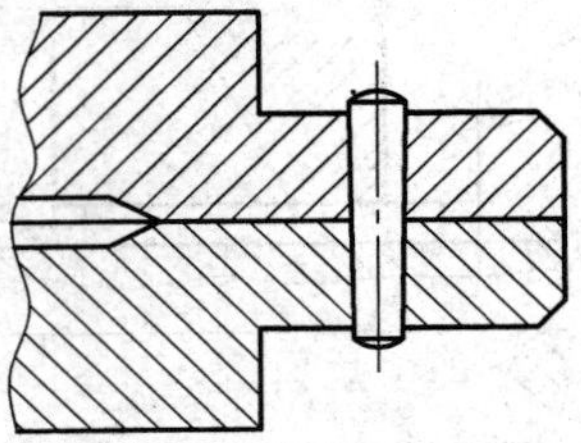
开口销	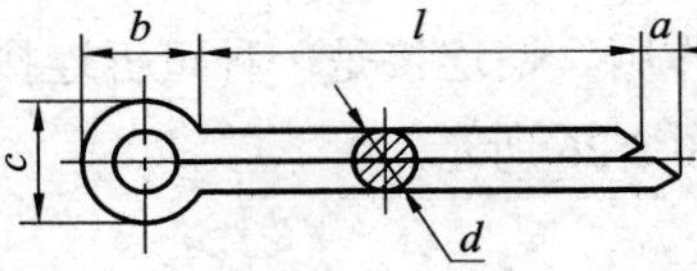 b l a c d	销 GB/T 91 8×50(公称直径 d = 8 mm，公称长度 l = 50 mm，材料为低碳钢，不经表面处理)	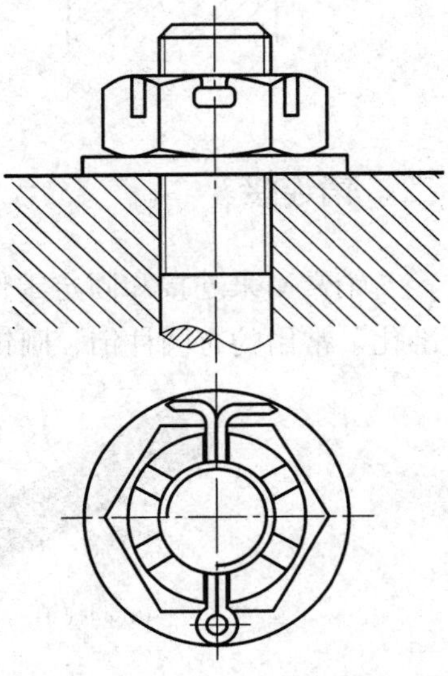

第三节 齿 轮

齿轮广泛地应用于机器或部件中，它可以将一个轴的转动传递给另一个轴，可以实现减速、增速、变向和换向等动作。

齿轮的参数中只有模数和齿形角已经标准化，因此，它属于常用件。齿轮的画法可查阅 GB/T 4459.2—2003《机械制图 齿轮表示法》。

齿轮的种类很多，根据用途和传动情况可分为三类：

(1) 圆柱齿轮：用于两平行轴之间的传动(见图 3.27(a))。

(2) 圆锥齿轮：用于两相交轴之间的传动(见图 3.27(b))。

(3) 蜗杆蜗轮：用于两交叉轴之间的传动(见图 3.27(d))。

根据齿轮齿廓形状可分为渐开线齿轮、摆线齿轮和圆弧齿轮等，我们仅介绍渐开线齿轮的基本知识和规定画法。

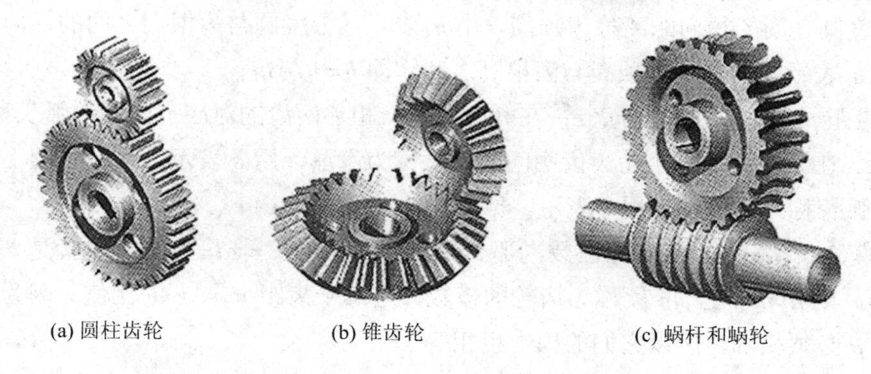
(a) 圆柱齿轮　(b) 锥齿轮　(c) 蜗杆和蜗轮

图 3.27　常见的齿轮传动

一、圆柱齿轮的结构要素名称及其代号

圆柱齿轮有直齿、斜齿和人字齿等几种。

1．直齿圆柱齿轮各部分的名称和代号

如图 3.28 所示是两个圆柱齿轮啮合示意图，由图可看出圆柱齿轮各部分的几何要素。

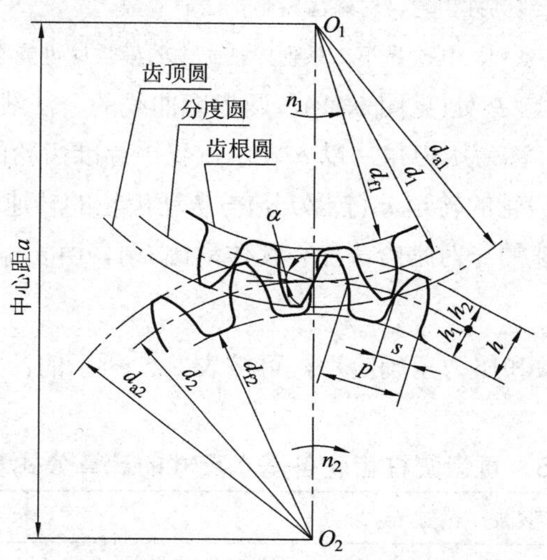

图 3.28　圆柱齿轮啮合示意图

(1) 齿顶圆：通过轮齿顶部的圆称齿顶圆，是齿轮上最大的圆。其直径用 d_a 表示。

(2) 齿根圆：通过轮齿根部的圆称齿根圆，其直径用 d_f 表示。

(3) 节圆和分度圆：图 3.28 所示，O_1、O_2 分别为两啮合齿轮的中心，在 O_1O_2 的连心线上两齿轮有一对齿廓啮合接触点 P(称为节点)，分别以 O_1、O_2 为圆心，O_1P、O_2P 为半径作圆，这两个圆称为齿轮的节圆，其直径用 d' 表示。在加工齿轮时，作为齿轮轮齿分度的圆称为分度圆，其直径用 d 表示。对于标准齿轮来说，节圆直径和分度圆直径相等。对于单个齿轮而言，分度圆是设计制造齿轮时进行各部分尺寸计算的基准圆。

(4) 齿高、齿顶高、齿根高：齿顶圆与齿根圆之间的径向距离称齿高，用 h 表示。齿顶圆与分度圆之间的径向距离称齿顶高，用 h_a 表示。分度圆与齿根圆之间的径向距离称齿根高，用 h_f 表示。齿高是齿顶高与齿根高之和，即 $h=h_a+h_f$。

(5) 齿距 p、齿厚 s、齿槽宽 e：在分度圆上，相邻两齿的对应点之间的弧长称为齿距，用 p 表示。在分度圆上一个轮齿齿廓间的弧长称为齿厚，用 s 表示。在分度圆上一个齿槽齿廓间的弧长称为齿槽宽，用 e 表示。标准齿轮 $s=e$，$p=s+e$。

(6) 模数：以 z 表示齿轮的齿数，那么，分度圆的周长 $=\pi d=z\times p$，也就是 $d=p/\pi\times z$。令 $p/\pi=m$，则 $d=m\cdot z$，m 就称为齿轮的模数，它等于齿距 p 与 π 的比值。因为两啮合齿轮的齿距 p 必须相等，所以它们的模数也相等。

模数是设计和制造齿轮的重要参数，模数愈大，则齿距 p 也愈大，随之齿厚 s 也越大，因而齿轮承载能力强。不同模数的齿轮，要用不同模数的刀具来加工制造，为了减少加工齿轮刀具的数量，GB/T 1357—2008 对齿轮的模数作了统一规定，如表 3.4 所示。

表 3.4　齿轮模数系列(GB/T 1357—2008)

第一系列	1，1.25，1.5，2，2.5，3，4，5，6，8，10，12，16，20，25，32，40，50
第二系列	1.125，1.375，1.75，2.25，2.75，3.5，4.5，5.5，(6.5)，7，9，11，14，18，22，28，36，45

注：1. 本表适用于渐开线圆柱齿轮。对斜齿轮是指法面模数。

2. 应优先选用第一系列，其次是第二系列，括号内的模数尽可能不用。

(7) 压力角 α：在节点 P 处(见图 3.28)，两齿廓曲线的公法线(即齿廓的受力方向)与两节圆的内公切线的夹角，称为压力角，以 α 表示，我国标准齿轮的压力角一般为 20°。

(8) 传动比 i：主动齿轮的转速 n_1(转数/分)与从动齿轮的转速 n_2(转数/分)之比，以 i 表示，即 $i=n_1/n_2$。用于减速的一对啮合齿轮，其传动比 $i>1$，由 $n_1z_1=n_2z_2$ 可得 $i=n_1/n_2=z_2/z_1$。

2. 几何尺寸计算

当齿轮的模数、齿数和压力角确定后，可按表 3.5 所示的计算公式计算出齿轮各部分尺寸。

表 3.5　直齿圆柱齿轮各基本尺寸的计算公式及举例

基本参数：模数 m 齿数 z			已知：$m=2$　　$z=29$
名　称	符号	计算公式	计算举例
齿距	p	$p=\pi m$	$p=6.28$
齿顶高	h_a	$h_a=m$	$h_a=2$
齿根高	h_f	$h_f=1.25m$	$h_f=2.5$
齿高	h	$h=2.25m$	$h=4.5$
分度圆直径	d	$d=mz$	$d=58$
齿顶圆直径	d_a	$d_a=m(z+2)$	$d_a=62$
齿根圆直径	d_f	$d_f=m(z-2.5)$	$d_f=53$
中心距	a	$a=m(z_1+z_2)/2$	

二、圆柱齿轮的规定画法

齿轮如果按实际投影绘制既麻烦且没有必要，因此，国家标准 GB/T 4459.2—2003 规定了齿轮的画法。

1. 单个圆柱齿轮的画法

单个圆柱齿轮一般用两个基本视图表达，如图 3.29(a)所示。按国家标准规定，齿顶圆和齿顶线用粗实线绘制，分度圆和分度线用细点画线绘制，齿根圆和齿根线用细实线绘制(也可省略不画)。在剖视图中，当剖切平面通过齿轮轴线时，轮齿一律按不剖处理，齿根线用粗实线绘制，如图 3.29(b)所示。若为斜齿或人字齿，则可将非圆视图画成半剖视图或局部剖视图，并用三条细实线表示轮齿的方向，如图 3.29(c)、(d)所示。

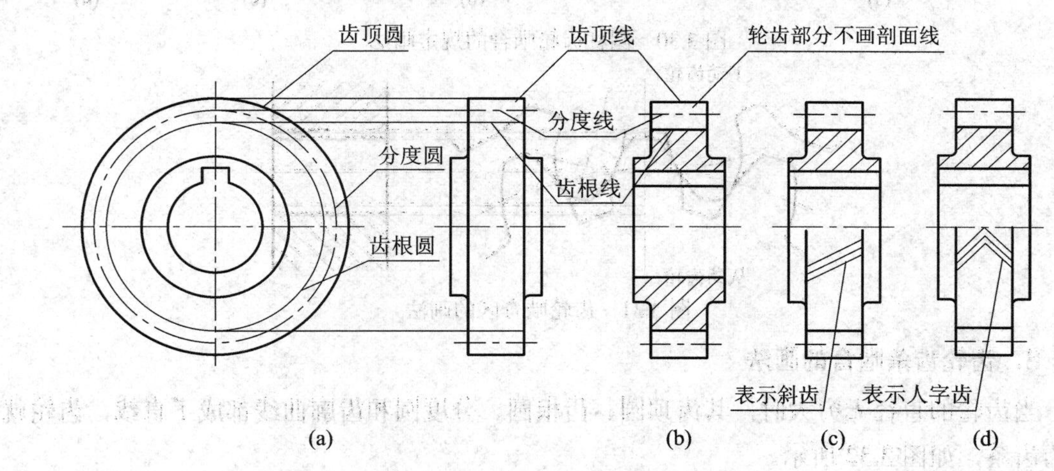

图 3.29　圆柱齿轮的规定画法

2. 圆柱齿轮啮合画法

两标准齿轮相互啮合时，它们的分度圆相切，此时分度圆又称节圆。在投影为圆的视图中，啮合区内的齿顶圆用粗实线绘制，如图 3.30(a)所示，有时也可省略，如图 3.30(b)所示；相切的两节圆用细点画线绘制；齿根圆用细实线画出，也可省略不画。

在非圆的视图中，若采用剖视，见图 3.30(a)，在啮合区内，将一个齿轮的轮齿用粗实线绘制，另一个齿轮的轮齿被遮挡的部分用细虚线绘制。如不剖，啮合区的齿顶线不需画出，节线用粗实线绘制，其他处的节线仍用细点画线绘制，如图 3.30(c)、(d)所示。

齿轮啮合区主、从动齿轮的详细画法如图 3.31 所示，在啮合区的剖视图中，由于齿根高与齿顶高相差 0.25m(模数的 0.25 倍)，因此一个齿轮齿顶线与另一个齿轮的齿根线之间，应有 0.25m 的间隙。

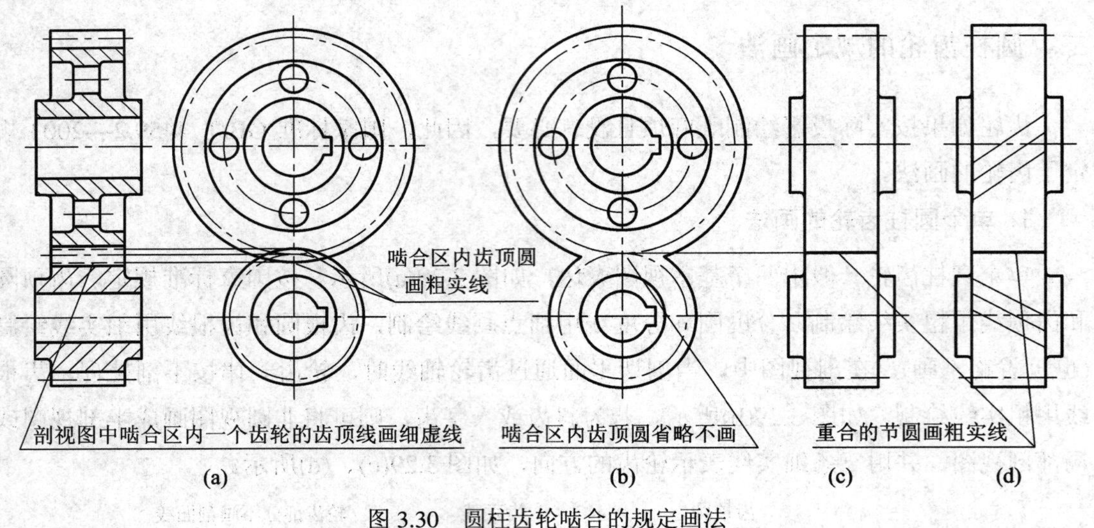

图 3.30　圆柱齿轮啮合的规定画法

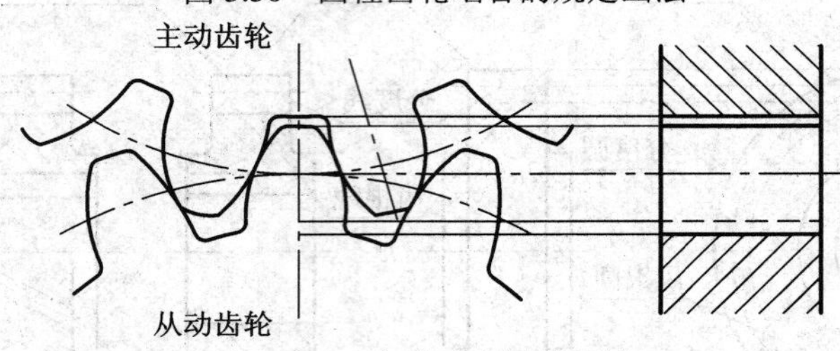

图 3.31　齿轮啮合区的画法

3．齿轮齿条啮合的画法

当齿轮的直径无穷大时，其齿顶圆、齿根圆、分度圆和齿廓曲线都成了直线，齿轮就成为齿条，如图 3.32 所示。

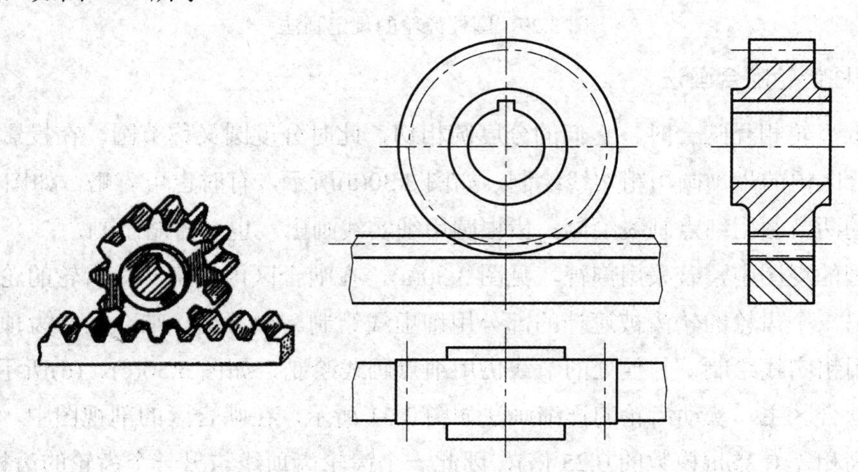

图 3.32　齿轮齿条啮合的画法

在绘制齿轮、齿条啮合图时，在齿轮表示为圆的视图中，齿轮节圆和齿条节线相切，另一视图可画成剖视图，并将啮合区内齿顶线之一画成粗实线，另一轮齿被遮部分画成细虚线或省略不画。

三、直齿圆柱齿轮的零件图示例

如图 3.33 所示是直齿圆柱齿轮零件图，包括一组完整的视图，如图中为全剖视的主视图和轮孔的局部视图；一组完整的尺寸；必需的技术要求，如尺寸公差、表面粗糙度、技术要求标题下的热处理等，这些技术要求的内容将在后续章节作简要介绍；在图纸右上角的表格中，还列出了制造和检验齿轮时需要的项目，其中的大部分项目将在《互换性与几何测量技术》等有关课程中叙述，本课程不予探讨。

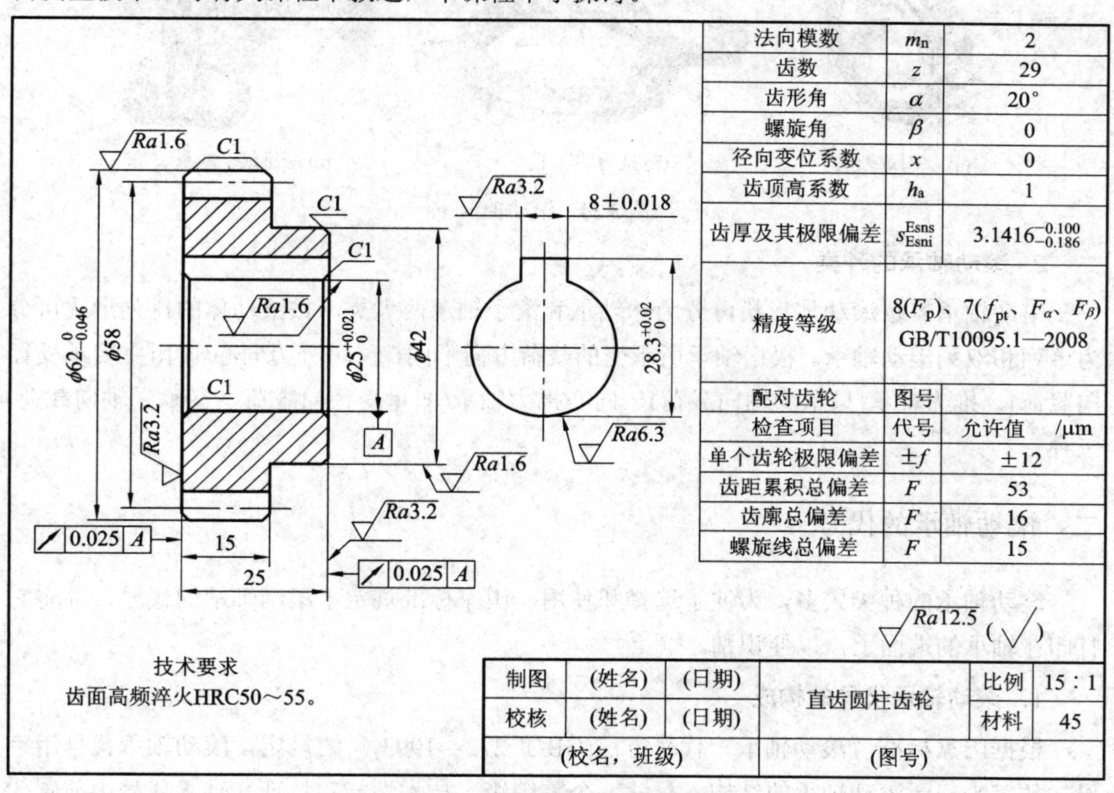

图 3.33　直齿圆柱齿轮零件图

第四节　滚动轴承

轴承是支承旋转轴并承受轴上载荷的部件。轴承可分为滚动轴承和滑动轴承两种。由于滚动轴承具有摩擦阻力小、结构紧凑等优点，因而在生产中被广泛应用。

滚动轴承是标准部件，由专门的工厂生产，使用时可根据要求确定型号，选购即可。这一节主要介绍滚动轴承的结构类型、画法及标注等。

一、滚动轴承的结构与类型

1. 滚动轴承的结构

滚动轴承的种类很多，但其结构大致相似，一般由外圈、内圈、滚动体及保持架组成，如图 3.34 所示。其外圈装在机座的孔内，内圈套在转动的轴上，在一般情况下，外圈固定不动，而内圈随轴转动。

(a) 深沟球轴承

(b) 推力球轴承

(c) 圆锥滚子轴承

图 3.34　滚动轴承

2. 滚动轴承的种类

滚动轴承若按滚动体形状可分为球轴承和滚子轴承两大类，按滚动体的排列形式可分为单列和双列滚动轴承。根据轴承所承受的载荷方向不同，又可分为向心轴承(主要承受径向载荷)、推力轴承(只承受轴向载荷)、向心推力轴承(即承受径向载荷，又承受轴向载荷)三种。

二、滚动轴承的代号

滚动轴承的种类繁多，为便于选择和使用，国家标准规定了滚动轴承的代号，并将它打印在轴承的端面上，以便识别。

1. 滚动轴承代号的构成

根据国家标准《滚动轴承　代号方法(GB/T 272—1993)》的规定，滚动轴承代号用字母加数字来表示滚动轴承的结构、尺寸、公差等级、技术性能等特征。轴承代号由前置代号、基本代号和后置代号构成，前置、后置代号是轴承在结构形状、尺寸公差、技术要求等有改变时，在其基本代号左右添加的补充代号。一般常用的轴承由基本代号表示，基本代号由轴承类型代号、尺寸系列代号、内径代号构成。

2. 轴承基本代号示例

(1) 轴承　6208　GB/T 276—2013

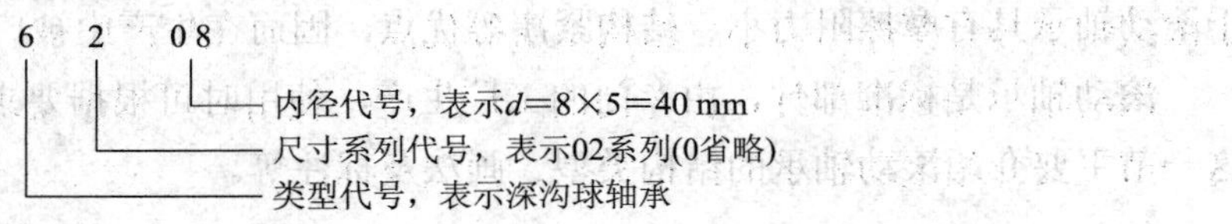

(2) 轴承 30208 GB/T 293—2015

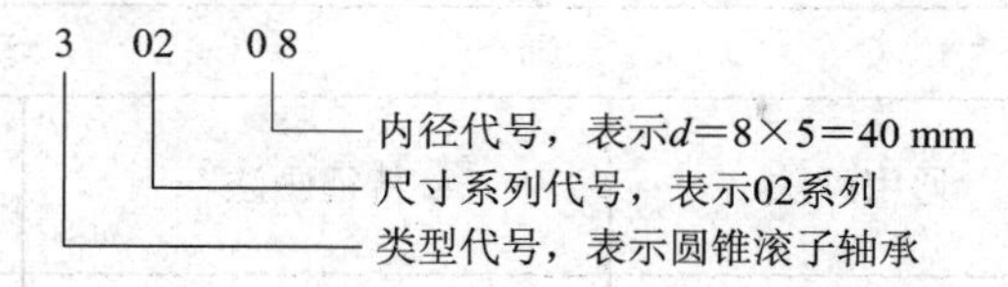

三、滚动轴承的画法

滚动轴承是标准部件，在绘制滚动轴承时应按 GB/T 4459.7—1998 中规定绘制，通常不需要画零件图，在装配图中，可根据国家标准规定的简化画法来绘制。画图时，应根据轴承代号由国家标准查出有关数据，按表 3.6 中的规定画法或特征画法画出。

表 3.6　常用滚动轴承的规定画法和特征画法

轴承类型及标准编号	可查得的数据	画法		
		通用画法	特征画法	规定画法
深沟球轴承 (60000 型) GB/T 276—2013 承受径向力	d D B	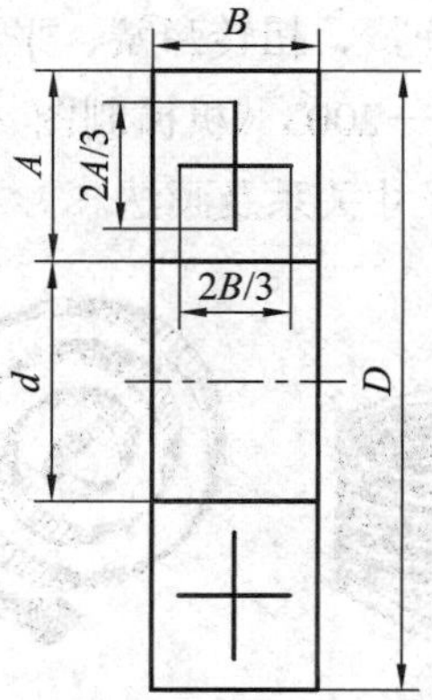	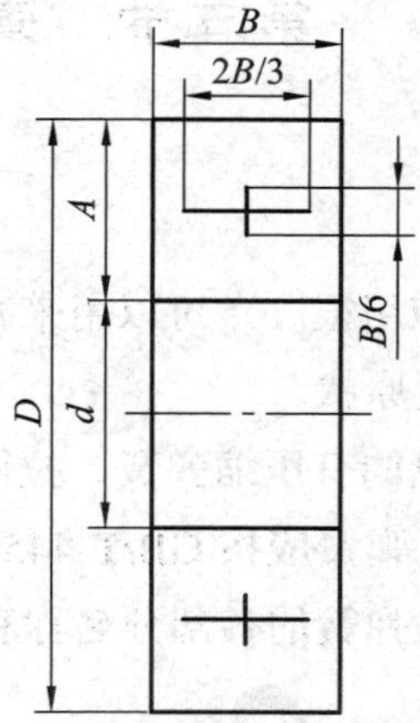	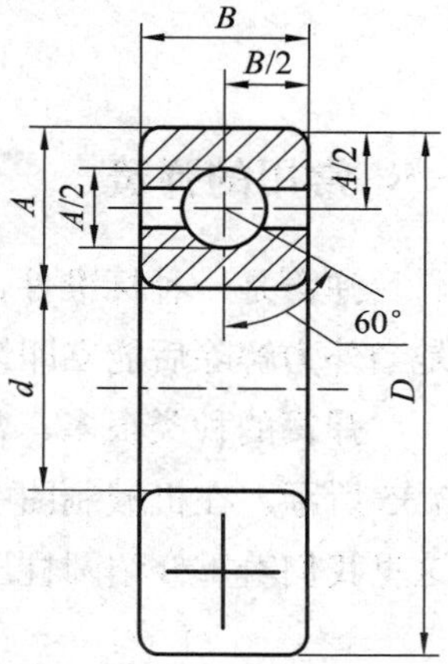
圆锥滚子轴承 (30000 型) GB/T 293—1994 可同时承受径向力和轴向力	d D T B C		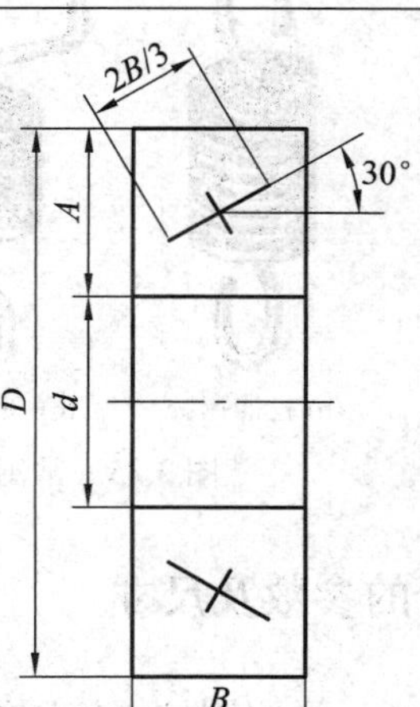	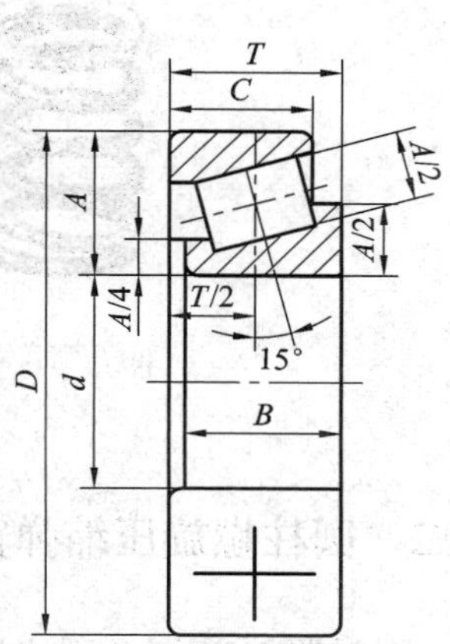

续表

轴承类型及标准编号	可查得的数据	画法		
		通用画法	特征画法	规定画法
推力球轴承 (51000 型) GB/T 301—1995 承受轴向力	d D T		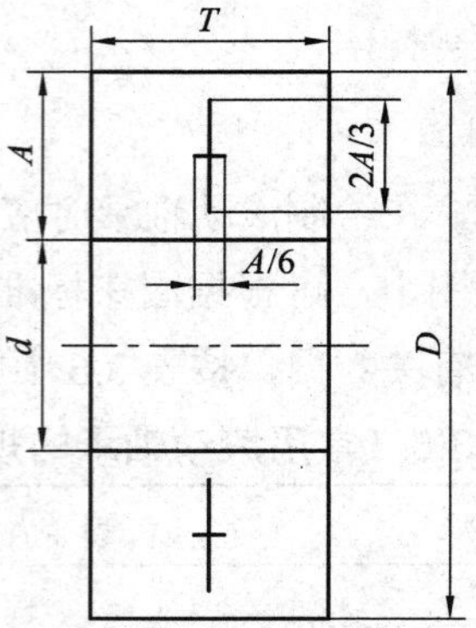	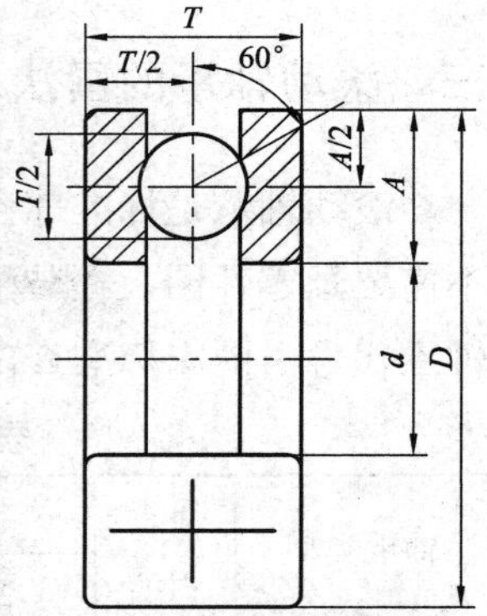

第五节　弹　　簧

一、常用的弹簧

弹簧是一种标准件，应用很广，可以用来减震、夹紧、储存能量和测力等。它的特点是当外力解除后能立即恢复原状。

弹簧的种类很多，常见的有压缩弹簧、拉伸弹簧、扭转弹簧、平面蜗卷弹簧等，如图 3.35 所示。在机械制图中，弹簧应按 GB/T 4459.4—2003《机械制图 弹簧表示法》绘制。这里我们着重介绍圆柱压缩弹簧的各部分名称和尺寸关系及画法。

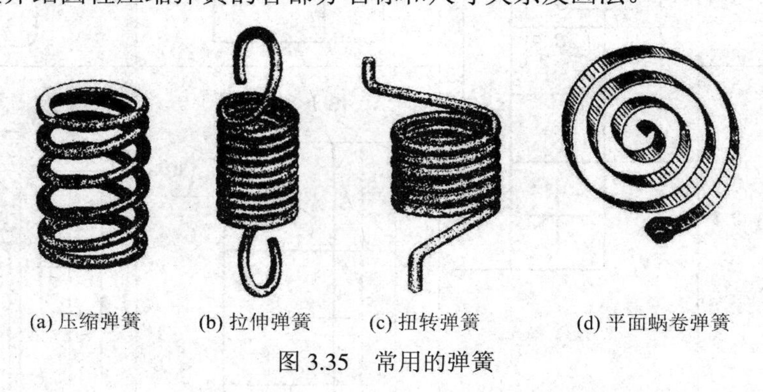

(a) 压缩弹簧　(b) 拉伸弹簧　(c) 扭转弹簧　(d) 平面蜗卷弹簧

图 3.35　常用的弹簧

二、圆柱螺旋压缩弹簧的参数及尺寸

对照 3.36 图及所注尺寸，说明圆柱螺旋压缩弹簧的参数以及有关计算：

(1) 材料直径 d：制造弹簧的钢丝直径；

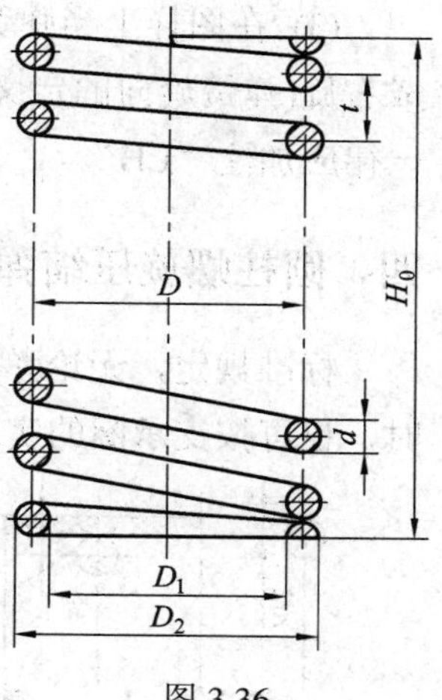

图 3.36

(2) 弹簧中径 D：弹簧的平均直径；

(3) 弹簧内径 D_1：弹簧的最小直径，$D_1=D-\mathrm{d}$；

(4) 弹簧外径 D_2：弹簧的最大直径；$D_2=D+\mathrm{d}$；

(5) 节距 t：除了支承圈数外，弹簧相邻两圈对应点在中径上的轴向距离称为节距；

(6) 有效圈 n、支承圈 n_z 和总圈数 n_1：为了使弹簧在工作时受力均匀，保证轴线垂直端面，制造时常将弹簧两端并紧磨平。而且并紧磨平的圈数仅起支承作用，故称之为支承圈。支承圈有 1.5 圈、2 圈、2.5 圈三种，其中较常见的是 2.5 圈。除了支承圈外，保持相等螺距的圈数称为有效圈数；有效圈数和支承圈数之和称为总圈数 $n_1=n+n_z$；

(7) 自由高度 H_0：弹簧在未受外力作用下的高度 $H_0=nt+(n_2-0.5)d$；

(8) 弹簧的展开长度：制造弹簧时，所需要的钢丝长度 $L\approx n_1 \cdot \pi D$；

(9) 螺旋方向：有左旋和右旋之分，常用右旋。

三、弹簧的规定画法

如图 3.37 所示是弹簧的几种常见画法。

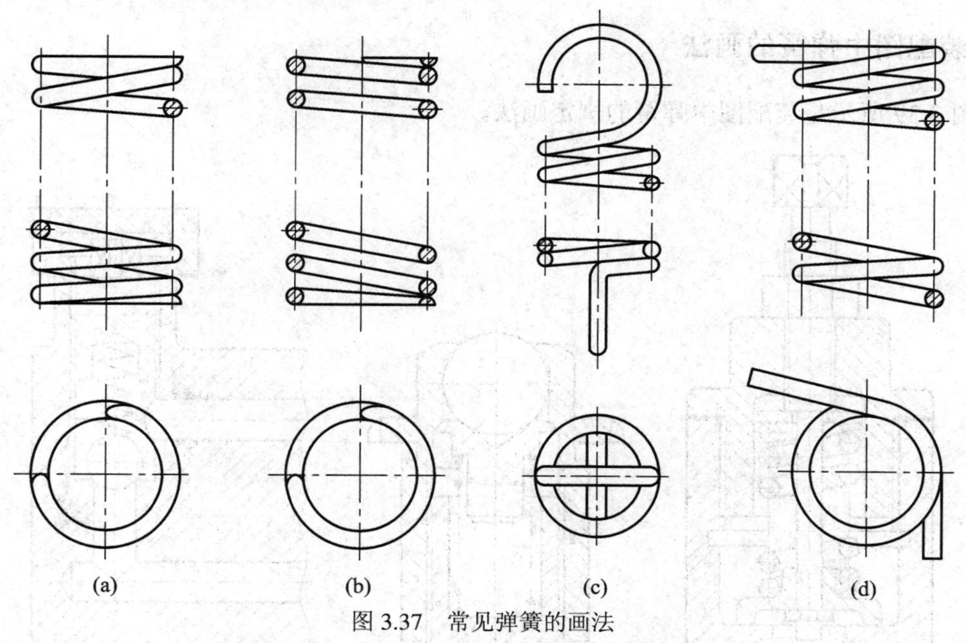

图 3.37　常见弹簧的画法

(1) 在平行螺旋弹簧轴线的视图上，各圈的轮廓线画成直线。

(2) 有效圈数在四圈以上的弹簧，可只画出其两端的 1～2 圈(不含支承圈)，中间用通过弹簧钢丝中心的细点画线连起来。

(3) 在图样上当弹簧的旋向不作规定时，螺旋弹簧一律画成右旋。左旋弹簧也允许画成右旋(弹簧旋向的定义和螺旋线旋向的定义相同)，但不论画成左旋还是右旋，左旋弹簧一律应加注“LH”。

四、圆柱螺旋压缩弹簧的画图步骤

标准规定，无论弹簧的支承圈是多少，均可按支承圈为 2.5 圈的形式绘制。如果必要时，也可按支承圈的实际圈数画出。画图步骤如图 3.38 所示。

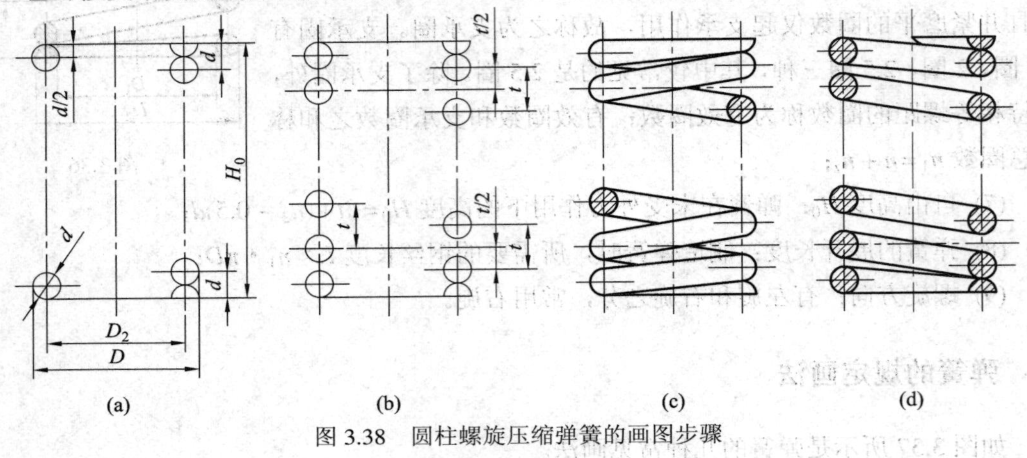

图 3.38 圆柱螺旋压缩弹簧的画图步骤

五、装配图中弹簧的画法

图 3.39 所示是装配图中弹簧的规定画法。

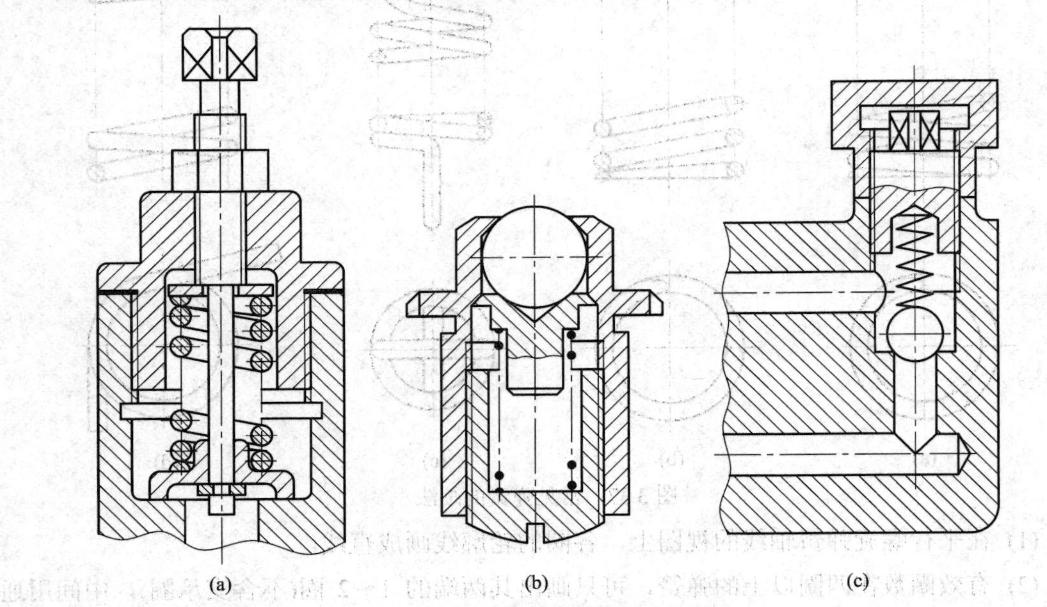

图 3.39 装配中弹簧的规定画法

(1) 螺旋弹簧被剖切时，允许只画簧丝断面，如图 3.39(a)所示；当簧丝直径等于或小于 2 mm 时，其断面可全部涂黑，或采用示意画法，如图 3.39(b)所示。

(2) 弹簧后面被挡住的零件轮廓，按不可见处理时不必画出，可见轮廓线只画到弹簧钢丝的断面轮廓或中心线上，如图 3.39(c)所示。

本 章 小 结

本章主要介绍标准件和常用件的简化画法和标注方法，包括：螺纹和螺纹紧固件，键，销，齿轮，轴承和弹簧。标准件不用绘制工程图，仅在装配图中表达并以国标编号和公称尺寸表达。齿轮和弹簧等常用件需要绘制零件工程图，采用简化画法及标准参数表达。

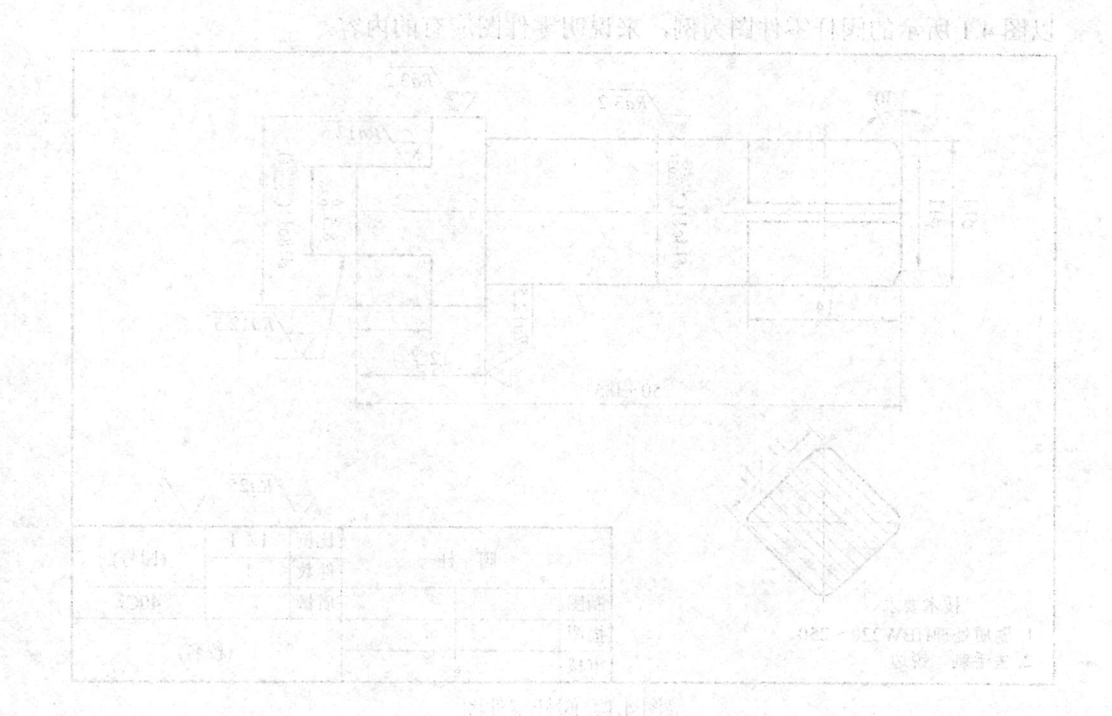

第四章　零　件　图

机器或部件是由若干零件装配而成的。本章主要介绍除标准件以外一般零件的工作图的基本知识，以达到能够绘制和识读零件图的目的。

第一节　零件图概述

一、零件图的作用

在机械制造中，要制造机器或部件必须先制造零件。零件图是了解零件结构形状和加工制造零件的依据，它不仅应提供零件的材料、数量，将零件结构形状和尺寸大小表达清楚，还要对零件的加工、测量、检验提供必要的技术要求。因此，零件图是生产中指导制造和检验零件的主要技术性文件。

二、零件图的内容

以图4.1所示的阀杆零件图为例，来说明零件图应有的内容。

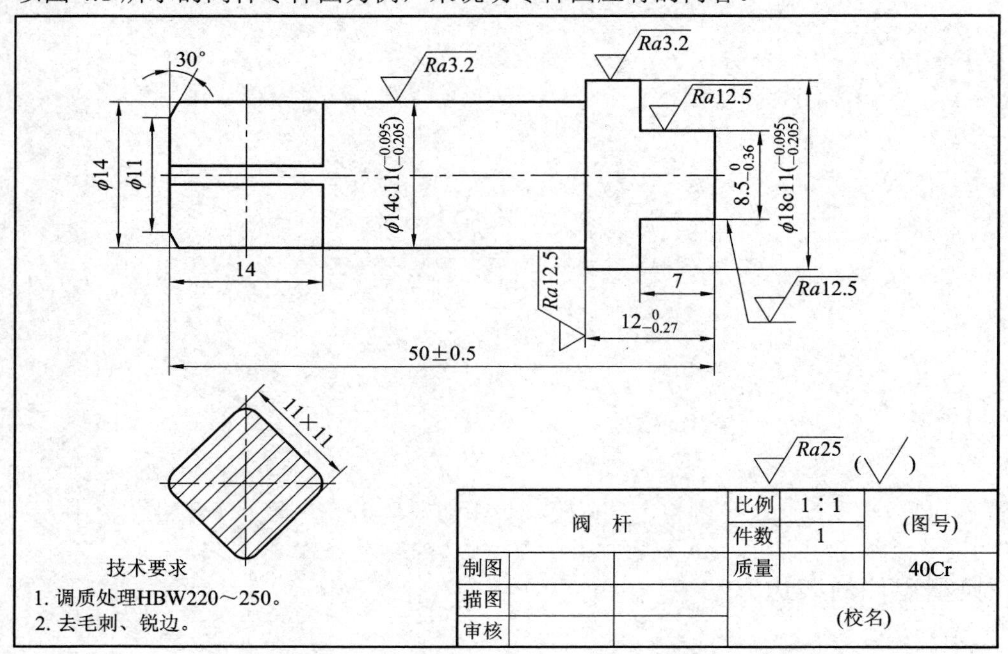

阀　杆			比例	1：1	(图号)
			件数	1	
制图			质量		40Cr
描图			(校名)		
审核					

图4.1　阀杆零件图

1. 一组视图

用各种图样画法，正确、完整、清晰地表达出零件的内、外结构形状。阀杆零件图采用了主视图、断面图。

2. 完整的尺寸

正确、完整、清晰、合理地标注出零件加工制造、测量检验时所需的全部尺寸。

3. 技术要求

用规定的代号、数字和文字标注说明零件制造、检验过程中应达到的各项要求，如图4.2所示的表面粗糙度(*Ra*3.2um)、尺寸公差(*Φ*140c11)等。

4. 标题栏

在标题栏中填写零件的名称、材料、比例，以及设计、制图、审核人员的姓名和日期等内容。

第二节 零件的表达分析

一、零件的视图选择

零件视图选择的基本要求是：零件上每一部分结构形状都要表达得正确、完整、清晰，并力求制图简便、易于看图。

因为零件的结构形状是根据零件在机器或部件中的作用和工艺上的需要而设计的，为此，必须根据零件的形状、功用和加工方法，选择合理的表达方案。

1. 主视图的选择

主视图是表达零件最主要的一个视图，选择主视图应遵循下列两个原则：

(1) 选择零件的安放位置，其原则是尽量符合零件的主要加工位置和工作位置，这样便于加工和安装。对轴套、轮盘等以回转体构形为主的零件选择其加工位置为安放位置；对叉架、箱体类等加工方法和位置多样的零件选择其工作位置为安放位置。

(2) 选择零件的主视图投射方向，其原则是选择最能反映零件形状和结构特征以及各组成形体之间相互关系的那个方向作为主视图的投射方向。

2. 其他视图的选择

选择其他视图时，应在完整、清晰地表达零件内、外结构形状的前提下，优先选用基本视图以及在基本视图上作剖视，并尽量减少图形数量，方便画图与看图。

二、典型零件的表达方法

根据零件在机器中的功用和结构特点，组成机器的零件大致分为轴套类、盘盖类、叉架类和箱体类四类。

1. 轴套类零件

轴套类零件大多数由位于同一轴线上数段直径不同的回转体组成，其长度方向的尺寸一般比回转体的直径大。根据其功用、加工和装配工艺的要求，零件上常有键槽、螺纹、螺纹退刀槽、砂轮越程槽、销孔、倒角和圆角等结构。

轴套类零件大多是在车床或磨床上进行加工的，为便于加工者对照图纸进行加工，通常采用加工位置(轴线水平)安放的主视图来表达其主体结构，把轴上各段回转体的相对位置和形状表达清楚。按结构需要采用局部视图、局部剖视图、断面图、局部放大图等表达局部结构形状。

如图 4.2 所示的输出轴，除主视图外，补充了断面图、局部放大图，用来表达键槽、退刀槽等局部结构。

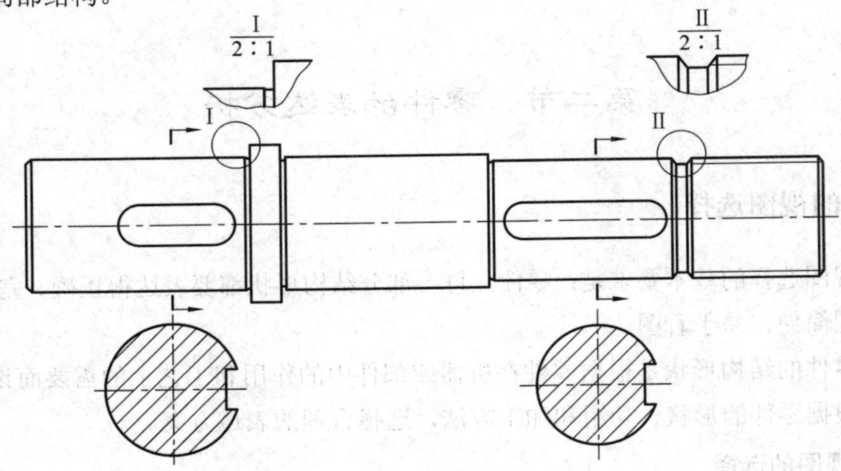

图 4.2　输出轴的视图表达

2. 盘盖类零件

盘盖类零件一般为回转体或其他平板形状，厚度方向的尺寸比其他两个方向的尺寸小，如图 4.3 所示的端盖和图 4.4 所示的阀盖。这类零件通常用铸造或锻造毛坯，经必要的切削加工而成。零件常带有凸台、凹坑、螺孔、销孔、轮辐及键槽等结构。

盘盖类零件一般采用主、左或主、俯两个基本视图。以加工或工作位置，反映盘盖厚度的方向作为主视图的投射方向，用单一剖切平面、两个或两个以上相交的剖切平面或平行的剖切平面等方法，作出全剖或半剖视图，表示各部分结构及它们之间的相互位置，可用断面图、局部剖、局部放大图等方法表达零件上个别细节。如图 4.3 所示的端盖，采用了两个相交剖切平面的全剖主视图表达内形结构及相互位置，左视图表达外形及孔的分布，局部放大图表达砂轮越程槽的结构形状。如图 4.4 所示的阀盖，采用了全剖的主视图表达阀盖各部分结构及它们之间的位置关系，左视图表达外形及孔分布情况。

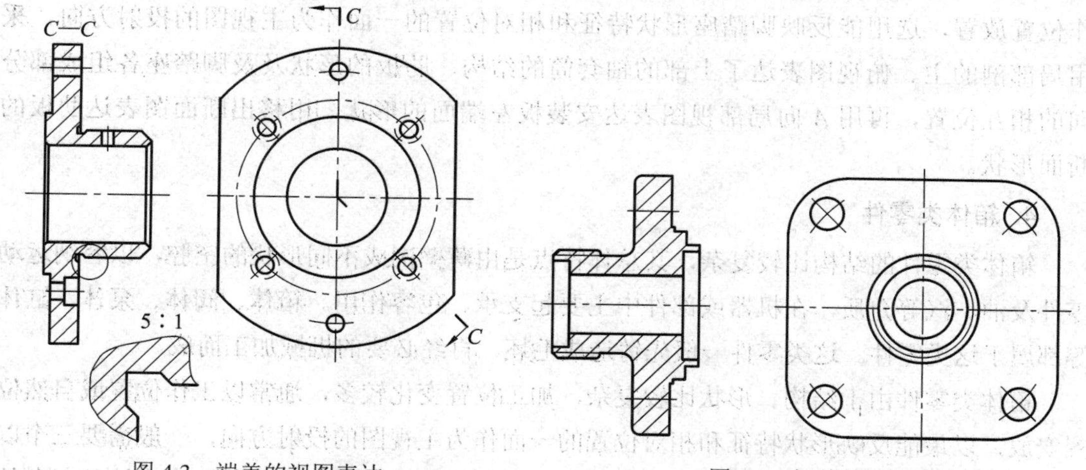

图 4.3　端盖的视图表达

图 4.4　阀盖的视图表达

3. 叉架类零件

叉架类零件主要包括拔叉、连杆、摇杆、支架、轴承座等零件，在机器或设备中主要起操纵、连接或支承等作用。这类零件多数形状不规则，结构较复杂，常铸造或锻制成毛坯，经多道工序加工而成。叉架类零件一般由工作部分、连接部分和支承部分组成。工作部分和支承部分细部结构较多，如圆孔、螺孔、油槽、凸台、凹坑等。连接部分多为肋板结构，且形状多有弯曲、扭斜。

叉架类零件的形式较多，由于加工位置多变，零件一般以工作位置或自然位置安放，以其形状结构特征方向作为主视图的投射方向，常常需要两个或两个以上的基本视图，根据具体结构需要，辅以局部视图或斜视图，用斜剖等方式作全剖或半剖表达内部结构，对于连接部分可用断面图来表示其断面形状。如图 4.5 所示的脚踏座的视图选择，零件按工

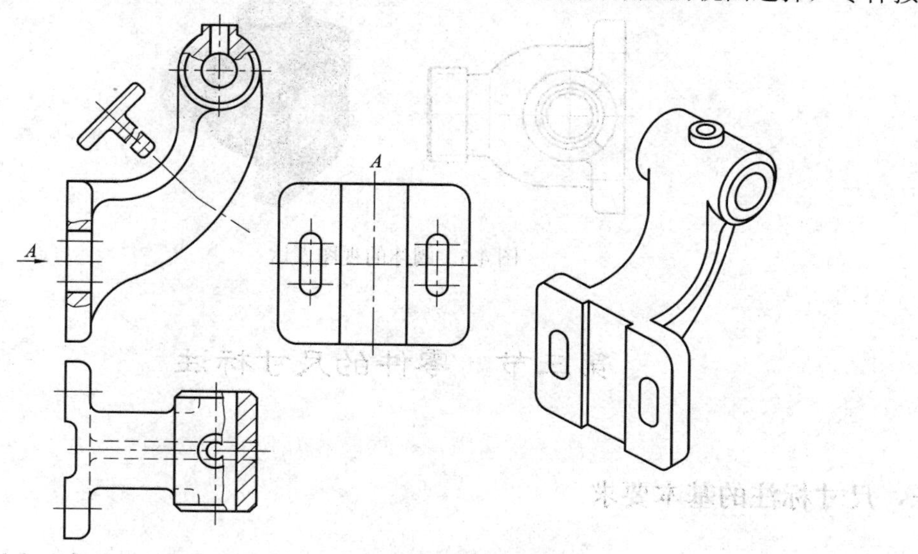

图 4.5　脚踏座的视图表达

作位置放置，选用能反映脚踏座形状特征和相对位置的一面作为主视图的投射方向，采用局部剖的主、俯视图表达了上部的轴套筒的结构、肋板的形状及及脚踏座各组成部分间的相互位置，再用 *A* 向局部视图表达安装板左端面的形状，用移出断面图表达肋板的断面形状。

4. 箱体类零件

箱体类零件的结构比较复杂，其总体特点是由薄壁围成不同形状的空腔，以容纳运动零件及油、汽等介质，在机器或部件中主要起支承、包容作用。箱体、阀体、泵体、缸体等都属于这类零件。这类零件一般先铸造成毛坯，再经必要的机械加工而成。

箱体类零件由于结构、形状比较复杂，加工位置变化较多，通常以工作位置或自然位置安放，以最能反映形状特征和相对位置的一面作为主视图的投射方向，一般需要三个以上的基本视图，并根据零件的具体结构选择合适的视图、剖视图、断面图来表达其复杂的内外结构，如图 4.6 所示阀体的视图表达。全剖的主视图表达了阀体的内部形状特征、各组成部分的相对位置等；半剖的左视图，表达阀体主体部分的外形特征、左侧方形板形状及内孔的结构等；俯视图表达阀体整体形状特征及顶部扇形结构的形状。

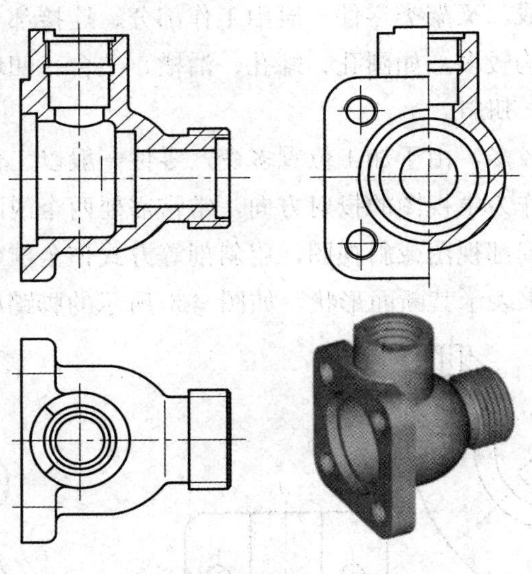

图 4.6　阀体的视图表达

第三节　零件的尺寸标注

一、尺寸标注的基本要求

在零件图上，零件的尺寸标注是零件加工和检验的重要依据，关系到零件的质量和加工制造方法。其基本要求是：

(1) 正确——尺寸标注应符合国家标准《机械制图》的有关规定；

(2) 完整——标注齐全零件各部分的定形、定位尺寸及必要的总体尺寸；

(3) 清晰——尺寸布置要整齐清晰，便于阅读；

(4) 合理——标注尺寸既要满足设计要求，又要便于零件的加工测量。

二、尺寸基准的选择

尺寸基准就是标注、度量尺寸的起点。合理地选择尺寸基准，是在标注尺寸时首先要考虑的重要问题。既要考虑零件在机器中的功用，即满足设计要求，又要考虑零件的加工、测量情况。所以，基准通常分为设计基准和工艺基准。

(1) 设计基准——用来确定零件在机器中位置所选定的基准。

(2) 工艺基准——零件在加工、测量、检验时所选定的基准。

每个零件都有长、宽、高三个方向的尺寸，因此在每一个方向上都应有一个主要基准(一般为设计基准)，该基准一般用来确定主要尺寸。根据加工、测量的要求，一般还要有一些辅助基准(一般为工艺基准)，主要基准和辅助基准之间应有直接的联系尺寸。

常用的基准要素有基准面和基准线。基准面包含安装面、重要的支承面、端面、装配结合面、零件的对称面等；基准线包含零件上回转面的轴线等。

一般地，轴套类、盘盖类等以回转面为主的零件，尺寸基准分径向和轴向，径向基准为轴线，轴向主要基准为定位轴肩或端面。对于结构形状较复杂、加工位置多样的叉架类、箱体类零件，要选择长、宽、高三个方向的尺寸基准。一般取其对称面、安装基面、中心线或端面作为尺寸基准。

三、合理标注尺寸的要点

1. 结构上的功能尺寸必须直接注出

功能尺寸是影响零件工作性能和质量的尺寸。这些尺寸应从设计基准出发，直接注出，如图 4.7(a)所示，轴承座的孔的中心高应该从底面出发直接标注尺寸 50。如果按图 4.7(b)所示，标注成尺寸 10 和 40，加工后，尺寸 50 的误差为 10 和 40 误差之和，有可能无法满足设计要求。

同理，在安装时，为了保证底板上两个 $\Phi 8$ 孔的定位精度，两个 $\Phi 8$ 孔的定位尺寸应该如图 4.7(a)所示直接注出中心距 70。

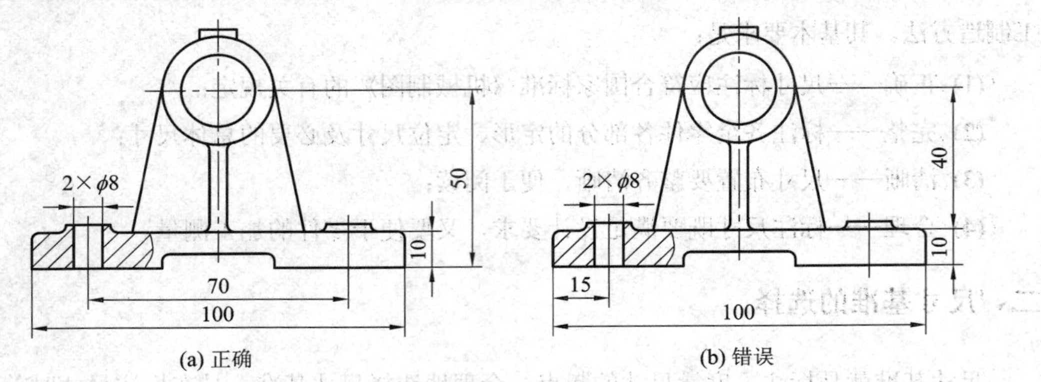

(a) 正确　　　　　(b) 错误

图 4.7　功能尺寸应直接注出

2．避免出现封闭尺寸链

如图 4.8(a)所示的阶梯轴，轴长度方向的尺寸 14、4、23、41 首尾相互衔接，构成一个封闭的尺寸链，这种情况应当避免。原因是：尺寸 41 是尺寸 14、4、23 之和，若尺寸 41 有一定的精度要求，加工后，尺寸 14、4、23 产生的误差都会累积到尺寸 41 上，不能保证设计的精度要求。应当在尺寸链中选取一个不重要的尺寸作为开口环，以便所有的尺寸误差都积累到此处，如图 4.8(b)所示。

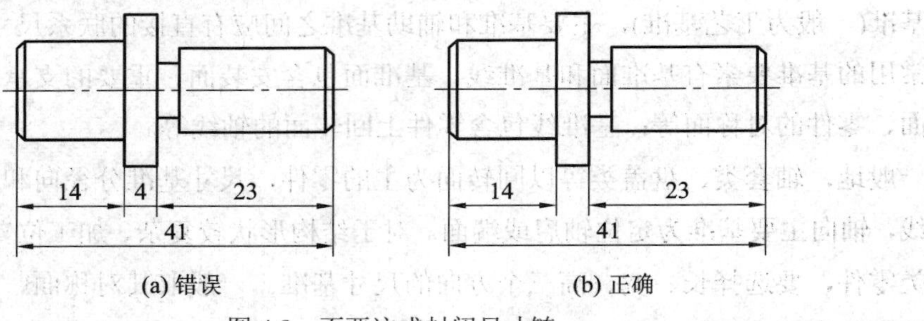

(a) 错误　　　　　(b) 正确

图 4.8　不要注成封闭尺寸链

3．应考虑到测量方便

如图 4.9(a)所示的套筒中，尺寸 18 的测量比较困难；若改注成如图 4.9(b)所示的尺寸 8，测量就方便了。

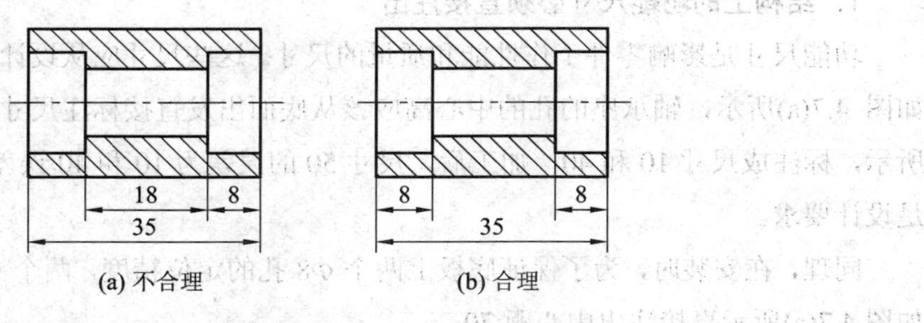

(a) 不合理　　　　　(b) 合理

图 4.9　尺寸标注要方便测量

4．应尽量符合加工顺序

如图 4.10(a)所示的轴，除了功能尺寸 51 mm 外，其余均按加工顺序标注。其加工顺序为：

(1) 根据总长 128 mm 下料，打两端面中心孔，车 $\Phi45$ mm，如图 4.10(b)所示；

(2) 加工左端 $\Phi35$ mm，长 23mm，如图 4.10(c)所示；

(3) 调头加工 $\Phi40$ mm 轴颈，直接注出长 74 mm，如图 4.10(d)所示；

(4) 加工右端 $\Phi35$ mm 时，应保证功能尺寸 51 mm，如图 4.10(e)所示；

(5) 在铣床上加工键槽，如图 4.10(f)所示。

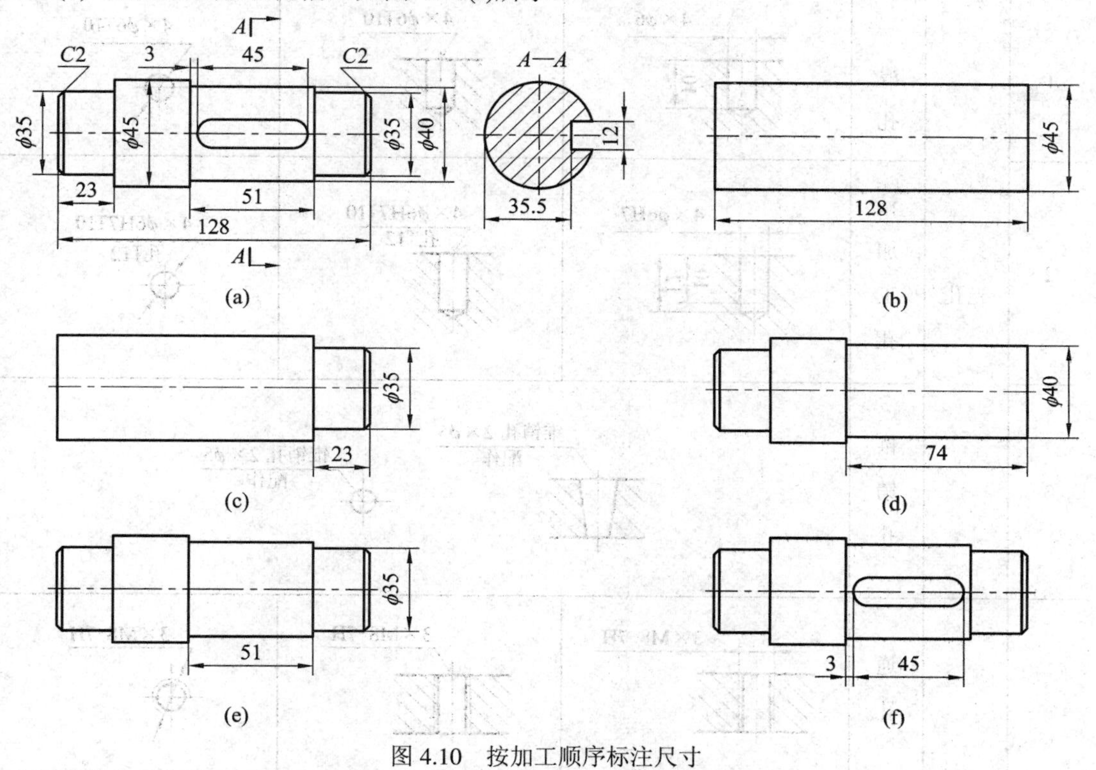

图 4.10 按加工顺序标注尺寸

5. 合理标注毛坯面尺寸

对于铸件和锻件，当在同一方向上有多个加工面和毛坯面时，其尺寸应分开标注，并用一个尺寸把它们联系起来。因为在加工过程中，粗加工使用的毛基准一般只允许用一次，如图 4.11 所示。

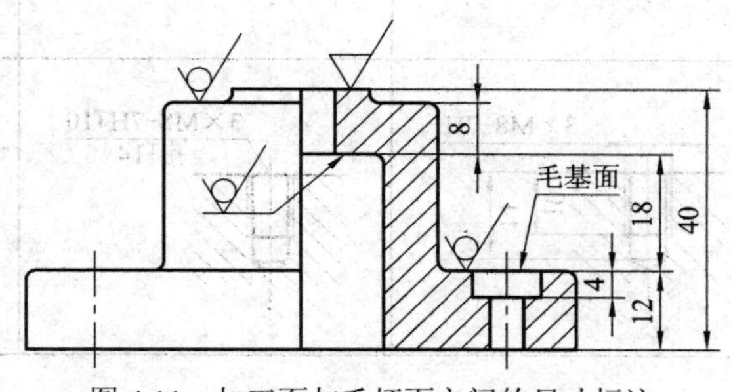

图 4.11 加工面与毛坯面之间的尺寸标注

四、零件常见结构的尺寸标注

零件上常见结构要素的尺寸标注见表4.1所示。

表4.1　零件上常见结构要素的尺寸标注

序号	结构类型		普通注法	旁注法	
1	光孔	一般孔	4×φ6 10	4×φ6↧10	4×φ6↧10
2	光孔	精加工孔	4×φ6H7 10 12	4×φ6H7↧10 孔↧12	4×φ6H7↧10 孔↧12
3	光孔	锥销孔	锥销孔 2×φ5 配作	锥销孔 2×φ5 配作	
4	螺孔	通孔	3×M8-7H	3×M8-7H	3×M8-7H
5	螺孔	不通孔	3×M8-7H 10	3×M8-7H↧10	3×M8-7H↧10
6	螺孔	不通孔	3×M8-7H 10 14	3×M8-7H↧10 孔↧14	3×M8-7H↧10 孔↧14

续表

序号	结构类型		普通注法	旁注法	
7	沉孔	埋头孔	90° $\phi13$ 6×$\phi7$	6×$\phi7$ ⌵$\phi13$×90°	6×$\phi7$ ⌵$\phi13$×90°
8		沉孔	$\phi12$ 3.5 4×$\phi6$	4×$\phi6$ ⌴$\phi12$↧3.5	4×$\phi6$ ⌴$\phi12$↧3.5
9		锪平孔	⌴$\phi16$ 4×$\phi7$	4×$\phi7$ ⌴$\phi16$	4×$\phi7$ ⌴$\phi16$
10	倒角	45°倒角	*CL* *CL* *CL* 注：*C*—45°倒角符号；*L*—倒角的轴向尺寸		
11		非45°倒角	30° *L* 30° *L*		
12	退刀槽越程槽		*b*×*a* *b*×ϕ *D* *b* 注：*b*—槽宽；*a*—槽深		

第四节　零件的表达方法和尺寸标注示例

如图 4.12 所示为一端盖零件图。该图采用了两个基本视图：主视图采用剖视图表达内部结构，左视图表达外部形状。对零件上的局部结构，如密封槽、砂轮越程槽等，可采用局部放大图表达。标注轮盘类零件尺寸时，通常以轴孔的轴线为径向尺寸基准，轴向主要尺寸基准为定位轴肩或端面，辅助基准为端面。

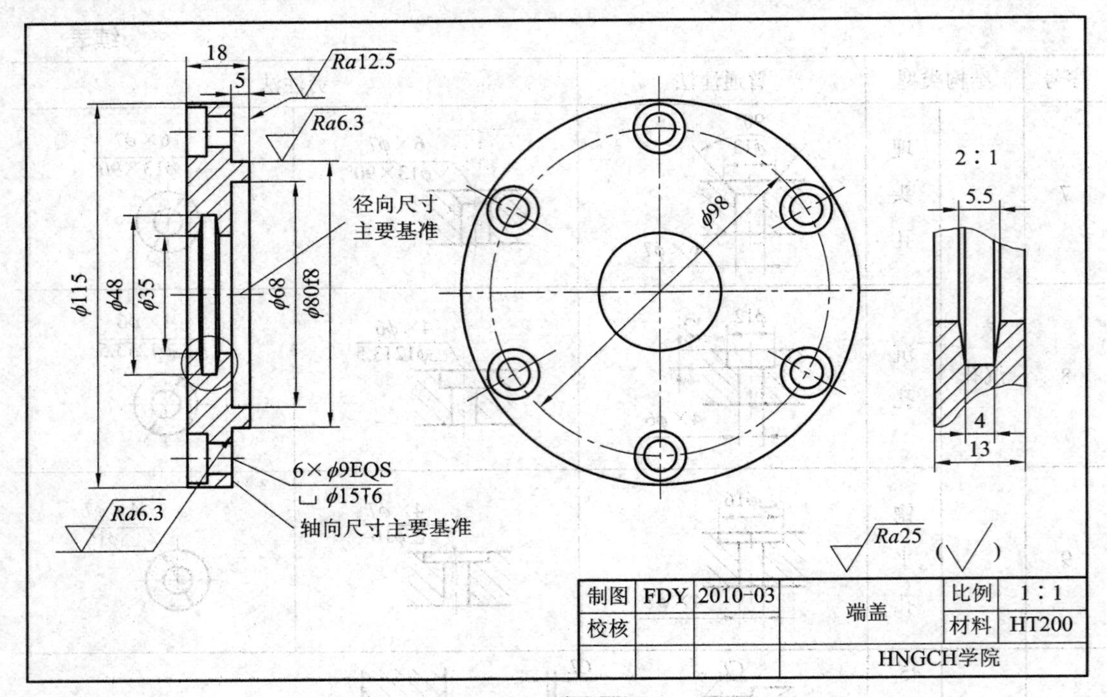

图 4.12　端盖零件图

第五节　零件常见的工艺结构

机器上的零件，基本上都要通过铸造和机械加工来制成。因此，在设计和绘制零件图时，就必须考虑到铸造和机械加工的一些特点，以免使制造工艺复杂化。

一、铸造工艺结构

1. 铸造圆角

铸件各表面的相交处应当做成圆角，不能做成尖角，如图 4.13 所示。否则，砂型在尖角处容易落砂。同时，金属冷却时要收缩，在尖角处容易产生裂纹和缩孔。铸造圆角半径一般为 3～5 mm，常在技术要求中注明，如“未注圆角 R3～R5”。

铸件毛坯经机械加工后，铸造圆角则不再存在。因此在画零件图时，若其中一个表面或两个表面都经过机械加工，则它们的相交处应画成尖角。如图 4.13 所示。

2. 起模斜度

为了方便起模，在铸件的内、外表面应有起模斜度，一般为 3°～6°左右。无特殊要求时，图中也可不画出，且不加任何标注，如图 4.14 所示。

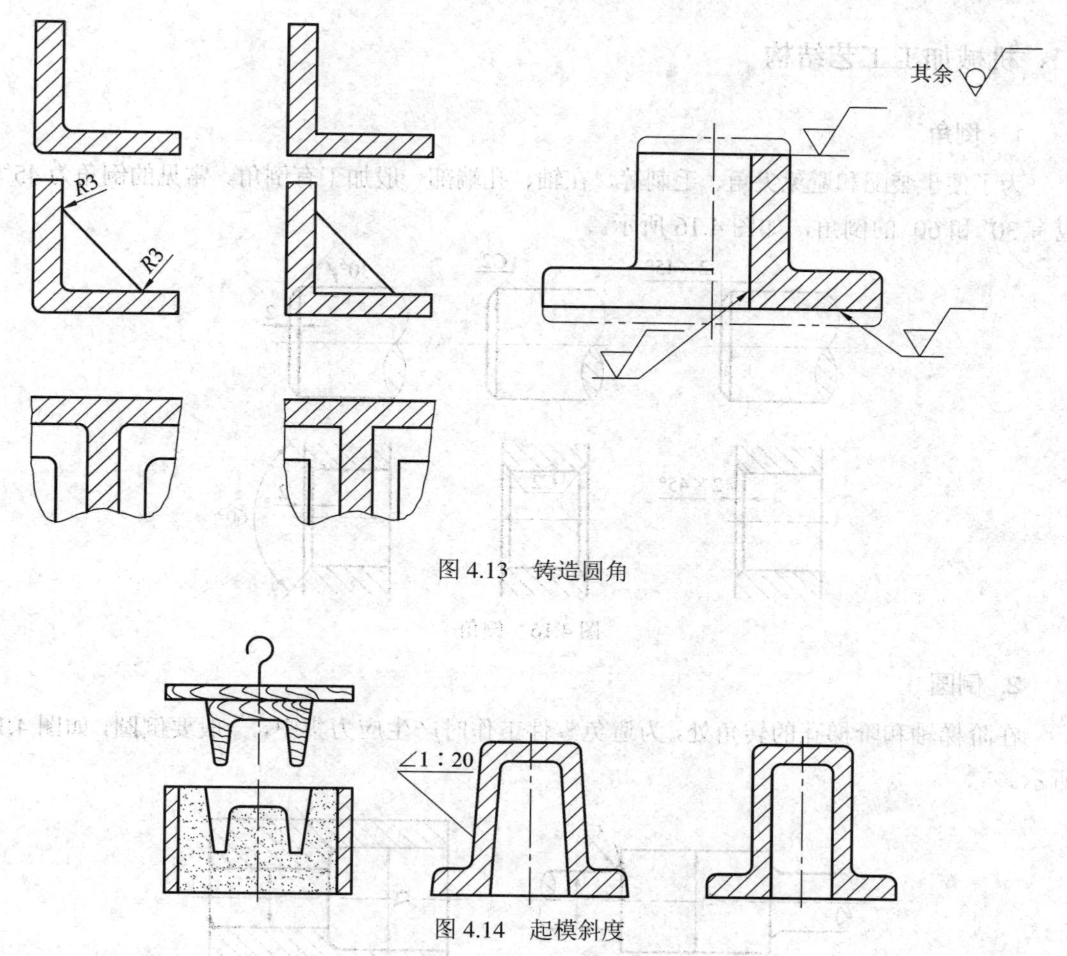

图 4.13 铸造圆角

图 4.14 起模斜度

3. 铸件壁厚

为了避免铸件因冷却速度不一样而产生缩孔或裂纹，铸件的壁厚应保持均匀或逐渐变化，如图 4.15 所示。

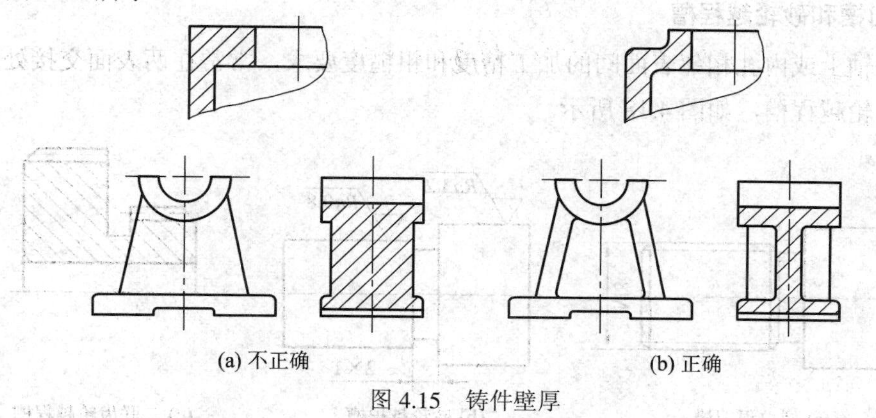

图 4.15 铸件壁厚

二、机械加工工艺结构

1. 倒角

为了便于装配和避免尖角、毛刺等，在轴、孔端部一般加工有倒角。常见的倒角为45°，也有30°和60°的倒角，如图4.16所示。

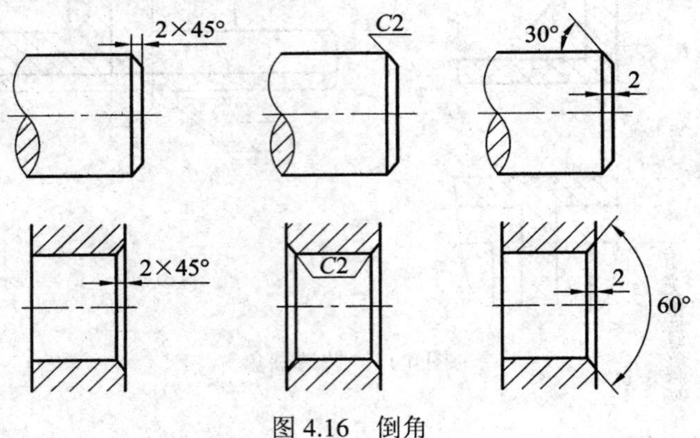

图4.16 倒角

2. 倒圆

在阶梯轴和阶梯孔的转角处，为避免零件工作时产生应力集中，一般要倒圆，如图4.17所示。

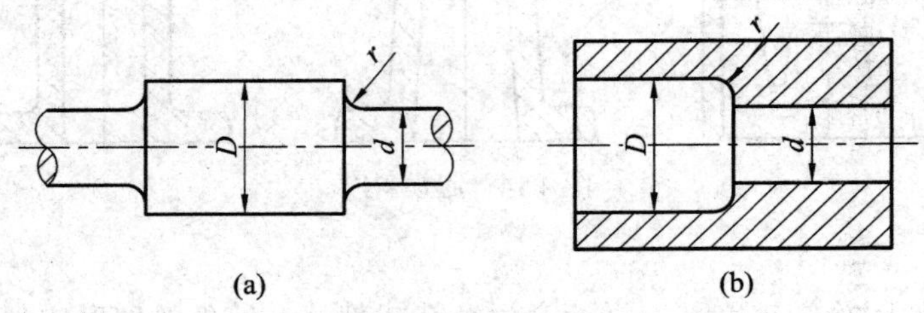

图4.17 倒圆

3. 退刀槽和砂轮越程槽

为保证轴上或内孔相邻表面间的加工精度和粗糙度要求，常常在两表面交接处加工出退刀槽和砂轮越程槽，如图4.18所示。

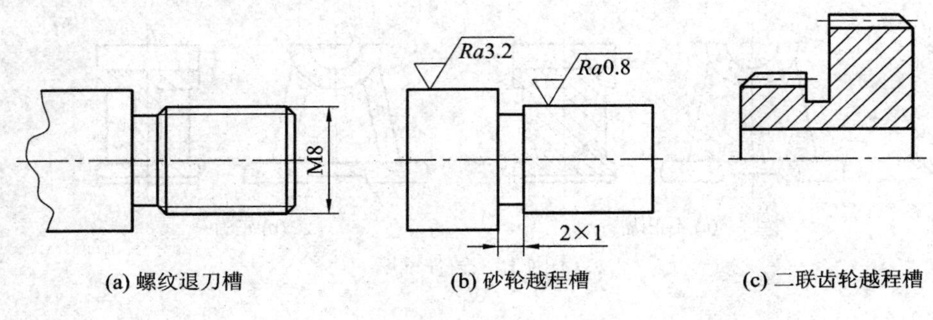

图4.18 退刀槽和越程槽

4. 钻孔

钻头钻不通孔的画法如图 4.19 所示。不通孔的末端应画成 120°的锥坑，孔的深度不包括锥坑部分。

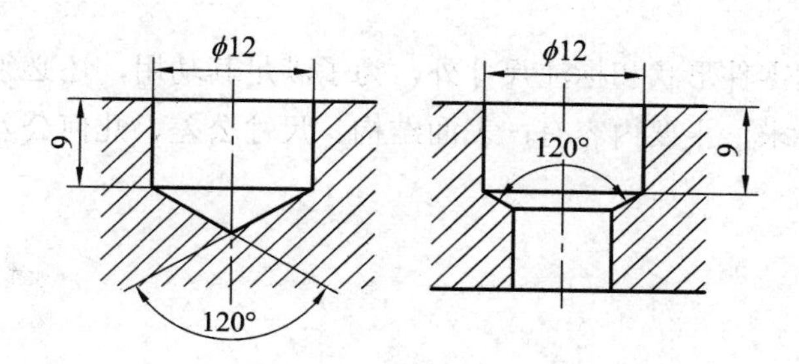

图 4.19 不通孔的画法

用钻头钻孔时，要求钻头尽量垂直于被钻孔的表面，以保证钻孔准确和避免钻头折断。如遇有斜面或曲面，应预先做出凸台和凹槽，如图 4.20(a)所示。图 4.20(b)所示的结构是不合理的。

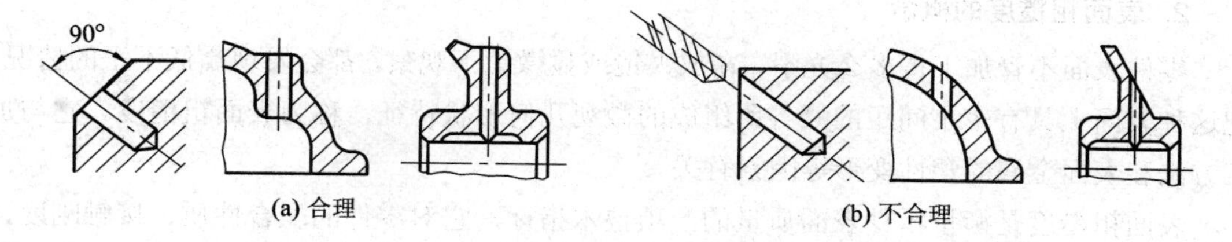

图 4.20 钻孔结构

5. 凸台和凹槽

零件的接触面一般都要经过切削加工，为了保证零件表面的良好接触和减少机械加工面积，可在铸件上做出凸台和凹槽，如图 4.21 所示。

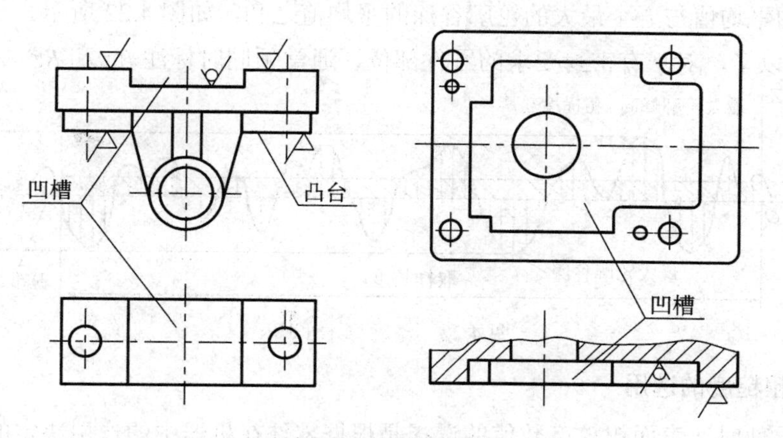

图 4.21 凸台和凹槽

第六节　零件图的技术要求

零件图除了表达零件形状和标注尺寸外，为了满足其功用，还必须标注和说明制造零件时应达到的技术要求，主要内容有：表面结构、尺寸公差、几何公差、材料及其热处理和表面处理等。

一、表面结构

1. 表面结构的概念

产品几何技术规范中定义，表面结构包含轮廓参数(GB/T 3505)、图形参数(GB/T 18618)和支承曲线参数(GB/T 18778)。轮廓参数包含粗糙度参数、波纹参数和原始轮廓参数，其中图样中最为常用的是粗糙度参数。

2. 表面粗糙度的概念

零件表面不管加工得多么光滑，在放大镜或显微镜下观察，都会发现高低不平的情况。把这种表面上具有较小间距的峰谷所组成的微观几何形状特征，称为表面粗糙度。它与加工方法和表面金属的塑性变形等因素有关。

表面粗糙度是衡量零件表面质量的一项技术指标，它对零件的配合性质、接触刚度、耐磨性、抗腐蚀性、抗疲劳强度、密封性和外观等都有影响。

在生产中，评定零件表面质量的主要参数是轮廓算术平均偏差 *Ra* 和平面微观十点不平度 *Rz*。*Ra* 是在取样长度 *l*(用于判别具有表面粗糙度特征的一段基准线长度)内，轮廓偏距(表面轮廓上的任一点至基准线的距离)绝对值的算术平均值。*Rz* 是在取样长度内五个最大的轮廓峰高的平均值与五个最大的轮廓谷深的平均值之和，如图 4.22 所示。一般零件只要标注 *Ra* 就可以了，对于有密封要求的零件部位，通常须同时标注 *Ra* 和 *Rz*。

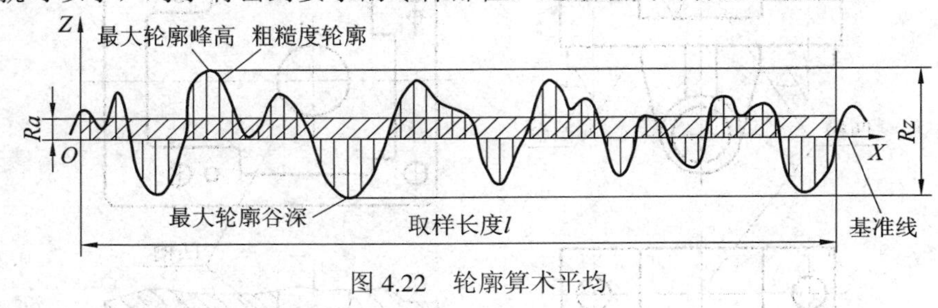

图 4.22　轮廓算术平均

3. 表面粗糙度的选用

在设计零件时，表面粗糙度数值的选择是根据零件在机器中的作用决定的。总的原则是在保证满足技术要求的前提下，选用较大的表面粗糙度数值。应该既要满足零件表面功用要求，又要考虑经济合理性。一般采用类比法确定。

4. 表面粗糙度的标注方法

(1) 表面粗糙度符号和代号。根据国家标准 GB/T 131—2006 规定，表面粗糙度符号的画法如图 4.23 所示。

基本图形符号由两条不等长的与标注表面成 60° 角的直线构成，如图 4.23(a)所示。基本符号仅用于简化代号标注，没有补充说明时不能单独使用。国家标准中规定了线高 H_1 和 H_2 与数字和字母高度的对应关系。当数字和字母高度为 3.5 mm 时，H_1 为 5mm，H_2 不小于 10.5 mm，具体值取决于标注内容。基本图形符号上加一短横，表示指定表面是用去除材料的方法获得，如通过机械加工获得表面，如图 4.23(b)所示。基本图形符号上加一个圆圈，表示指定表面是用不去除材料的方法获得，如铸造等获得表面，如图 4.23(c)所示。当要标注表面结构特征的补充信息时，应在扩展图形符号上加一横线，如图 4.23(d)所示。

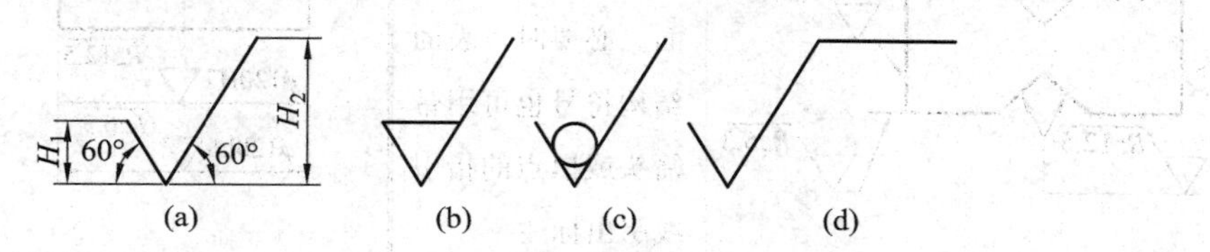

图 4.23　表面粗糙度符号的画法

表面粗糙度代号是在表面粗糙度符号中标注有关参数及其他要求组成的。表面粗糙度参数值及其有关规定的注写位置如图 4.24 所示。

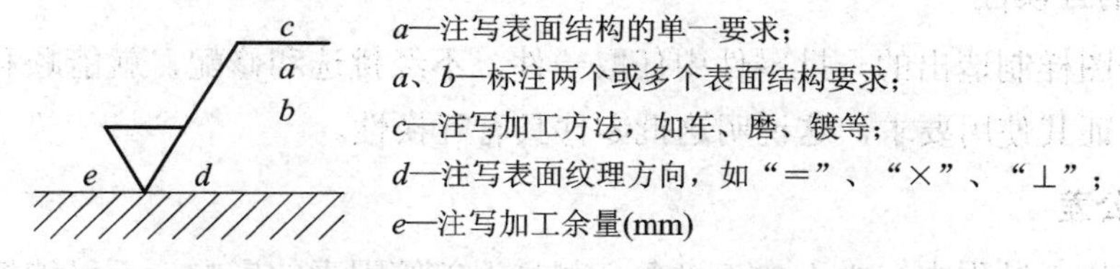

图 4.24　表面粗糙度参数值及其有关规定的注写位置

表面粗糙度参数 *Ra* 的标注及其意义见表 4.2。

表 4.2　表面粗糙度参数 *Ra* 的标注及其意义

代号	意　义	代号	意　义
*Ra*3.2	用任何方法获得的表面粗糙度，*Ra* 的上限值为 3.2 μm	*Ra*3.2	用不去除材料的方法获得的表面粗糙度，*Ra* 的上限值为 3.2 μm
*Ra*3.2	用去除材料的方法获得的表面粗糙度，*Ra* 的上限值为 3.2 μm	*Ra*3.2 *Ra*1.6	用去除材料的方法获得的表面粗糙度，*Ra* 的上限值为 3.2 μm，下限值为 1.6 μm

(2) 表面粗糙度在图样上的标注。表面结构要求对每一表面一般只标注一次，并尽可能注在相应的尺寸及其公差的同一视图上。根据国家标准规定(GB/T 131—2006、GB/T 4458.4—2003)，表面粗糙度在图样上的标注方法见表 4.3。

表 4.3 表面粗糙度的标注

图 例	说明	图 例	说明
*Ra*0.8 *Rz*3.2 *Rz*12.5 *Rp*1.6	使表面结构的注写和读取方向与尺寸的注写和读取方向一致	*Ra*1.6 ▱ 0.1	表面结构要求可标注在形位公差框格的上方
*Rz*12.5 *Rz*6.3 *Ra*1.6 *Ra*1.6 *Rz*12.5 *Rz*6.3	可标注在轮廓线上，其符号应从材料外指向并接触表面。必要时，表面结构符号也可用带箭头或黑点的指引线引出标注	*Rz*12.5 *ϕ*120H7 *Rz*6.3 *ϕ*120h6	在不致引起误解时，表面结构要求可以标注在给定的尺寸线上

二、极限与配合

1. 零件的互换性

在按同一图样制造出的一批零件中任取一件，不经挑选和修配，就能顺利地装配到机器上，并能保证其使用要求，这说明这批零件具有互换性。

2. 尺寸公差

在零件的加工过程中，由于加工设备、测量误差等因素的影响，不可能把零件的尺寸做得绝对准确。为了保证零件具有互换性，必须将零件尺寸的加工误差限制在一定的范围内。允许尺寸的变动量称为尺寸公差。

(1) 公称尺寸。公称尺寸是设计时给定的尺寸，如图 4.25 中所示的 *Φ*30。

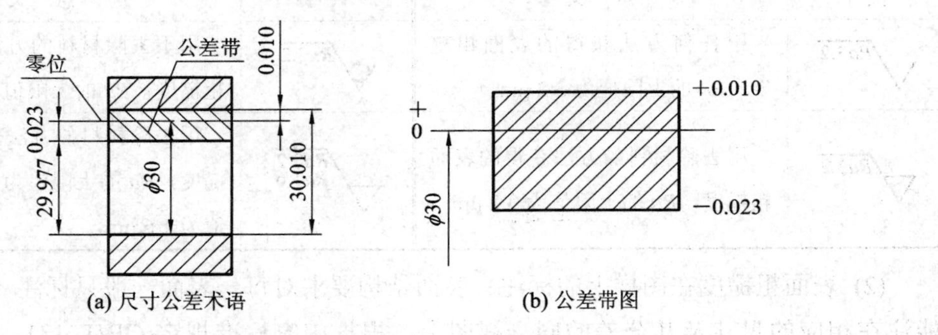

(a) 尺寸公差术语　　(b) 公差带图

图 4.25 尺寸公差术语及公差带图

(2) 极限尺寸。极限尺寸是允许尺寸变化的两个极限值，它是以公称尺寸为基数来确定的。其中大的一个是上极限尺寸，如图 4.25(a)中所示的 *Φ*30.010。小的一个是下极限尺寸，如图 4.25(a)中所示的 Φ29.977。

(3) 尺寸偏差(简称偏差)。尺寸偏差是某一尺寸减其公称尺寸得到的代数差。上极限尺寸和下极限尺寸减其公称尺寸得到的代数差，分别称为上极限偏差和下极限偏差，统称极限偏差。国家标准规定偏差代号：孔的上、下极限偏差分别用 ES 和 EI 表示，轴的上、下极限偏差分别用 es 和 ei 表示。

在图 4.25(a)中，孔的上极限偏差 ES = 30.010 − 30 = + 0.010

孔的下极限偏差 EI = 29.977 − 30 = − 0.023

(4) 尺寸公差(简称公差)。尺寸公差是允许尺寸的变动量。它等于上极限尺寸与下极限尺寸之差，也等于上极限偏差与下极限偏差之代数差的绝对值。在图 4.25(a)中：

公差值 = 30.010 − 29.977 = 0.033 或 = + 0.010 −(− 0.023) = 0.033

(5) 公差带图、零线和公差带。不画出轴、孔结构，只画出放大的孔、轴公差区域和位置的图形，称为公差带图，或称为公差与配合图解，如图 4.25(b)所示。零线是公差带图中确定偏差的一条基准线，即零偏差线。通常以零线表示公称尺寸。公差带是在公差带图中，由代表上、下极限偏差的两条直线所限定的区域。

3. 标准公差和基本偏差

在公差带图中，公差带的大小由标准公差确定，公差带的位置由基本偏差确定。

(1) 标准公差和公差等级。标准公差是公称尺寸的函数，是用以确定公差带大小的任一公差。公差等级是确定尺寸精确程度的，也称精度等级。国家标准将公差等级分为 20 级，即 IT01、IT0、IT1～IT18。其中 IT 表示标准公差，数字表示公差等级。IT01 精度最高，公差数值最小；IT18 精度最低，数值最大。标准公差数值由公称尺寸和公差等级确定，常用公差等级对应的标准公差数值如表 4.4 所示。

表 4.4 标准公差数值(GB/T 1800.1—2009)

μm

公称尺寸 mm		IT4	IT5	IT6	IT7	IT8	IT9	IT10	IT11	IT12	IT13
大于	至										
	3	3	4	6	10	14	25	40	60	100	140
3	6	4	5	8	12	18	30	48	75	120	180
6	10	4	6	9	15	22	36	58	90	150	220
10	18	6	8	11	18	27	43	70	110	180	270
18	30	6	9	13	21	33	52	84	130	210	330
30	50	7	11	16	25	39	62	100	160	250	390
50	80	8	13	19	30	46	74	120	190	300	460
80	120	10	15	22	35	54	87	140	220	350	540
120	180	12	19	25	40	63	100	160	250	400	630
180	250	14	20	29	46	72	115	185	290	460	720
250	315	16	23	32	52	81	130	210	320	520	810
315	400	18	25	36	57	89	140	230	360	570	890
400	500	20	27	40	63	97	155	250	400	630	970

(2) 基本偏差。在公差带图中，用以确定公差带相对于零线位置的上极限偏差或极限下偏差，称为基本偏差，一般指靠近零线的那个偏差。当公差带在零线的上方时，基本偏差为下极限偏差；反之则为上极限偏差。根据实际需要，国家标准分别对孔和轴各规定了28个不同的基本偏差，形成基本偏差系列，如图4.26所示。基本偏差的代号用拉丁字母表示，大写为孔，小写为轴。

孔的基本偏差，从A～H为下极限偏差(EI)，从J～ZC为上极限偏差(ES)；轴的基本偏差，从a～h为上极限偏差(es)，从j～zc为下极限偏差(ei)。孔和轴的另一偏差可根据孔和轴的基本偏差与标准公差值计算出来。

计算式：孔　ES = EI + IT 或 EI = ES − IT；

轴　es = ei + IT 或 ei = es − IT。

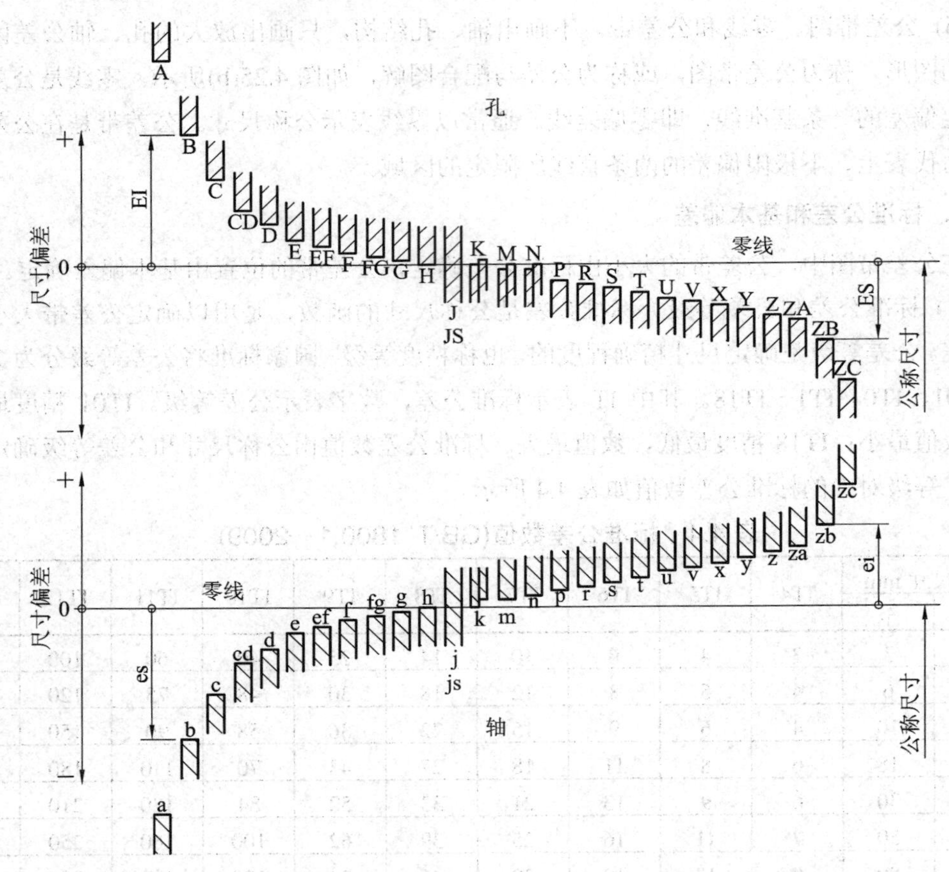

图4.26　基本偏差系列

(3) 孔和轴的公差带代号。公差带的代号由基本偏差代号和公差等级代号组成。

例如：Φ30K8中Φ30为公称尺寸，K为孔的基本偏差代号，8代表标准公差等级IT8。附录F摘录了GB/T 1801—2008轴和孔的基本偏差数值。

4．配合

基本尺寸相同的、相互结合的孔和轴(或类似于孔和轴的单一尺寸确定的内外表面)公差带之间的关系，称为配合。

1) 配合种类

根据使用要求的不同，孔和轴之间的配合有三类。

(1) 间隙配合：具有间隙(包括最小间隙为零)的配合称为间隙配合。此时，孔的公差带在轴的公差带之上，如图 4.27(a)所示。

(2) 过盈配合：具有过盈(包括最小过盈为零)的配合称为过盈配合。此时，孔的公差带在轴的公差带之下，如图 4.27(b)所示。

(3) 过渡配合：可能存在间隙也可能产生过盈的配合称为过渡配合。此时，孔和轴的公差带相互交叠，如图 4.27(c)所示。

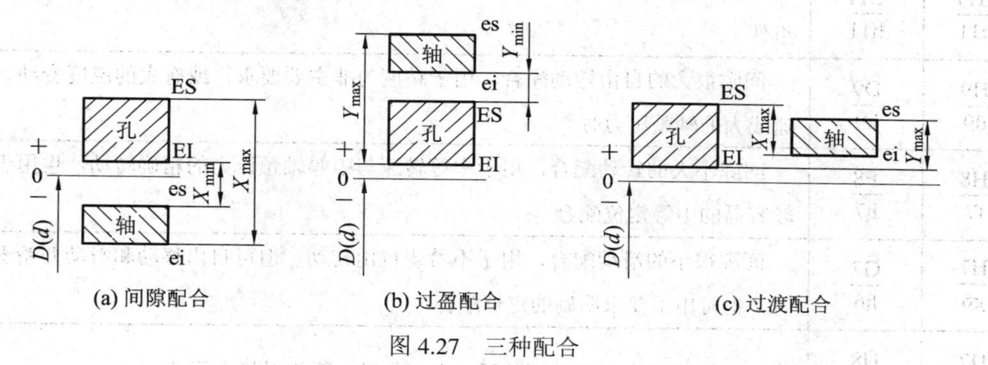

图 4.27　三种配合

2) 配合制度

国家标准对配合规定了两种基准制，即基孔制和基轴制。

(1) 基孔制：基本偏差为一定的孔的公差带，与不同基本偏差的轴的公差带形成各种配合的一种制度，如图 4.28 所示。基孔制配合中的孔称为基准孔，其基本偏差代号为 H，基本偏差为下极限偏差，且偏差值为零。

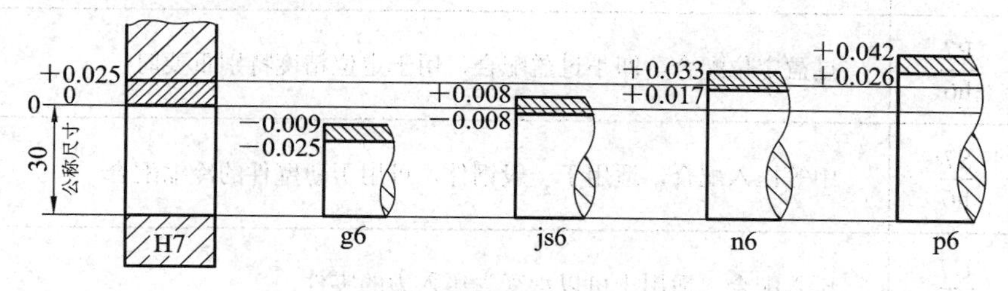

图 4.28　基孔制配合

(2) 基轴制：基本偏差为一定的轴的公差带，与不同基本偏差的孔的公差带形成各种配合的一种制度，如图 4.29 所示。

基轴制配合中的轴称为基准轴，其基本偏差代号为 h，基本偏差为上极限偏差，且偏差值为零。

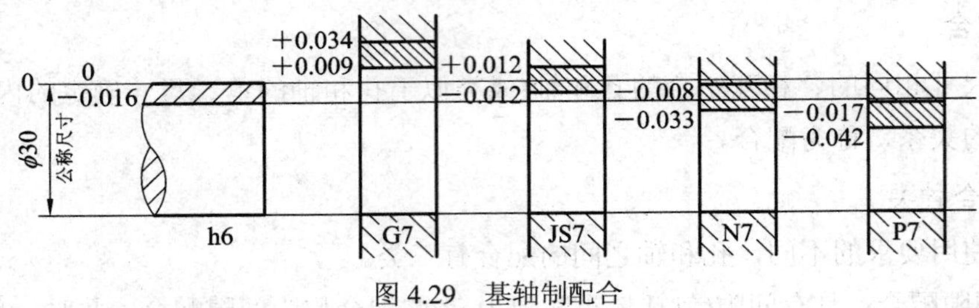

图 4.29　基轴制配合

3) 优先、常用配合

优先配合特性及应用见表 4.5。

表 4.5　优先配合特性及应用(GB/T 1801—2009)

基孔制	基轴制	优先配合特性及应用
$\frac{H11}{c11}$	$\frac{C11}{h11}$	间隙非常大，用于很松的转动，很慢的动配合，或要求大公差与大间隙的外露组件
$\frac{H9}{d9}$	$\frac{D9}{h9}$	间隙很大的自由转动配合，用于精度为非主要要求，或有大的温度变动、高转速或大的轴颈压力时
$\frac{H8}{f7}$	$\frac{F8}{h7}$	间隙不大的转动配合，用于中等转速与中等轴颈压力的精确转动，也用于装配较容易的中等定位配合
$\frac{H7}{g6}$	$\frac{G7}{h6}$	间隙很小的滑动配合，用于不希望自由转动，但可自由移动和滑动并精密定位时，也可用于要求明确的定位配合
$\frac{H7}{h6}$	$\frac{H8}{h7}$	间隙定位配合，零件可装拆，而工作时一般相对静止不动
$\frac{H7}{k6}$	$\frac{K7}{h6}$	过渡配合，用于精密定位
$\frac{H7}{n6}$	$\frac{N7}{h6}$	过渡配合，允许有较大过盈的更精密定位
$\frac{H7}{p6}$	$\frac{P7}{h6}$	过盈定位配合，即小过盈配合，用于定位精度特别重要时
$\frac{H7}{s6}$	$\frac{S7}{h6}$	中等压入配合，适用于一般钢件，可用于薄壁件的冷缩配合
$\frac{H7}{u6}$	$\frac{U7}{h6}$	压入配合，适用于可以承受大压入力的零件

5．公差与配合在图样上的标注

1) 在零件图上的标注

在零件图上标注公差有三种形式：

(1) 只标注极限偏差数值(多用于单件或少量生产)，见图 4.30(a)；

(2) 同时标注公差带代号及极限偏差(多用于生产批量不明)，见图 4.30(b)；

(3) 只注公差带代号(多用于大批量生产)，见图 4.30(c)。

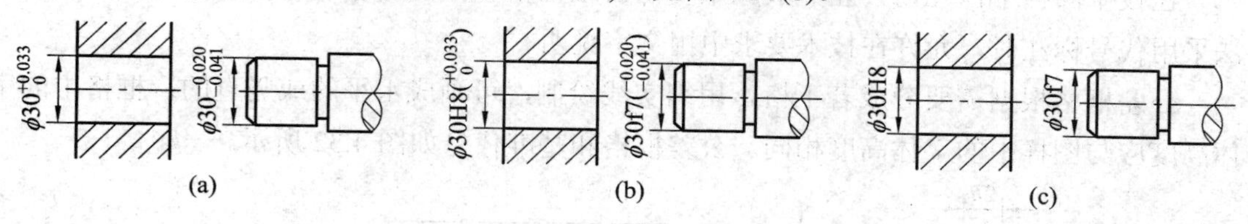

图 4.30 零件图上尺寸公差的注法

2) 在装配图上的标注

在装配图上，配合的代号由两个相互结合的孔和轴的公差带代号组成，用分数形式表示，分子为孔的公差带代号，分母为轴的公差带代号，标注方法如图 4.31 所示。

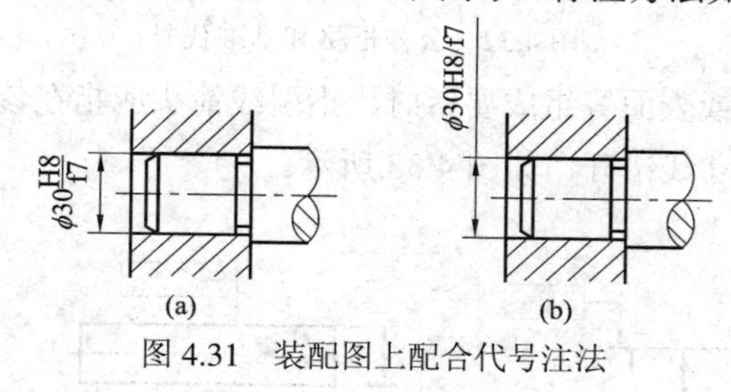

图 4.31 装配图上配合代号注法

三、几何公差

几何公差是指实际被测要素对理想被测要素的允许变动量。几何公差带是指实际被测要素允许变动的区域。几何公差带的特征有形状、大小、方向和位置。为了满足零件的使用要求，不仅要保证其尺寸公差，而且还要保证其几何公差。

1. 几何公差项目

几何公差的几何特征、符号和附加符号见表 4.6。

表 4.6 几何公差项目和符号(GB/T 1182—2008)

公差类型	项目	符号	有无基准	公差类型		项目	符号	有无基准
形状公差	直线度	—	无	位置公差	定向	平行度	//	有
	平面度	▱	无			垂直度	⊥	有
	圆 度	○	无			倾斜度	∠	有
	圆柱度	⌭	无		定位	位置度	⌖	有或无
形状公差或位置公差	线轮廓度	⌒	有或无			同轴度	◎	有
						对称度	⌯	有
	面轮廓度	⌓	有或无		定向	圆跳动	↗	有
						全跳动	⌰	有

2. 几何公差的标注方法

在技术图样中，几何公差一般应采用由公差框格和指引线组成的代号进行标注，当无法采用代号标注时，允许在技术要求中用文字说明。

公差框格根据需要分成若干格，用细实线绘制，可画成水平的或竖直的；框格中的字体高度应与图样中的字体高度相同。公差框格和基准代号如图 4.32 所示。

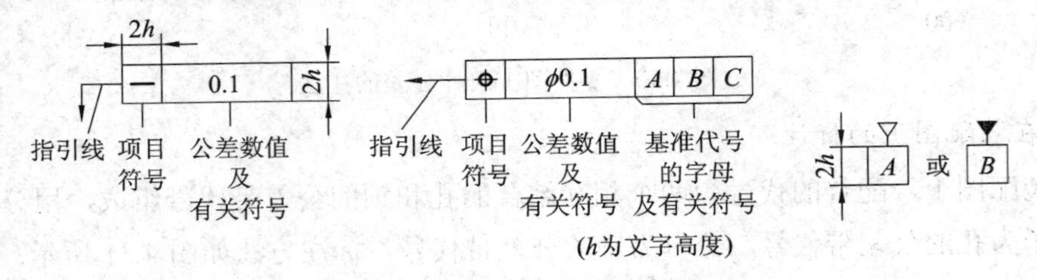

图 4.32　公差框格和基准代号

当提取要素为素线或表面等组成要素时，指引线箭头应指在该要素的轮廓线或其引出线上，并应明显地与尺寸线错开，如图 4.33 所示。

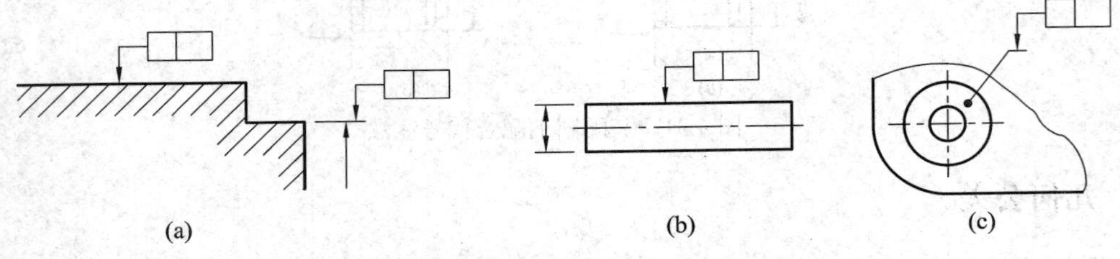

图 4.33　被测要素的标注(一)

当提取要素为轴线、中心线、对称平面、球心等导出要素时，指引线箭头应该与该要素的尺寸线对齐，如图 4.34 所示。此时不允许指在轴线上或对称线上。

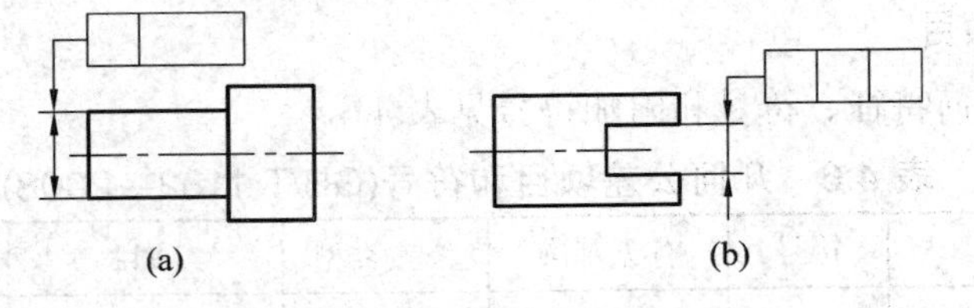

图 4.34　被测要素的标注(二)

与被测要素相关的基准用一个大写字母表示。字母标注在基准方格内，与一个涂黑的或空白的三角形相连以表示基准。表示基准的字母还应标注在公差框格内。涂黑的和空白的基准三角形含义相同。当基准要素为素线或表面等组成要素时，指引线箭头应指在该要素的轮廓线或其引出线上，并应明显地与尺寸线错开，如图 4.35(a)所示。当基准要素为轴线、中心线、对称平面、球心等导出要素时，指引线箭头应该与该要素的尺寸线对齐，如图 4.35(b)所示。此时不允许指在轴线上或对称线上。几何公差在图样上的标注示例，如图 4.36 所示。

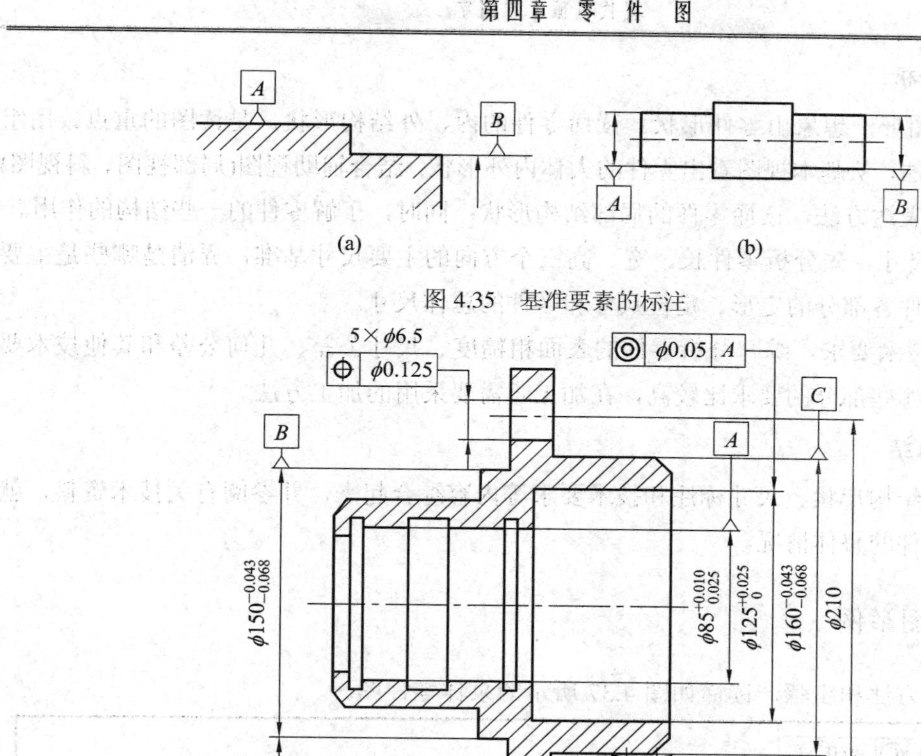

图 4.35　基准要素的标注

图 4.36　几何公差标注示例

第七节　读 零 件 图

读零件图是根据图样了解零件的名称、材料和用途；弄清零件的结构形状、功用；同时还要分析零件的尺寸和技术要求等。在设计、生产、技术交流等项活动中，读零件图是一项非常重要的工作。专业技术人员必须具备读零件图的能力。

一、读零件图的基本方法和步骤

1. 概括了解

首先从标题栏中了解零件的名称、材料、编号以及图形的比例大小。初步得知零件的用途和结构特征等。

2. 具体分析

(1) 分析图形，想象出零件形状。读懂零件的内、外结构形状，是读图的重点。用组合体的读图方法，从基本视图看出零件的大体内外形状；结合辅助视图(局部视图、斜视图)以及断面图等表达方法，读懂零件的局部结构形状；同时，了解零件的一些结构的作用。

(2) 分析尺寸。先分析零件长、宽、高三个方向的主要尺寸基准，弄清楚哪些是主要尺寸，弄清零件各部分的定形、定位尺寸和零件的总体尺寸。

(3) 分析技术要求。综合分析零件的表面粗糙度、尺寸公差、几何公差和其他技术要求，以便弄清哪些部分的要求比较高，在加工时需要采用的加工方法。

3. 归纳总结

把读懂的结构形状、尺寸标注和技术要求等内容综合起来，并参阅有关技术资料，就能全面得出零件的整体情况。

二、读零件图举例

按读图的方法和步骤，读懂如图 4.37 所示的泵体零件图。

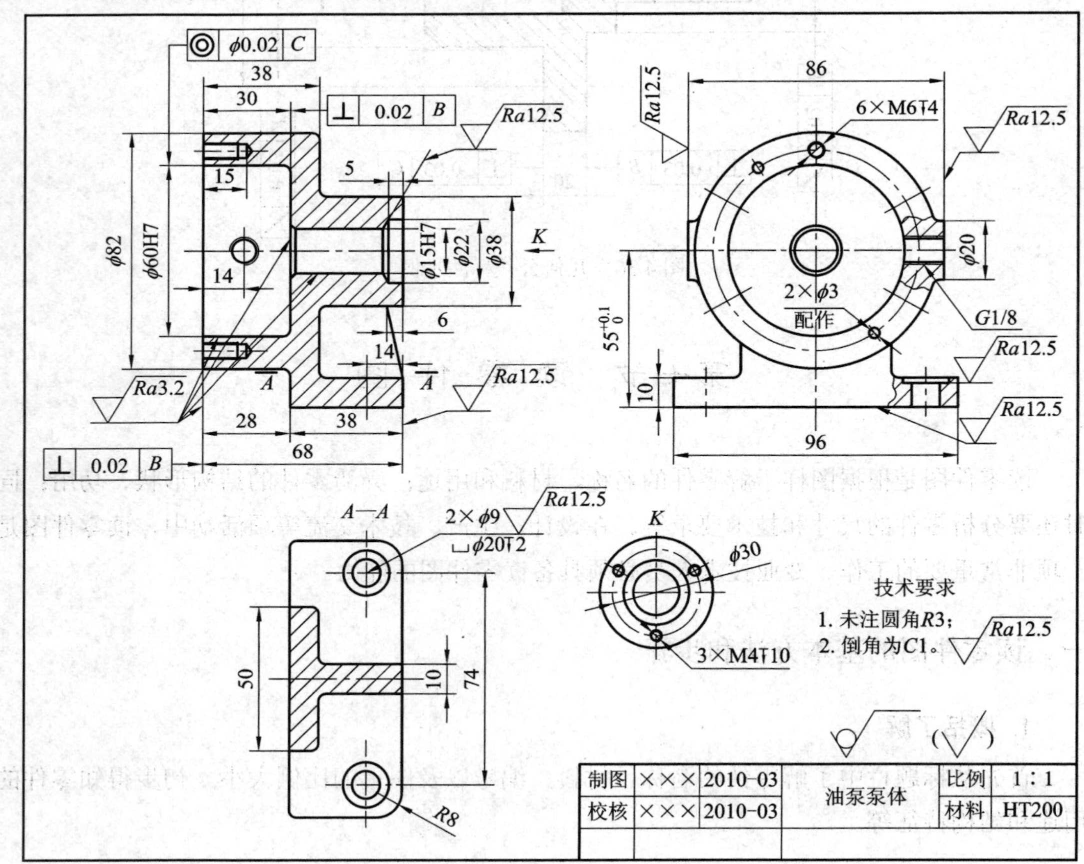

图 4.37　油泵泵体零件图

1. 概括了解

从标题栏中可以看到，零件名称为油泵泵体，材料为HT200，比例为1∶1。油泵泵体是油泵的主要零件，用来容纳、安装和支承叶轮、轴、泵盖等零件。

2. 具体分析

(1) 分析图形，想象出零件形状。如图4.37所示零件图，零件按工作位置放置。共有三个基本视图(全剖的主视图和俯视图、局部剖的左视图)和一个局部视图(*K*向局部视图)。按各视图投影关系和形体分析法，可知泵体的上部为圆筒腔体，下部为长方形底板，中部为T字形肋板。其余请读者自行分析。综合分析即可想象出泵体的整体结构形状，如图4.38所示。

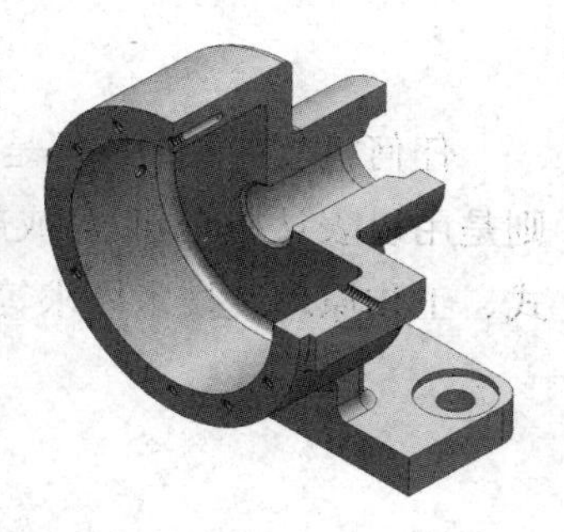

图4.38 油泵泵体立体图

(2) 分析尺寸。首先分析尺寸基准，高度方向以水平轴线为主要基准，底面为辅助基准，两基准之间有中心高尺寸$50^{+0.1}_{0}$。主轴孔直径Φ15H7和泵体内腔直径Φ60H7均以水平轴线为基准注出，底板厚10以底面为基准注出。长度方向以左端面为主要基准。宽度方向以泵体前后对称平面为主要基准。

其余尺寸，请读者自行分析。

(3) 了解技术要求。图样上对有关尺寸公差、表明粗糙度和几何公差制定了合理的技术要求。

配合表面的尺寸公差有：孔径Φ60H7、轴孔Φ15H7、中心高$50^{+0.1}_{0}$。

配合表面的表面质量要求较高，表明粗糙度数值较小。如孔Φ60H7、孔Φ15H7的表面。

图样上注出的几何公差有：内腔孔Φ60H7的轴线对孔Φ15H7的轴线的同轴度公差允许值为Φ0.02 mm；泵体两端面对内腔轴线的垂直度公差允许值为0.02 mm。

3. 归纳总结

通过以上分析，我们读懂该零件是一个中等复杂程度的箱体类零件。

本 章 小 结

绘制和阅读图样是本课程的最终目的，因此零件图是本课程重点内容之一。本章主要介绍了零件图的视图选择及尺寸标注，主视图要把表示零件信息量最多的那个方向作为主视图的投射方向。零件的尺寸标注，要了解零件的设计基准和工艺基准，合理地标注零件的尺寸。要了解零件的表面粗糙度、极限与配合以及几何公差的基本概念、符号含义。读零件图，要抓住特征视图，应用投影规律，运用形体分析法和线面分析法，将一组视图联系起来，就可想象出零件的形状。

第五章　装　配　图

任何机器(或部件)都是由若干零件按一定的装配关系和技术要求组装而成的。装配图则是用以表达整台机器(或部件)的组成结构、各零件的作用及相互间的装配关系、连接方式、工作原理及技术要求等内容的一种图样。

第一节　装配图概述

在机器(或部件)的设计与制造过程中，通常是由设计部门按机器(或部件)的功能要求及最终确定的设计方案先画出装配图，再从装配图上拆画零件图；然后，由生产部门按绘制的图样组织零、配件的生产与外协，由供应部门按照装配图上的零件明细栏组织标准件及外购件的采购；最后由装配部门按照装配图所表示的装配连接关系和技术要求，把准备好的零件装配成机器(或部件)。

一、装配图的作用

装配图主要有以下作用：

(1) 装配图可反映设计者的技术思想，便于在机器(或部件)的生产、使用、维修过程中进行技术交流与合作；

(2) 装配图可为零配件的生产组织、标准件及外购件的准备、机器(或部件)的装配提供依据；

(3) 通过装配图，可了解机器(或部件)的结构组成、传动路线、工作原理和技术要求、润滑和冷却方式以及操纵或控制情况等。它是机器(或部件)在使用过程中进行安装、调试、维护、修理和改进更新的基础。

二、装配图的内容

如图 5.1 所示是一管钳的立体图形，如图 5.2 所示是其装配图。由图 5.2 可以看出，一张完整的装配图应该包含以下内容。

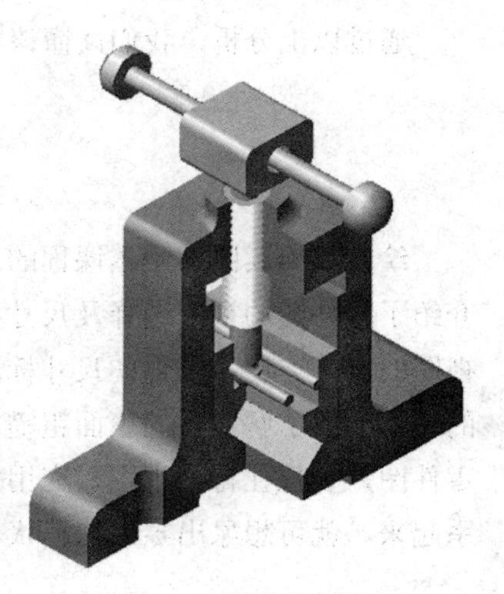

图 5.1　管钳立体图

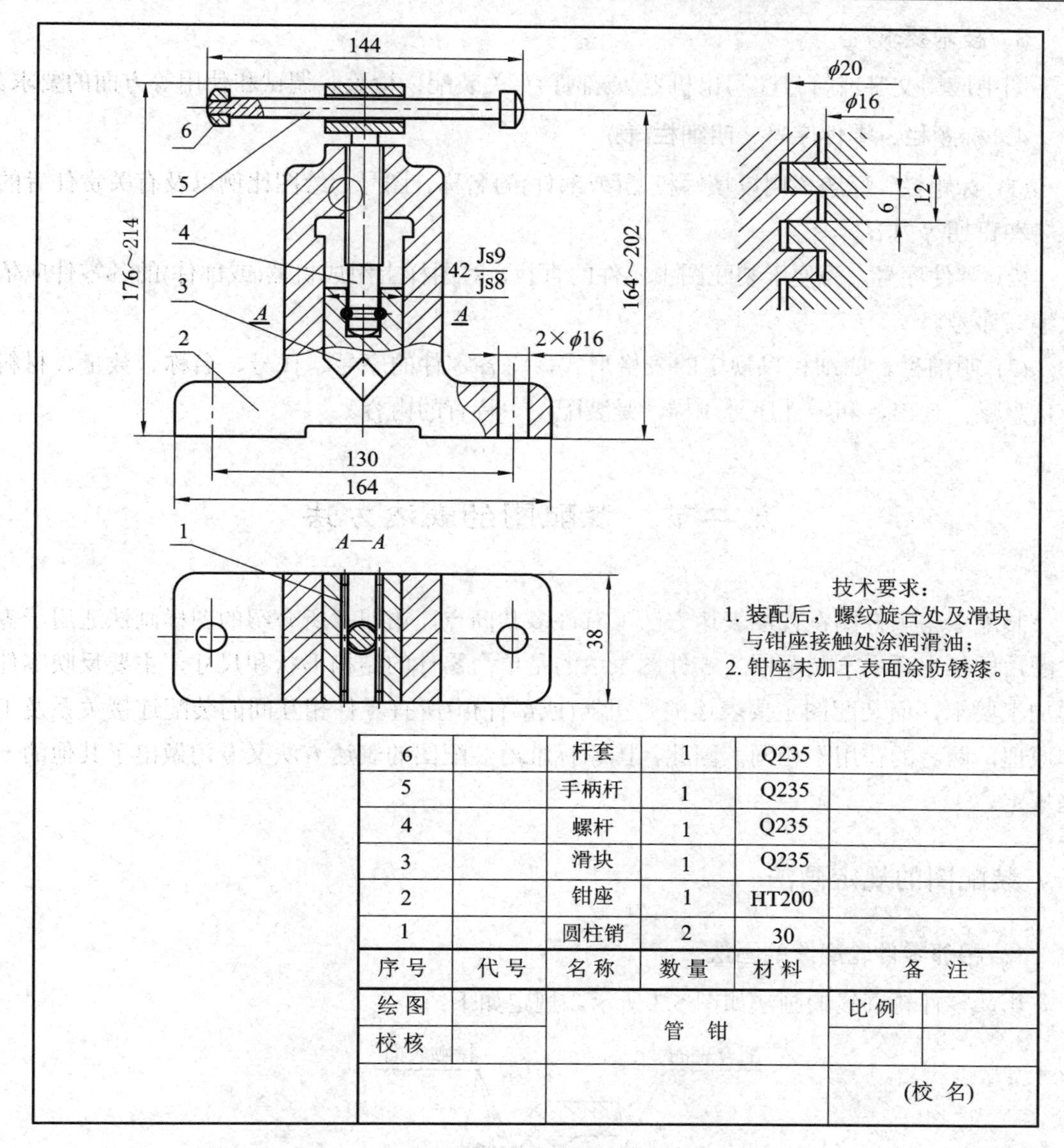

6		杆套	1	Q235	
5		手柄杆	1	Q235	
4		螺杆	1	Q235	
3		滑块	1	Q235	
2		钳座	1	HT200	
1		圆柱销	2	30	
序号	代号	名称	数量	材料	备　注
绘图		管　钳		比例	
校核					
				(校　名)	

图 5.2　管钳装配图

1．一组视图

在装配图中，应合理使用国家标准规定的各种表达方法，用一组视图准确、完整、简明、清楚地表达出机器(或部件)的组成结构、工作原理、各零件之间的装配和连接关系及主要零件的结构形状。

2．必要的尺寸

装配图上应注出有关机器(或部件)的性能、规格、安装、外形、配合和连接关系所必需的尺寸。

3．技术要求

图中应用文字或符号注写出机器(或部件)有关装配、检验、调试和使用等方面的要求。

4．标题栏、零件序号、明细栏(表)

(1) 标题栏。标题栏用以填写机器(或部件)的名称、图号、绘图比例以及有关责任者的签名和日期等内容。

(2) 零件序号。为便于装配图中零件的查找，对图样上组成机器(或部件)的各零件应依次编写序号。

(3) 明细栏。明细栏以规定的表格形式，将各零件的序号、代号、名称、数量、材料等信息逐一列出，和零件序号一样，是装配图中特有的内容。

第二节　装配图的表达方法

装配图与零件图在视图表达方法上有许多共同点，第四章所介绍的图样画法适用于零件图，同样也适用于装配图。零件图表达的是单个零件的结构形状和尺寸，主要反映零件的加工要求，而装配图主要表达的是机器(或部件)中所有零件相互间的装配连接关系及工作原理，两者的作用不相同，因此，国家标准对装配图的表达方法又专门做出了其他的一些规定。

一、装配图的规定画法

1．相邻零件轮廓线的画法

相邻零件轮廓线的画法如图 5.3 所示。规定如下：

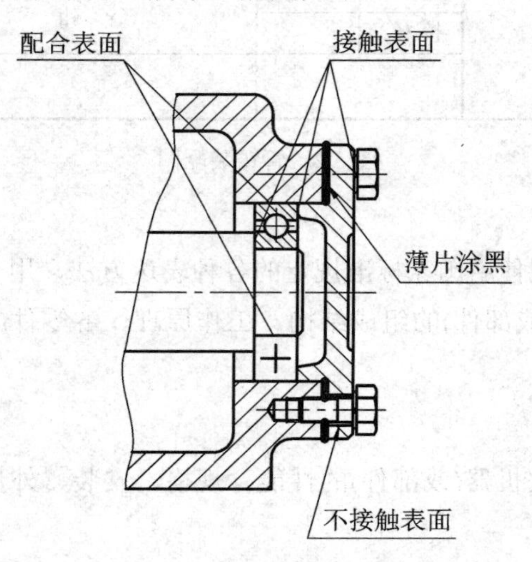

图 5.3　相邻零件轮廓线及剖面符号的画法

(1) 相邻两零件的接触面和配合面(包括间隙配合)只画一条线。如图 5.3 中的滚动轴承外圈与座孔、内圈与轴颈之间的配合面，还有螺母与垫圈、垫圈与端盖、端盖与轴承外圈端面、轴承内圈端面与轴肩等各处接触面。

(2) 若相邻两零件的表面相互不接触，则必须画两条线以表示其间隙。当间隙很小，两条线难以分开时，可采用夸大画法。例如图 5.3 中螺钉与端盖上的穿孔处。

2．装配图中剖面符号的画法

(1) 在装配图的剖视、剖面图中，各零件应使用国家标准规定的剖面符号。

(2) 同一零件在各个视图中的剖面线方向和间隔必须一致；而相邻的两个零件剖面线方向相反，或方向一致而间距不等，如图 5.3 所示。

(3) 若零件很薄，可用涂黑代替，如图 5.3 中所示垫片。

3．实心杆件、紧固件和连接件的画法

在装配图上以剖切的方式表达时，当剖切平面通过实心杆件(轴、拉杆、球、手柄、钩子等)、螺纹紧固件(螺钉、垫圈、螺母等)和连接件(键、销等)的轴线时，这些零件均按不剖绘制，即不画剖面线，只画出零件的外形；如果确实要表达孔或键、销等连接关系，则可用局部剖表达。

当剖切平面通过的某些部件为外购成品件或该部件已由其他图形表示清楚时，可按不剖绘制。

二、装配图的特殊画法

1．拆卸画法

当机器(或部件)中某一(组)零件的装配关系在某视图上已表达清楚，而在另一视图上重复出现，却不易表达，或影响其他零件的表达时，可假想将这一(组)零件拆去不画，这种画法称为拆卸画法。如图 5.4 所示的铣刀头装配图，左视图拆去主视图中已表达清楚的零件 1、2，3、4、5 后，可清楚表达被其遮挡的端盖与座体的形状特征及其连接方式。对于拆去某零件后的视图，可在其上方标注“拆去零件×××……”。

2．夸大画法

在装配图中常遇到一些薄片零件、细丝弹簧、微小间隙或带有很小的斜度或锥度的零件，如果按实际尺寸或全图比例绘制不易画出，或表达不清晰而无法看出时，可不按比例而适当采用夸大画法，如图 5.5 所示。

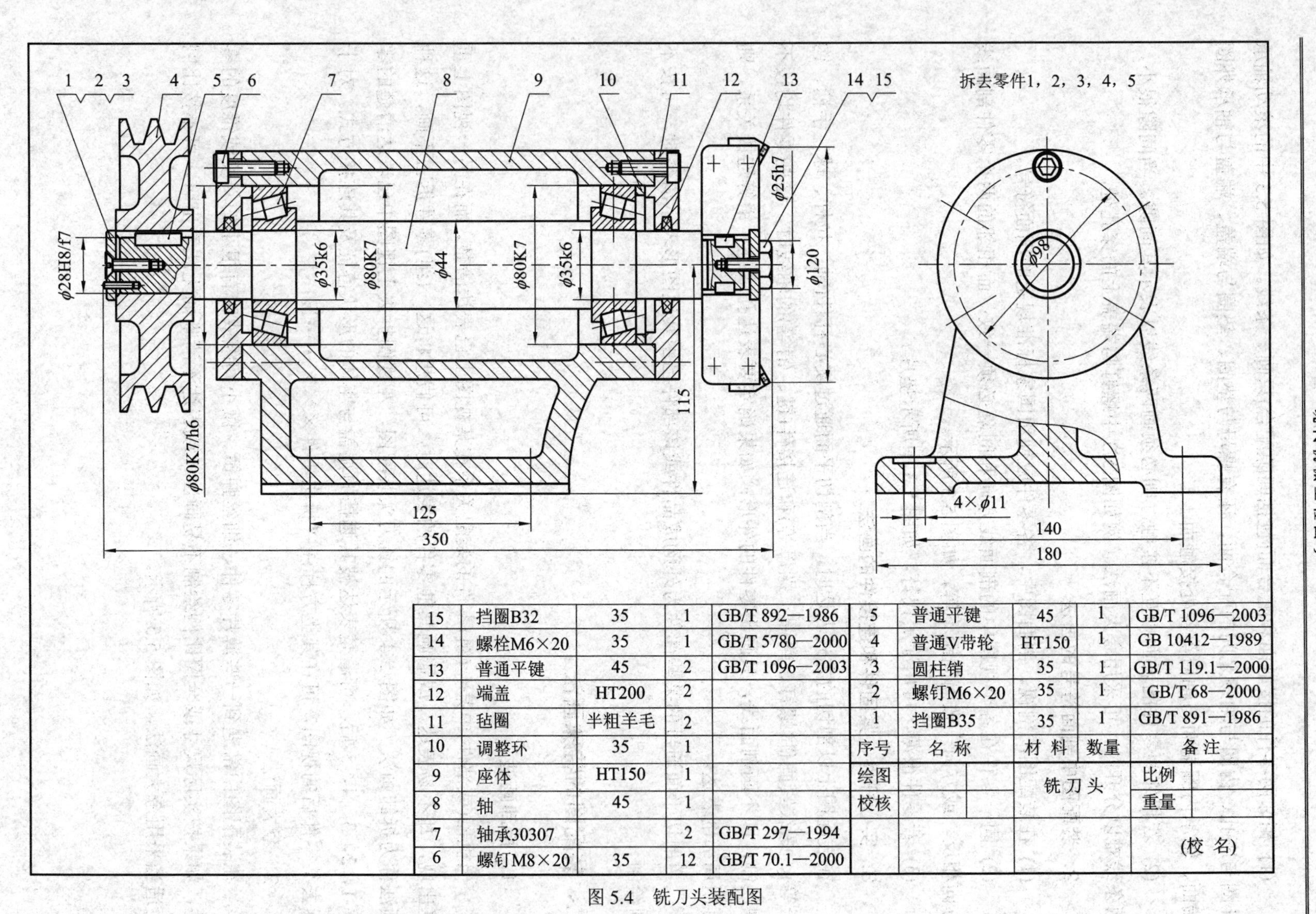

序号	名称	材料	数量	备注
15	挡圈B32	35	1	GB/T 892—1986
14	螺栓M6×20	35	1	GB/T 5780—2000
13	普通平键	45	2	GB/T 1096—2003
12	端盖	HT200	2	
11	毡圈	半粗羊毛	2	
10	调整环	35	1	
9	座体	HT150	1	
8	轴	45	1	
7	轴承30307		2	GB/T 297—1994
6	螺钉M8×20	35	12	GB/T 70.1—2000
5	普通平键	45	1	GB/T 1096—2003
4	普通V带轮	HT150	1	GB 10412—1989
3	圆柱销	35	1	GB/T 119.1—2000
2	螺钉M6×20	35	1	GB/T 68—2000
1	挡圈B35	35	1	GB/T 891—1986

绘图		铣刀头	比例	
校核			重量	
			（校名）	

图 5.4 铣刀头装配图

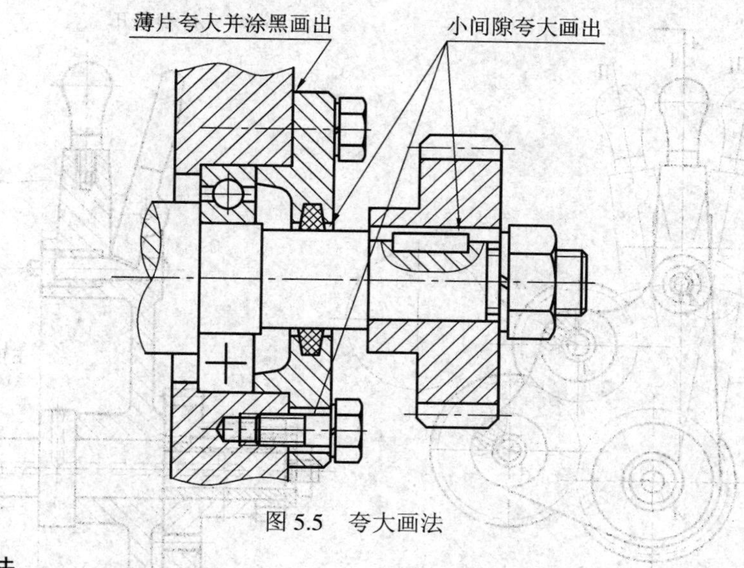

图 5.5　夸大画法

3．假想画法

(1) 为表示与装配图中部件连接的其他零部件的装配和安装关系，可以将其他零部件的形状或部分形状用细双点画线画出，如图 5.4 所示铣刀头装配图中的铣刀盘。

(2) 当需要表达运动件的运动范围或多个工作位置时，可以用粗实线画出运动件在一个极限位置上的轮廓，而在另一极限位置或其他工作位置时的轮廓用细双点画线画出，如图 5.6(a)中的手柄和图 5.6(b)中的尾座顶尖。

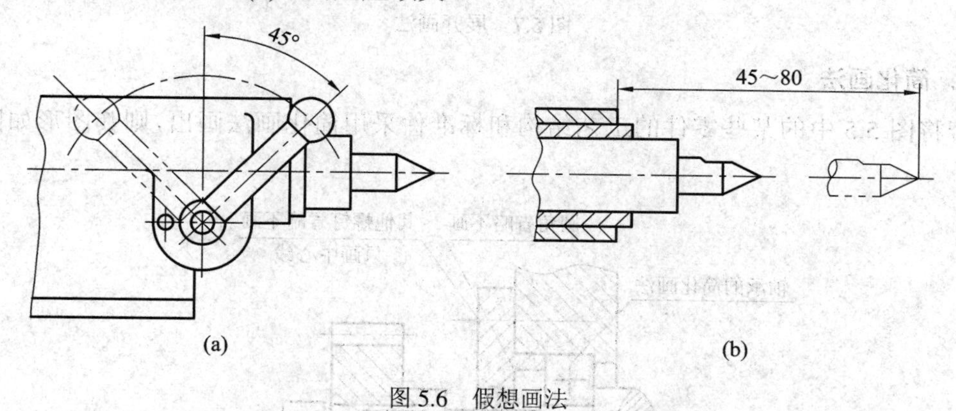

图 5.6　假想画法

以上这些用细双点画线画出机件轮廓的方法，称为假想画法。

4．展开画法

在画传动系统的装配图时，为了将轴线相互平行，但不在同一平面上的各传动轴与传动件之间的装配关系在某一视图上表达清楚，可以按其运动顺序，用多个相交的剖切平面通过各轴线依次进行剖切，然后将这些剖切平面按顺序在一个平面上展开画出剖视图，并在展开图的上方标注“×—×展开”字样。这种画法称为展开画法，如图 5.7 所示。

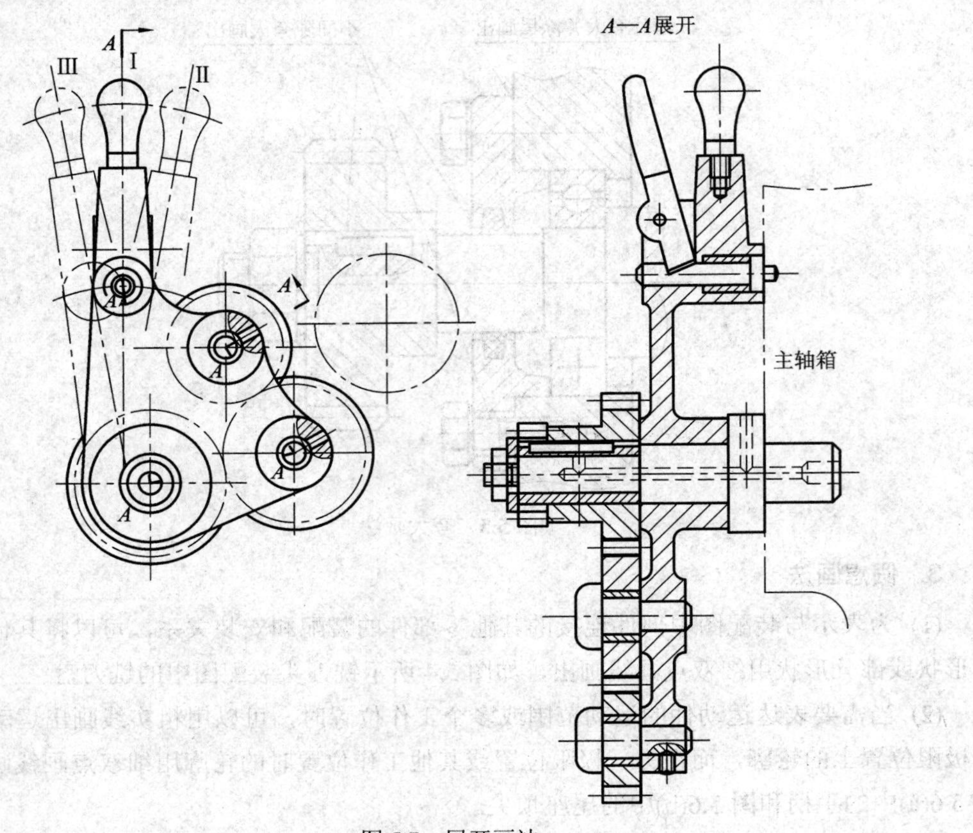

图 5.7　展开画法

5．简化画法

若将图 5.5 中的某些零件的工艺结构和标准件采用简化画法画出，则其图形如图 5.8 所示。

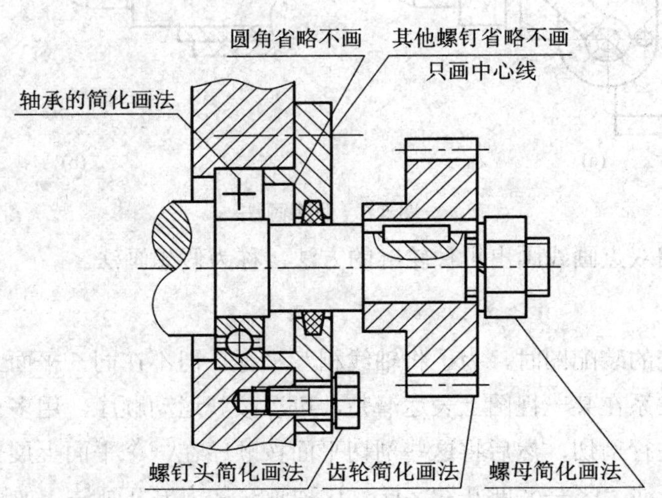

图 5.8　零件工艺结构与标准件的简化画法

当装配图中遇到下列情况时，可采用简化画法：

(1) 对于滚动轴承，允许用规定画法画出对称图形的一半，而另一半则需采用通用画法画出，见图 5.8。

(2) 装配图中，零件的工艺结构，如圆角、倒角、退刀槽等，允许省略不画，见图 5.8。

(3) 装配图中，螺母和六角头螺栓头部的曲线(截交线)可不画，见图 5.8。

(4) 对于按规律分布的若干相同的部件、组件或连接螺栓等，允许只详细画出其中一个，其余用细点画线表明其中心位置即可，如图 5.9(a)中的连接螺钉和图 5.9(b)中的相同组件等。

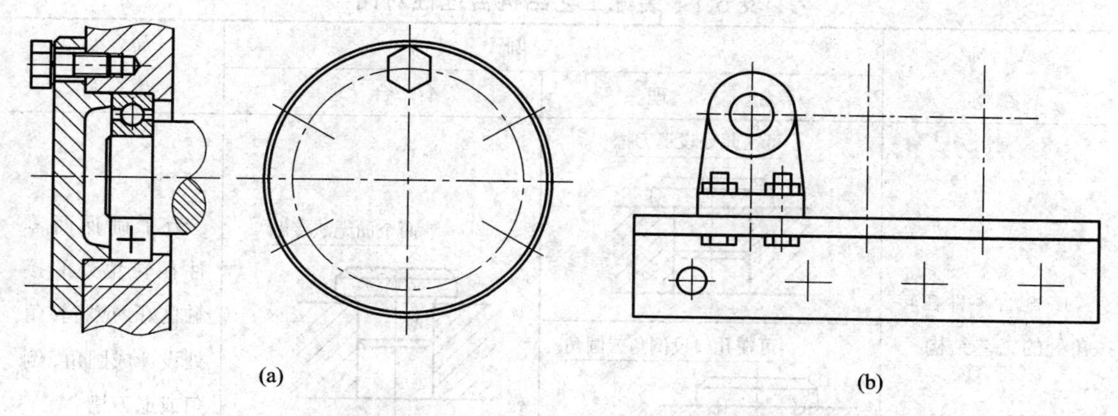

图 5.9 相同组件和相同连接螺栓的简化画法

6. 沿结合面剖切

绘制装配图时，为了表达部件的内部结构，根据需要可假想揭盖的方式，沿着两个零件的结合面进行剖切。如图 5.10 中的 *A*—*A* 剖视图就是沿泵体和泵盖的结合面剖切后画出的。结合面上不画剖面线，但被剖切到的其他零件如泵轴、螺栓、销等，则应画出剖面线。

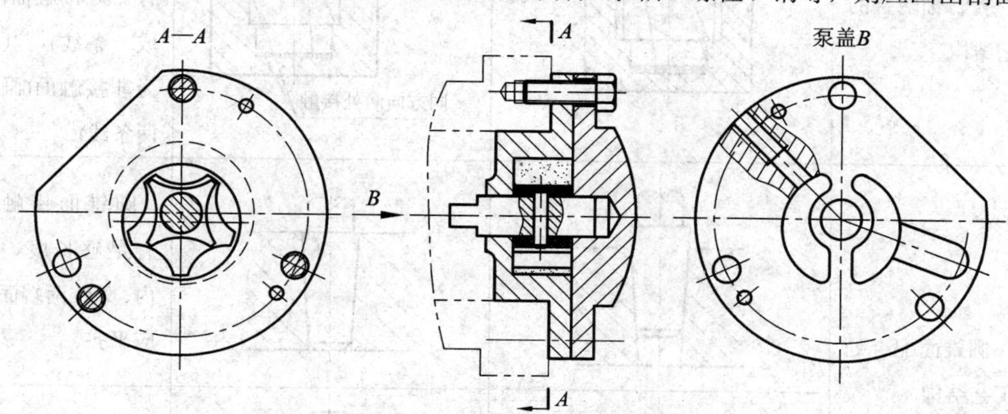

图 5.10 沿结合面的剖切画法及单个零件结构的表达

7. 装配图中零件的表达

在装配图中，当某个零件的结构形状对装配关系或工作原理的理解有影响但未表达清楚时，可另外用一个视图或剖视图单独表达该零件，并在该视图的上方注出零件的编号和视图名称“零件××”，而在相应的视图附近用箭头指明投射方向，如图 5.10 中的“泵盖 *B*”。

三、装配图的工艺结构

在设计和绘制装配图时，为了保证机器(或部件)中各零件的装配关系及所要求的性能，并考虑装、拆的方便与可能，应使之具有合理的装配工艺结构。而这些合理的装配工艺结构在图样上必须有合理的表达。表 5.1 列出了部分合理与不合理的装配工艺结构对比图例。

表 5.1　装配工艺结构合理性对比

结构名称	图例		简要说明
	合理	不合理	
1. 配合零件在转角处的工艺结构	可在此处设退刀槽 可在孔口设倒角或圆角	两个面无法接触	为了确保两零件在转角处的接触良好，应将转角处设计成圆角、倒角或退刀槽
2. 孔、轴配合的工艺结构	接触　不接触	同方向两处接触 同方向两处接触	相邻两零件在同一方向只允许有一对接触面(画成一条线)，其他为非接触面(画成两条线)
3. 圆锥面配合处的工艺结构			圆锥面接触应有足够长度，但内、外锥两端面不应平齐
			定位销孔应为通孔

续表一

结构名称	图例：合理	图例：不合理	简要说明
4. 减少加工面的工艺结构	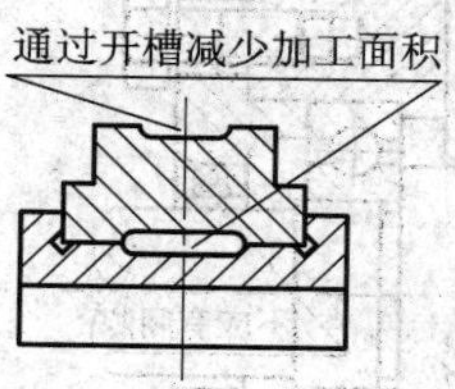 通过开槽减少加工面积	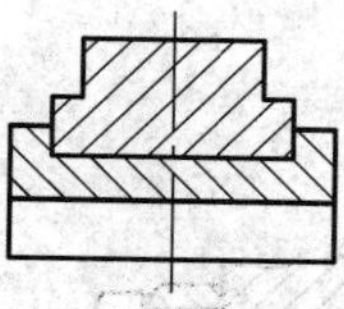	两零件接触表面在保证可靠性的前提下，应尽量减少加工面积
5. 轴上零件的轴向固定装置	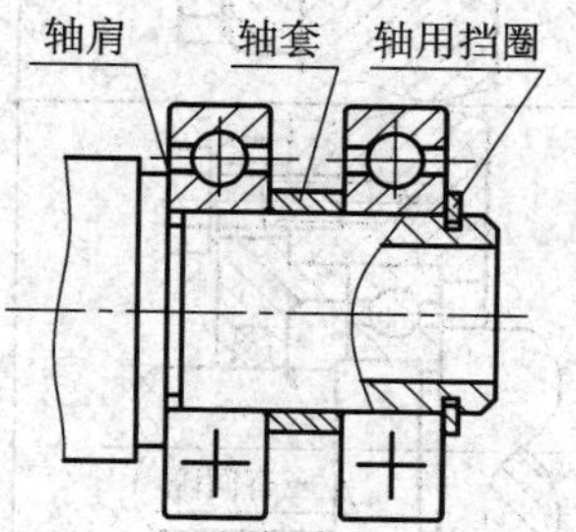 轴肩　轴套　轴用挡圈	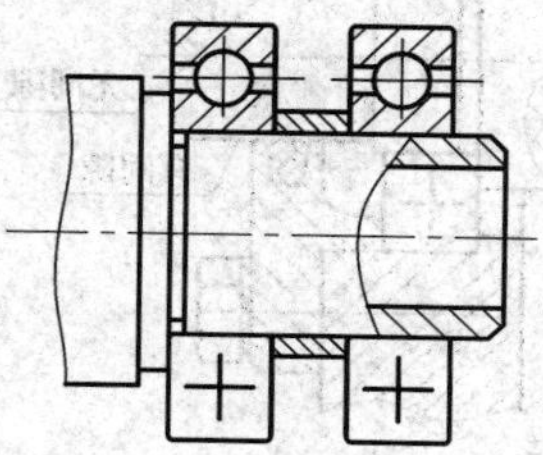	轴上零件在轴上应以轴肩或轴套等可靠定位，并用轴用挡圈作轴向固定，以防止轴向移动
6. 轮毂连接处的工艺结构	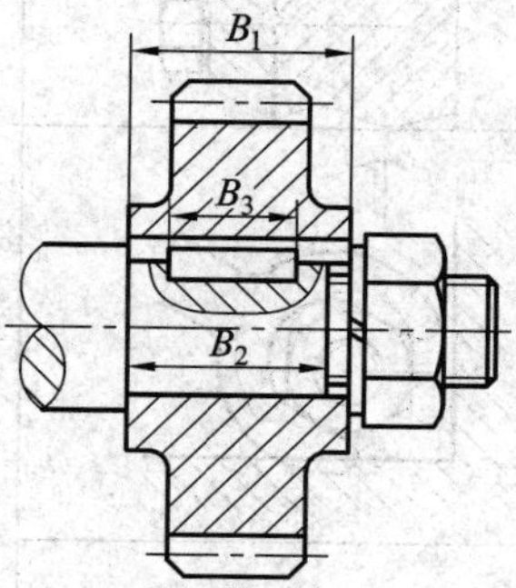 B_1　B_3　B_2　$B_1>B_2>B_3$	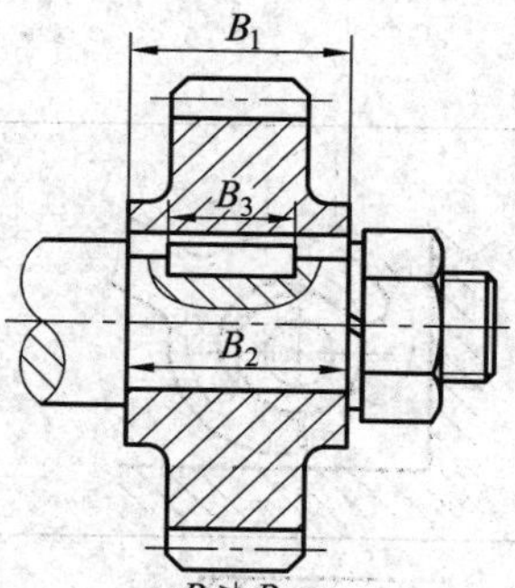 B_1　B_3　B_2　$B_1 \ngtr B_2$	轮毂长度 B_1 应大于该轴段长度 B_2 及键长 B_3，以可靠保证轮毂的轴向固定
7. 便于滚动轴承装拆的工艺结构	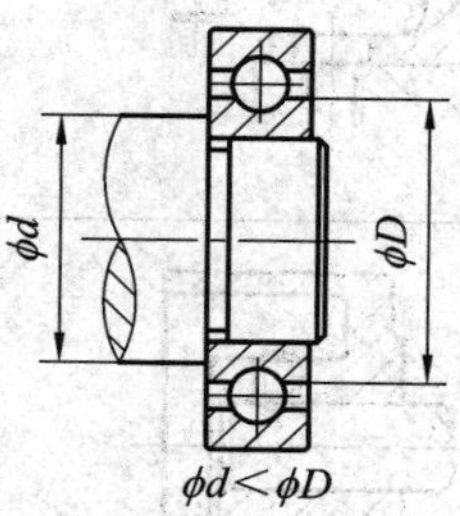 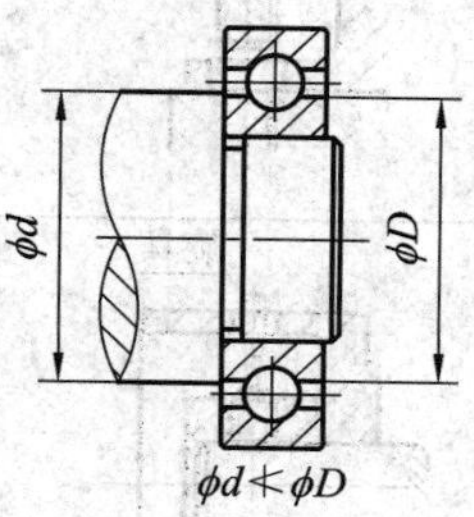 ϕd　ϕD　$\phi d<\phi D$	ϕd　ϕD　$\phi d \nless \phi D$	考虑滚动轴承的装拆方便，轴肩尺寸应小于轴承内圈的外圆直径

续表二

结构名称	图例		简要说明
	合理	不合理	
8. 油封装置的工艺结构	无间隙 有间隙	不应有间隙 应有间隙	1. 为避免漏油，采用毛毡作为油封装置，毛毡与轴之间不应留有间隙； 2. 端盖与轴之间应有间隙，以免轴与端盖摩擦
9. 紧固件装配工艺结构			被连接件上应留有足够的扳手空间和紧固件及旋具可进入的空间。以便于装配和拆卸
	旋具		

第三节　装配图的尺寸标注和技术要求

一、装配图中的尺寸标注

装配图上标注尺寸和零件图上标注尺寸的目的不一样，因此尺寸标注的要求也不同。零件图的尺寸是用以确定零件各部分的大小和形状，以便于加工制造，所以零件上的尺寸必须全部注出；而装配图的尺寸是为了表达机器(或部件)的规格、性能、外廓形状的大小、零件与零件之间的装配关系等，所以在装配图中一般不需标注表示零件结构的尺寸，但应注出以下尺寸：

1．规格、性能尺寸

表示机器(或部件)的规格或性能的尺寸，这类尺寸往往是设计时就已确定，它是设计和选用机器(或部件)的主要依据，如图 5.4 所示，铣刀盘的直径 *Φ*120 即为铣刀头的规格尺寸。

2．装配尺寸

这类尺寸表明装配体上相关零件之间的装配关系，一般可分为以下两类：

(1) 配合尺寸。这类尺寸主要表示两个配合零件之间的配合性质，如图 5.4 主视图中的 *Φ*80K7/h6、*Φ*28H8/f7、*Φ*80 K7、*Φ*35k6 等均属于这一类尺寸。其中，*Φ*80 K7 和 *Φ*35k6 的配合尺寸中只注明非标准零件的公差带代号，标准件的公差带代号不标注。

(2) 相对位置尺寸。这类尺寸表示零件(或部件)之间或零(部)件与机座之间所必须保证的相对位置尺寸，如图 5.4 所示主视图中的 115 即表示铣刀头的轴线相对于座体底面之间的高度位置尺寸。

3．安装尺寸

安装尺寸表示将机器(或部件)安装在底座(或机体)上所需要的联系尺寸，如图 5.4 所示主视图中 125 和左视图中 140，即表示铣刀头安装时所需要的尺寸。

4．外形尺寸

外形尺寸表示机器(或部件)在长、宽、高各方向上的总体尺寸。它反映了机器(或部件)在包装、运输、安装过程中所需空间的大小，如图 5.2 所示尺寸 164、38、176～214 等，即管钳的总体外形尺寸。

5．其他重要尺寸

其他重要尺寸一般是某重要零件上表示关键结构、形状的尺寸，是设计时经计算确定、与实现机器(或部件)功能有直接关系的尺寸，拆画零件时，这类尺寸不可改变，如图 5.4 中

轴的直径尺寸 $\Phi 44$。

应当指出，在绘制装配图时，应该考虑上述各种类型尺寸的标注，但不一定都需要，并且在有的装配图上，同一尺寸往往兼有不同的作用。因此，在标注装配图上的尺寸时，应在掌握上述几类尺寸意义的基础上，根据机器(或部件)的具体情况进行具体分析，合理地进行标注。

二、技术要求

装配图中的技术要求一般用文字注写在明细栏的上方或图纸下方空白处，其内容视具体情况而定，通常有以下几个方面：

(1) 装配时对某个零件的加工提出的要求；

(2) 装配时调整、试验和检验的有关要求；

(3) 对技术性能指标，以及包装、运输、安装、维护、保养、使用时提出的要求等。

第四节 装配图的零(部)件序号和明细栏、标题栏

为了方便读图，便于图样管理和做好生产前的准备工作，装配图中的所有零件(包括标准件在内)都必须编写序号，并将各零件的序号、名称、代号、材料、件数等按零件编号的顺序自下而上填写在标题栏上方的明细栏中。

一、零(部)件序号的编排方法

装配图中零(部)件序号的编排方法应遵循国家标准 GB/T 4458.2—2003 中的规定。

(1) 装配图中包括标准件在内的所有零(部)件，都应编写序号，不得有遗漏或重复，若有两个以上相同的零(部)件，只需对其中一个进行编号，其总数量填写在明细栏中；

(2) 零(部)件序号应按一定顺序和统一的形式编写，每个序号只能用一次，并沿水平方向或垂直方向按顺时针或逆时针依次整齐排列，尽可能均匀分布，写在视图外明显位置，如图 5.4 所示。

(3) 零(部)件序号常见绘制形式如图 5.11 所示。绘制时应注意：

① 在所指零件的可见轮廓线框内画一小圆点，并由此用细实线画出一条指引线，在指引线的末端折成水平线或画一个圆(也可两者都不画)，然后在水平线的上方或圆内(或指引线末端附近)注写序号，如图 5.11(a)所示。

② 序号的字高比图中所注尺寸数字应大一号或两号。同一装配图中，零(部)件序号的绘制形式及大小应一致。

③ 紧固件或装配关系明确的零件组，可采用公共指引线，如图 5.11(b)和图 5.12 所示。

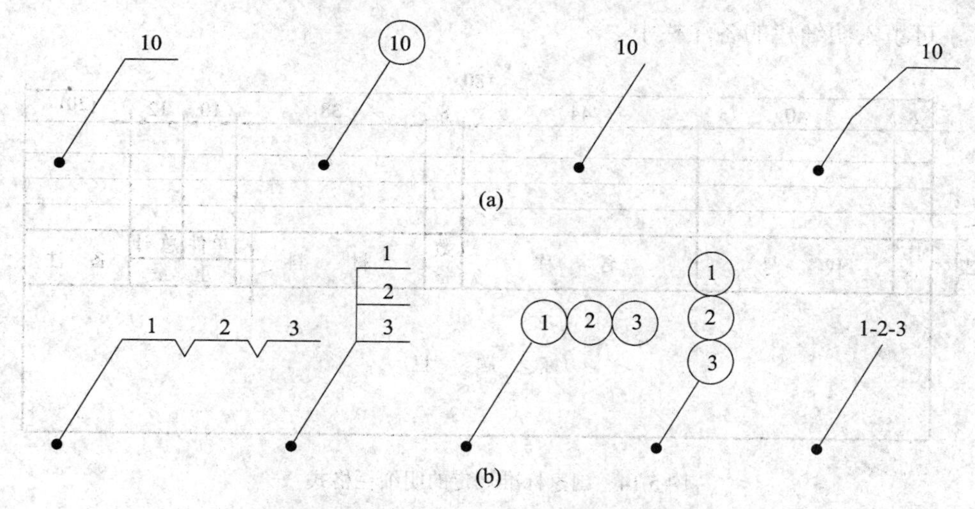

图 5.11　零件序号编注形式

④ 若所指零件为薄片或截面狭小而被涂黑，指引线的始端画小圆点不易看清，此时应以箭头的形式指向涂黑部分，如图 5.13 所示。

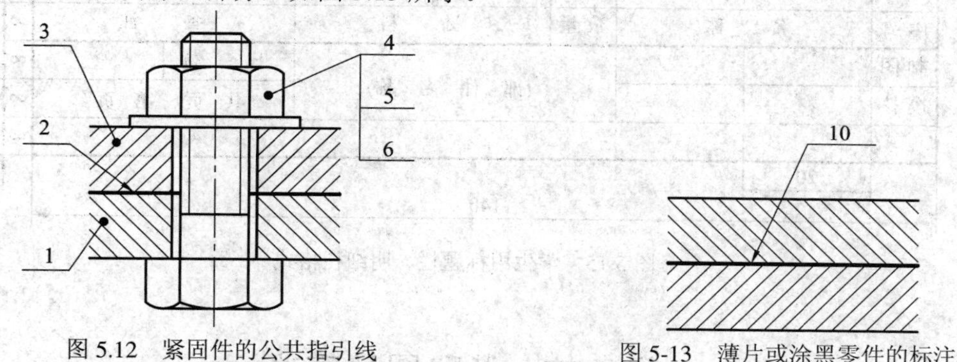

图 5.12　紧固件的公共指引线　　　　图 5-13　薄片或涂黑零件的标注

(4) 指引线不可相互交叉，当指引线通过剖面线区域时，不应与剖面线平行，必要时可画成折线，但只允许曲折一次；指引线不要画成水平线或铅垂线，且以较短为好，尽量穿越较少的其他零件，当穿越其他零件时，中途不可中断。

为确保零件序号完整、齐全，编号时应先画出所有零件的指引线及其末端的水平线或小圆，并整齐排列，经检查确认无重复和遗漏时，再按顺时针或逆时针方向统一编写序号，然后填写明细栏。

二、标题栏和明细栏的格式

明细栏是装配图中全部零(部)件的详细目录，一般配置在装配图中标题栏的上方，按自下而上的顺序填写。明细栏的内容、格式在国家标准(GB/T 10609.2—1989)中已有规定，如图 5.14 所示。图 5.15 所示的格式可供学生使用。当明细栏自下而上延伸位置不够时，可紧靠标题栏的左边继续由下而上填写。一些常用件的重要参数，如齿轮的模数、齿数、压力角等，可填入明细栏的备注栏中。

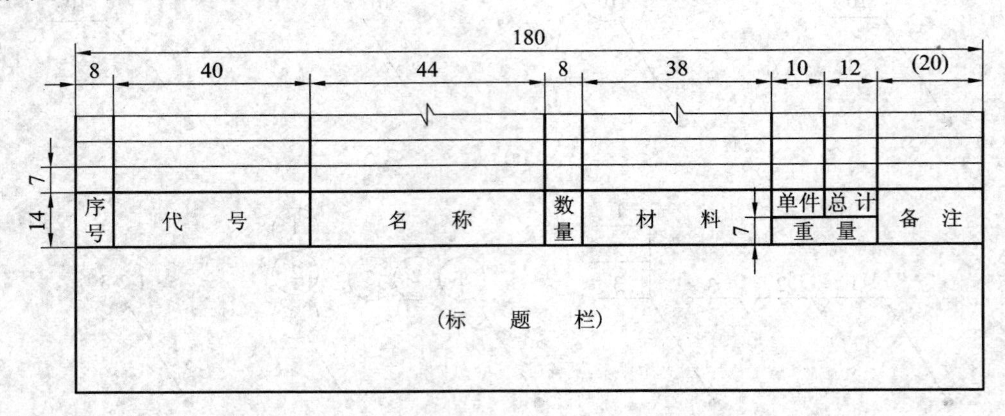

图 5.14　国家标准规定的明细栏格式

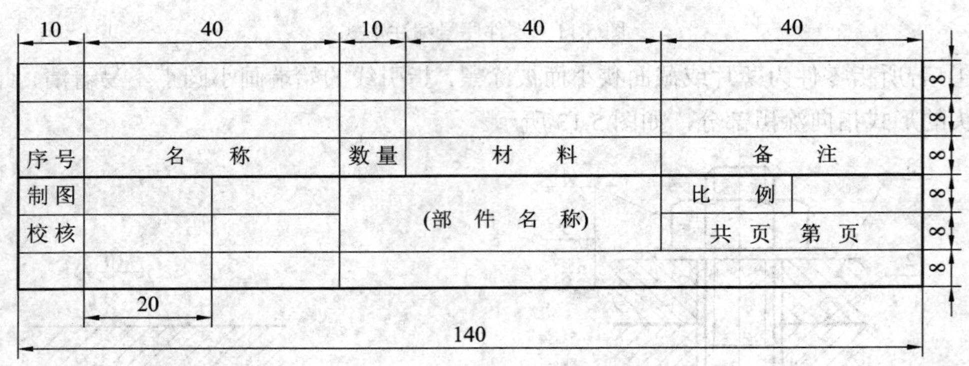

图 5.15　学生用标题栏、明细栏格式

第五节　装配图的画法

画装配图是在机械设计(或机械部件测绘)中的一个重要环节，是用视图、必要的尺寸、符号和文字来表达机器(或部件)结构和设计要求的过程。在确定(或充分了解)了装配体的工作原理、主要装配关系和主要结构形状的基础上，就可以运用前面所学的相关内容，拟定视图的表达方案，着手画装配图。在部件或机器中，常常是许多零件围绕某些轴线装配在一起的，因而一般会形成一条或几条装配干线，所以，装配图上的各视图常常是通过装配干线的轴线选取剖切平面画出的剖视图。

一、装配图的视图选择

1. 选择主视图

主视图的选择应遵循以下几个原则：

(1) 应符合装配体的工作位置或安装位置；

(2) 能反映装配体的整体结构特征；

(3) 较多地显示零件间的相对位置以及装配、连接关系；

(4) 能反映装配体上的主装配干线，并能表达装配体的主要工作原理。

图 5.16 是机床润滑系统中的齿轮油泵，该油泵的两个齿轮轴是该装配体上的主装配干线，两齿轮之间的啮合关系是装配图要表达的主体部分。因此，可按其工作位置，通过主动轴和从动轴轴线所共有的平面作一剖切，将此剖视图作为主视图。为了能够同时表达齿轮油泵的部分外部结构，主视图可采用局部剖。

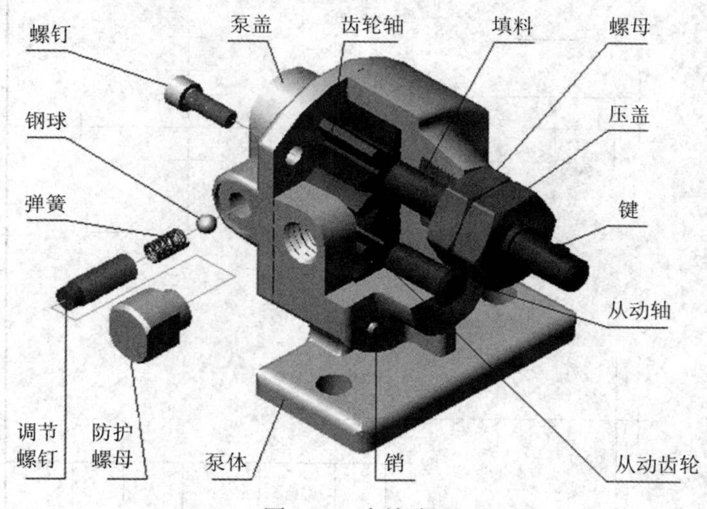

图 5.16 齿轮油泵

2. 确定其他视图

主视图没有表达或没有表达清楚的内容，可用其他视图来补充，所需视图的数量，要根据部件的复杂程度而定。其他视图尽量采用基本视图，并采用适当的剖视来表达内部结构，也可采用沿零件结合面剖切的画法和展开画法等。为了避免重复表达某局部结构，可在基本视图上采用拆卸画法或局部表达方法。每个视图要求重点突出，互相配合，避免重复。如果部件比较复杂，可以同时拟出几种表达方案进行比较，最后选取一个视图数量较少，但表达清晰而又完整的方案。

在图 5.16 中的齿轮油泵油压调节装置装配干线上，泵盖、钢球、弹簧、调节螺钉、防护螺母等零件之间的装配关系和工作原理，可在俯视图中采用局部剖的方式来表达。而销连接和螺栓连接的分布情况和泵体上安装部分的结构则用左视图来表达。

二、画装配图的方法和步骤

1. 确定绘图比例和图幅，画图框

装配图的表达方案确定以后，应根据部件大小及视图的数量，考虑视图所需要的面积，

标注尺寸所需要的图面空间等，确定合适的比例和图幅，画出图框、标题栏和明细栏。

2. 布置视图，画视图定位线

为了图面布局较匀称，着手画图前要充分考虑视图的大小和数量、标注尺寸、零件编号、画标题栏和明细栏及填写技术要求所需要的面积，然后布置视图，确定各视图的装配干线和主体零件的安装基准面在图面上的位置，画出各视图的定位线。对齿轮油泵来说，应先画出主视图中两个齿轮轴的轴线及泵体、泵盖等零件的装配基准线，再画俯视图中泵盖、钢球、弹簧等零件的装配基准线和左视图中的对称中心线等，如图 5.17 所示。

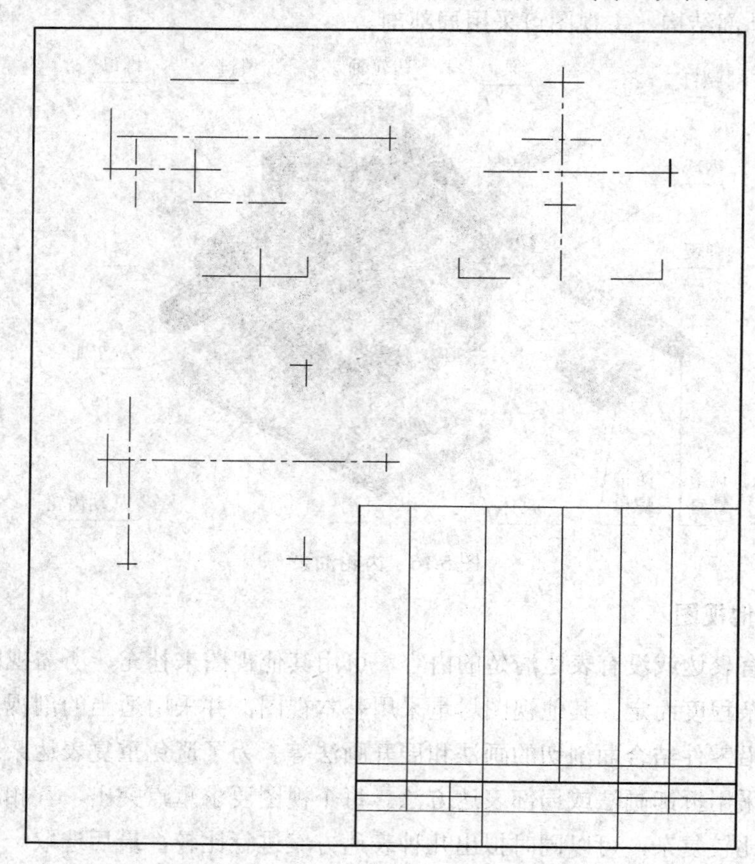

图 5.17　布置视图，画视图定位线

3. 画装配体主要轮廓线

(1) 画装配干线上主要零件的轮廓线，应从主视图开始，然后几个视图配合进行绘制。如果是手工绘图，所有轮廓线先用细实线轻轻画出。装配图上零件很多，按零件轮廓的绘制顺序，一般应从主要装配线开始，由主到次、由里向外将各条装配干线上的主要零件在不同的视图中逐一画出。图 5.18 就是在这一步骤中所完成的齿轮油泵绘制内容。

(2) 画各装配点上的零件轮廓线。将装配干线上主要零件的轮廓线画出后，再逐一画出各装配点上其他零件的轮廓线，这些零件往往相对较小，不太引人注意，如螺栓(钉)紧固件和键、销连接件等。

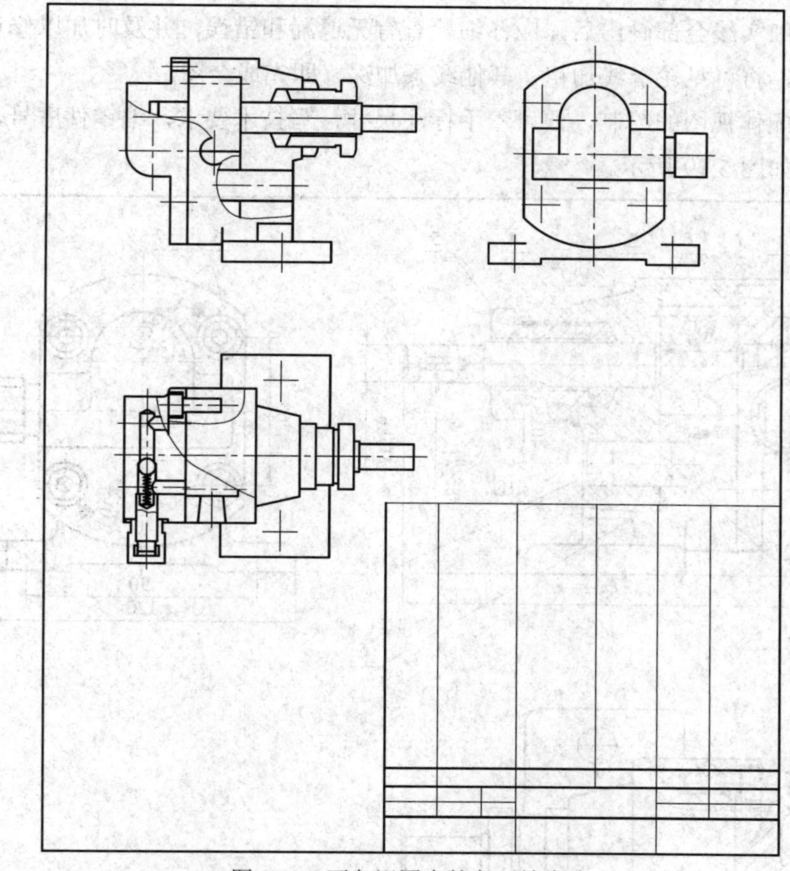

图 5.18　画各视图中的主要轮廓线

(3) 单个视图的画法。在画某个视图时，可采用“由内向外”或“由外向内”这两种方法。“由内向外”是从各装配线的核心零件(或基准零件)开始，再向外依照装配关系逐层扩展画出各零件，最后画壳体、箱体等支撑、包容零件；“由外向内”是先将起支撑、包容作用的壳体、箱体零件画出，再依照装配关系逐层向内画出各零件。前一种画图过程与大多数设计过程相一致，主要在设计过程中使用；后一种方法则主要用于机器(或部件)的测绘过程或根据已有的零件图画装配图的过程中。一般情况下，总是将两种方法结合起来使用。

画装配图上相邻的零件时，要注意相互间的装配关系，两零件的相邻表面是否接触，是否为配合面，同时还要检查两相邻的零件相互之间有无遮挡、干扰和碰撞等问题，以便画出相对应的正确图形。

4. 画装配体的细节部分

将主要轮廓线全部画出后，再画出各零件的细微处，如螺纹、倒角、圆角等，并按规定的画法逐一画出剖切平面上各零件的剖面线。

5. 检查视图，加深线条

将视图用细实线全部画出后，应仔细检查有无遗漏和错误，并及时加以修正和完善。经检查无误后，将可见轮廓线加粗，其他线条加深，即完成全图。

完成了装配体视图的绘制，便可着手标注尺寸，写技术要求，编零件序号，填写标题栏和明细栏，如图 5.19 所示。

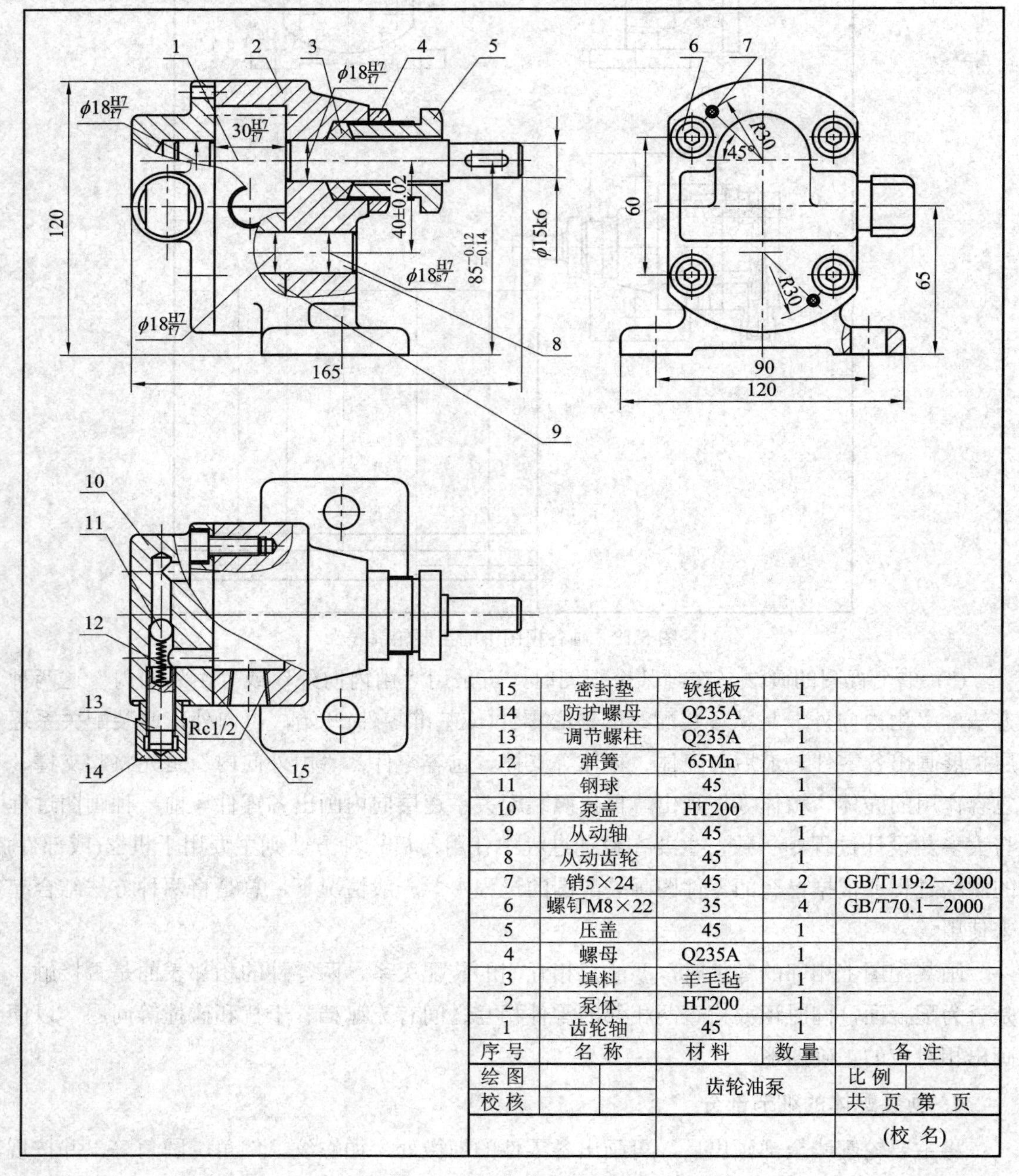

15	密封垫	软纸板	1	
14	防护螺母	Q235A	1	
13	调节螺柱	Q235A	1	
12	弹簧	65Mn	1	
11	钢球	45	1	
10	泵盖	HT200	1	
9	从动轴	45	1	
8	从动齿轮	45	1	
7	销5×24	45	2	GB/T119.2—2000
6	螺钉M8×22	35	4	GB/T70.1—2000
5	压盖	45	1	
4	螺母	Q235A	1	
3	填料	羊毛毡	1	
2	泵体	HT200	1	
1	齿轮轴	45	1	
序号	名 称	材料	数量	备 注

绘图		齿轮油泵	比例	
校核			共 页 第 页	
			(校 名)	

图 5.19　齿轮油泵装配图

第六节 读装配图和由装配图拆画零件图

一、读装配图

在机器(或部件)的制造、装配、安装、检验、使用、维修以及技术交流的过程中，都要通过阅读装配图来了解相关设备的结构和原理，因此，阅读装配图是从事工程技术或管理的人员必须具备的基本能力。读装配图就是通过对现有图形、尺寸、符号和文字进行分析，了解设计者的意图和要求的过程。看装配图的目的因工作内容的不同而略有不同，主要有以下几个方面：

(1) 了解机器(或部件)的名称、用途、性能和工作原理；

(2) 了解各零件的作用、结构形状以及相互间的装配、连接关系；

(3) 了解机器(或部件)的拆装顺序、使用和调整维护方法及其他技术要求；

下面以图 5.20 所示的可调支承为例，介绍装配图的看图方法和步骤。

1. 概括了解

看装配图时，首先要看标题栏和明细栏，通过标题了解装配体的名称、用途、大小比例等内容；通过零件明细栏和视图上所编零件序号，了解标准件和非标准件的名称、数量、材料、规格及所在位置。

从图 5.20 所示的标题栏中，首先可了解到该装配图所表达的部件名称为可调支承，绘图的比例为 1∶1，结合两个视图及相关尺寸，便可知其外形的大小。从零件明细栏中，则可了解到该可调支承共由四种不同的零件组成，其中没有标准件。从明细栏中还可了解到，可调支承的底座材料为 HT200，调整螺杆和调整螺母选用的材料是 45 钢，锁紧螺钉材料为 35 钢。

2. 分析视图

分析视图要先看清全图采用了几个基本视图，通过这几个基本视图分析该装配体所处的位置，然后分析采用了哪些表达方法，明确视图间的投影关系，同时分析各视图所要表达的重点内容是什么。如果某视图采用的是剖视图，还要在其他视图上找到对应的剖切位置。

在图 5.20 所示可调支承的装配图中，仅采用了主、俯两个基本视图，从这两个视图可以看出，画装配图时，可调支承的底座平面处于水平位置，调整螺杆轴线处在铅垂的位置上，这个位置正是可调支承的工作位置。

该可调支承的主视图采用了半剖视图，主要表达底座 2、调整螺杆 4、调整螺母 3 等零件的装配关系，并能清楚表达可调支承的调节原理。俯视图采用了全剖，剖切平面是通过锁紧螺钉中心的水平面，该视图主要表达可调支承高度调整后的锁紧原理。

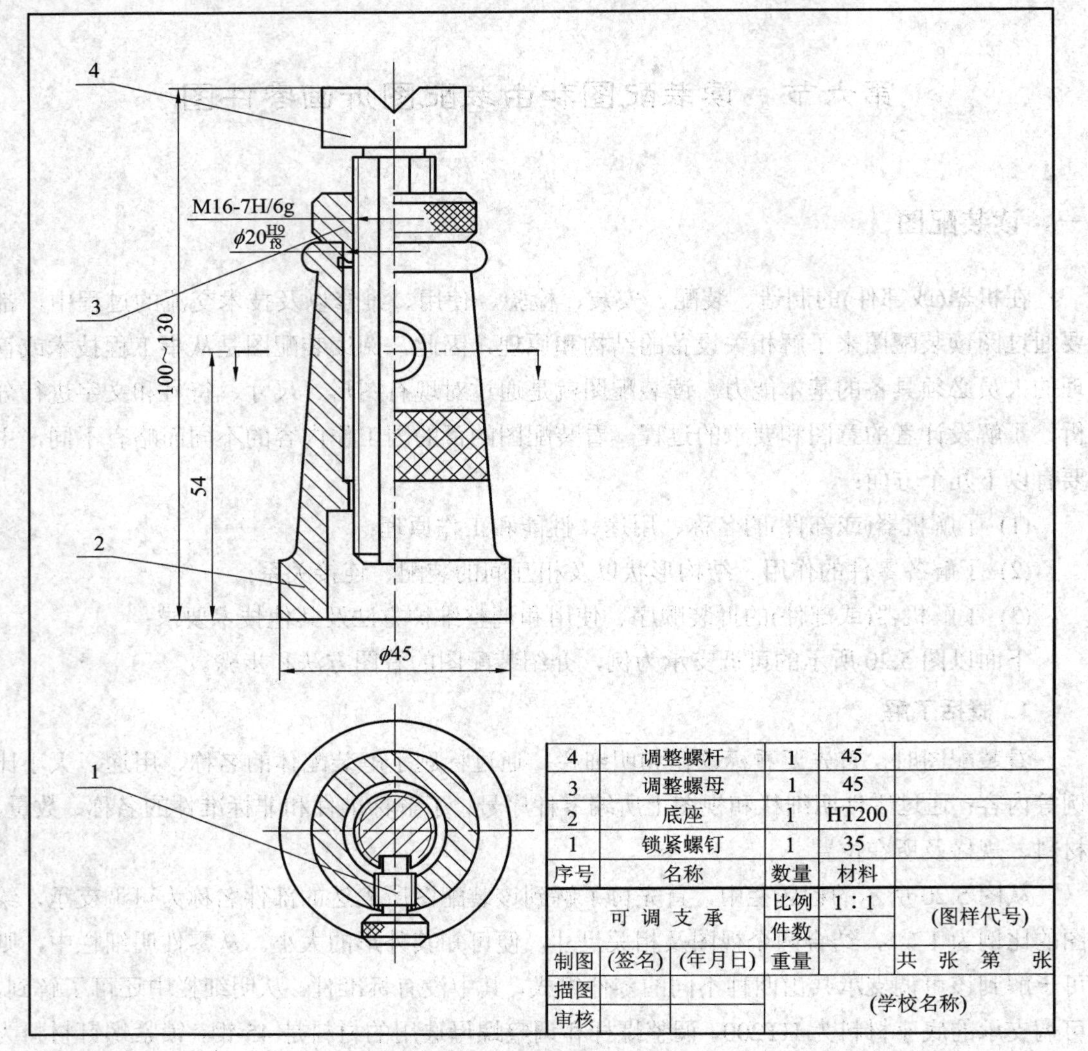

图 5.20　可调支承装配图

3. 分析工作原理

从可调支承的俯视图可以看出，由于锁紧螺钉 1 的一端插入到调整螺杆 4 的轴向沟槽中，使调整螺杆在底座中不能转动，当锁紧螺钉稍稍松开时，只要转动调整螺母 3，便可使调整螺杆向上或向下作轴向移动，以调整支承高度。当调整到合适的支承高度时，拧紧锁紧螺钉，便可固定其支承高度。

4. 分析拆装顺序

机器(或部件)的装配一般是拆卸的逆过程，从装配图上看懂了机器(或部件)的拆卸顺序，对其装配的顺序也就十分清楚了。对于较复杂的机器(或部件)进行拆卸时，通常是先拆下外围的附件再开始拆卸主体部分。对于只有主体部分的部件，则应先分析装配图上共有几条装配干线，并看清楚主次关系，按先主后次的关系逐一分析拆装顺序。图 5.20 所示的可调支承是一个较简单的装配体，但可借此来了解一下通过装配图进行拆装顺序分析的方法。从主视图可清楚看到，该可调支承共有两条装配干线，一条沿着调整螺杆 4 的轴线，为主要的装配干线；另一条则沿着与之垂直的轴线，锁紧螺钉 1 的轴线。拆卸时，只要松开锁紧螺钉 1，便可将调整螺杆 4 和调整螺母 3 从底座 2 中取出。

5. 分析尺寸

看装配图，还应认真分析图中所标注的一些尺寸，其目的主要是：

(1) 了解相关零件之间的装配关系(相互间的位置或配合要求)，以便于在拆画零件图时依照这些关系给出相应的尺寸及尺寸公差，或在装配时检查这些尺寸是否符合装配要求；

(2) 了解机器(或部件)的规格、性能尺寸，以便于在工作中合理使用；

(3) 了解机器(或部件)的安装尺寸，也就是了解机器(或部件)安装到其他机座或底座上时所需要的联系尺寸；

(4) 了解机器(或部件)的外形尺寸，以此了解机器(或部件)在包装、运输、安装过程中所需空间的大小。

对于图 5.20 可调支承，因结构简单，则只有主视图上标注的 ϕ20H9/f8、M16—7H/6g、高度尺寸 100～130 和底座直径尺寸 Φ45 等，它们分别表示调整螺母 3 与底座 2 之间、调整螺杆 4 与调整螺母 3 之间的配合尺寸和总体尺寸。

6. 分析技术要求

在看装配图的过程中，还要留意其中用文字叙述的技术要求，以了解机器(或部件)在装配、检验、包装、运输、安装、调试、使用、维护等过程中是否有所要求。

经过以上分析，便可想象出整体机器(或部件)实物的总体结构及大小形状，并对其组成、结构、装配关系及工作原理等有了全面的了解。图 5.21 就是通过分析后所得到的可调支承实物立体图。

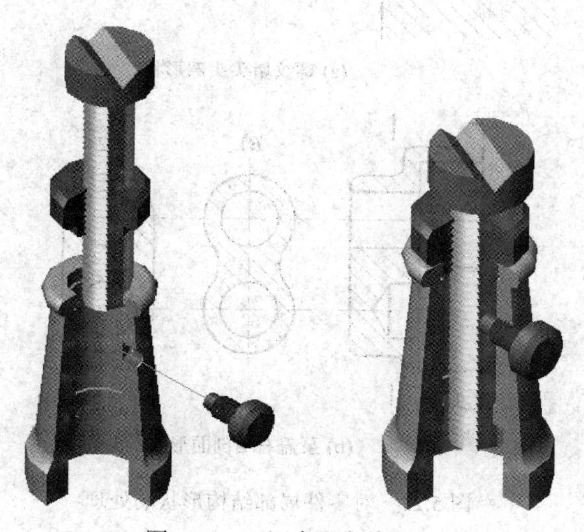

图 5.21 可调支承立体图

二、由装配图拆画零件图

在设计工作中，由装配图拆画零件图是其中的一个重要环节。拆画零件图应在看懂装配图的基础上进行。拆画前，首先应联系该零件与其他零件的装配、连接关系，分析其结构形状，然后选择恰当的表达方案，画出该零件的各视图，再根据装配图的绘图比例和相关尺寸及装配关系，标注零件的尺寸和相关技术要求，并按装配图中的明细栏将该零件的名称、图号、材料、件数等填写在零件图的标题栏中。在此，先介绍在拆画零件图时要处理的几个问题，然后举实例说明拆画零件图的过程。

1. 拆画零件图要处理的几个问题

在拆画零件图的过程中有以下几个问题要加以注意：

1) 对零件结构形状的处理

由于装配图主要表示机器(或部件)的工作原理和零件间的装配关系，对于每个零件的某些局部的形状和结构不一定能完全表达清楚。如图 5.22 所示(a)中，螺纹堵头头部形状在 *A* 向视图中才能表达，装配图中通常不会给出 *A* 向视图，在拆画螺纹堵头零件图时，根据结构工艺性分析，正六边形外轮廓比圆形外轮廓合理。图 5.22 所示(b)中，泵盖右端剖面的形状，在装配图中不可能用专门的视图来表达清楚。在拆画泵盖零件图时可以进行合理的设计，*B*1 为连接圆弧形式，*B*2 为相切面连接形式。

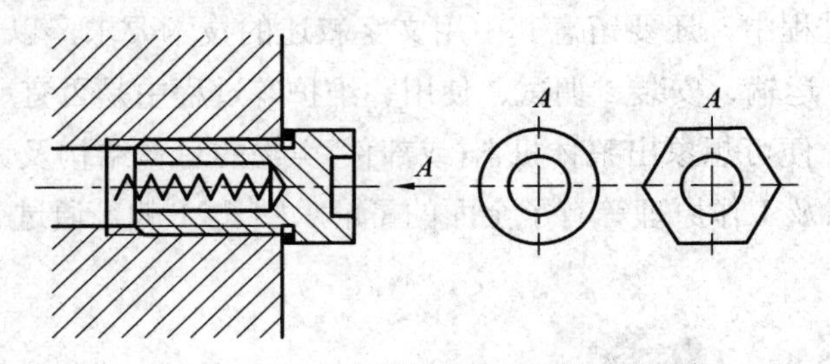

(a) 螺纹堵头头部形状

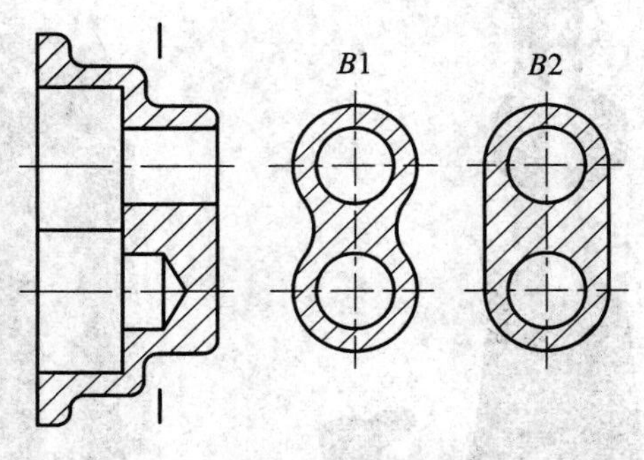

(b) 泵盖右端剖面形状

图 5.22　对零件局部结构形状的处理

当零件上采用铆合或弯曲卷边等变形方法连接时，应画出其连接前的形状，如图 5.23 所示。

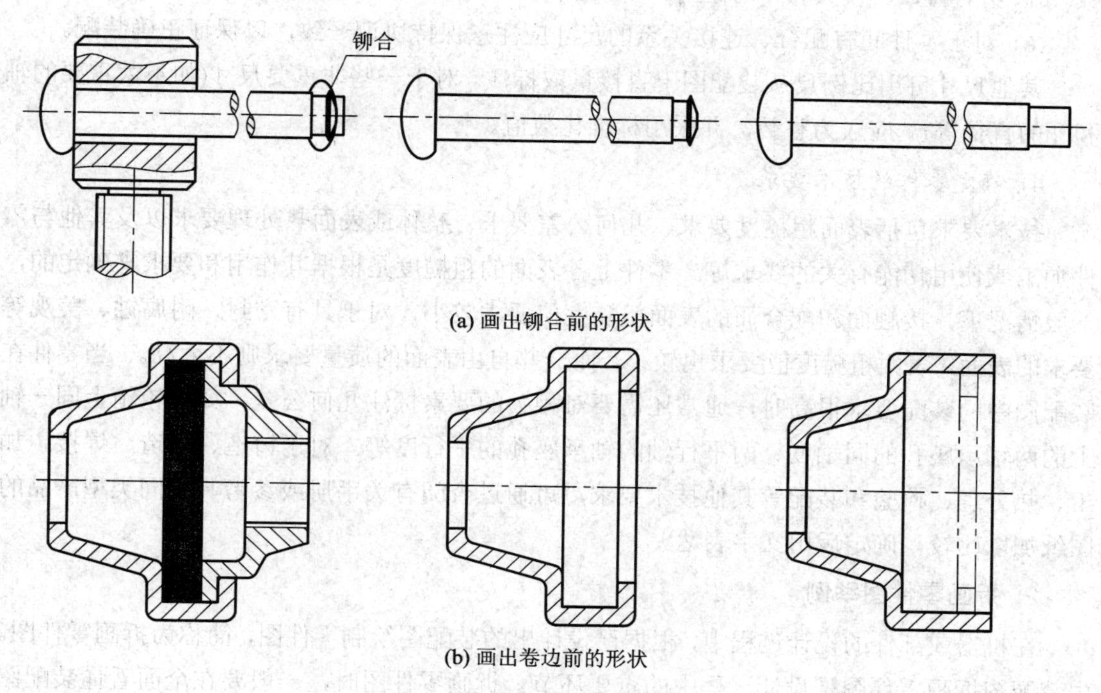

(a) 画出铆合前的形状

(b) 画出卷边前的形状

图 5.23 对零件结构形状的处理

2) 对零件表达方案的处理

装配图主要是表达各零件之间的装配关系，零件在其视图中的位置主要是从整体出发，不一定符合零件图上的视图选择要求，因此，在拆画零件图时，应根据零件的结构形状、工作位置或加工位置统一选择最佳的表达方案。不能机械地照搬该零件在装配图中的视图位置。如轴套类零件在装配图中位置是多种多样的，而画零件图时必须按加工位置水平放置。

3) 对零件图上尺寸的处理

由装配图拆画零件图时，尺寸的注法仍应符合第四章所介绍的方法和要求，但尺寸的大小应根据不同情况分别进行适当处理：

(1) 凡在装配图中已注出的尺寸，都是比较重要的尺寸，在有关的零件图上应直接注出。对于装配图上有配合要求的尺寸，拆画零件图时要分别注出对应的上、下偏差。

(2) 与标准件相连接或配合的有关尺寸，应从相应的标准中查取，如螺孔的公称直径尺寸、销孔的直径尺寸及偏差等。

(3) 对零件上的标准结构，其尺寸应依据有关手册来确定，如倒角、沉孔、螺纹退刀槽、砂轮越程槽、键槽等。

(4) 某些零件，如弹簧尺寸、垫片厚度等，应按明细栏中所给定的尺寸数据来标注。

(5) 对于齿轮的分度圆、齿顶圆直径等这一类尺寸，应根据装配图中所给出的相关参数(如齿轮的齿数、模数和中心距等)，经过计算后再标注。

(6) 对于零件间有配合、连接关系的尺寸应注意保持协调一致，以保证正确装配。

其他尺寸可用比例尺从装配图上直接量取标注。对于一些非重要尺寸(如不太重要的轴和孔的直径等)，应取为整数，并采用标准化数值。

4) 确定零件的技术要求

技术要求包括表面粗糙度要求、几何公差要求、整体或表面热处理要求以及其他与零件加工或使用功能有关的要求等。零件上各表面的粗糙度是根据其作用和要求来确定的，一般情况下，接触面和配合面的表面粗糙度值要求较小，对于具有密封、耐腐蚀、美观等要求的表面，表面粗糙度值要求也较小，而一些自由表面的质量要求则不太高。当零件在装配图中的装配要求很高时，通常还需要对相关的要素标注几何公差，如齿轮箱上同一轴上的两轴承座孔的同轴度、两平行轴的轴承座孔的平行度等。对于铸造、锻造、焊接、加工、热处理、检验和装配等其他技术要求，可通过查阅有关手册或参考其他同类型产品的图纸加以比较，确定后用文字表达。

2. 拆画零件图举例

在机器或部件的设计过程中，根据已设计出的装配图绘制零件图，简称为拆画零件图。由装配图拆画零件图是设计过程中的重要环节。拆画零件图时，一般要在全面看懂装配图的基础上，联系该零件与其他零件的装配、连接关系，分析其结构形状，按零件图的内容和要求，选择恰当的表达方案画出零件图。现以图 5.24 所示泄气阀装配图为例，介绍拆画零件图的一般过程。

1) 确定零件结构形状

要从装配图中拆画某个零件，先要按零件的编号找出该零件，并从其他零件中分离出来。还要根据该零件在各视图中的剖面线方向和几个视图间的投影关系，从装配图中找到属于它的每一个部分，确定其总体结构形状，并徒手绘制出该零件的立体图。图 5.25 即由图 5.24 所示装配图想象出的泄气阀及阀座全剖后的立体结构。

2) 绘制零件图视图

在初步想象出零件的立体形状后，还应该根据它的结构特征和加工工艺确定零件图的表达方案，画出各视图。绘图步骤如下：

(1) 确定零件图的视图表达方案。由于装配图主要是表达零件的装配关系，它的视图选择主要是从整体出发，不一定符合每一个零件视图选择的要求，因此零件图的表达方案应根据具体情况重新选择，不能机械地照搬装配图中该零件的视图。比如轴套类零件在装配图中位置是多种多样的，而画零件工作图时必须按加工位置水平放置。对于阀座类的零件一般按工作位置放置。

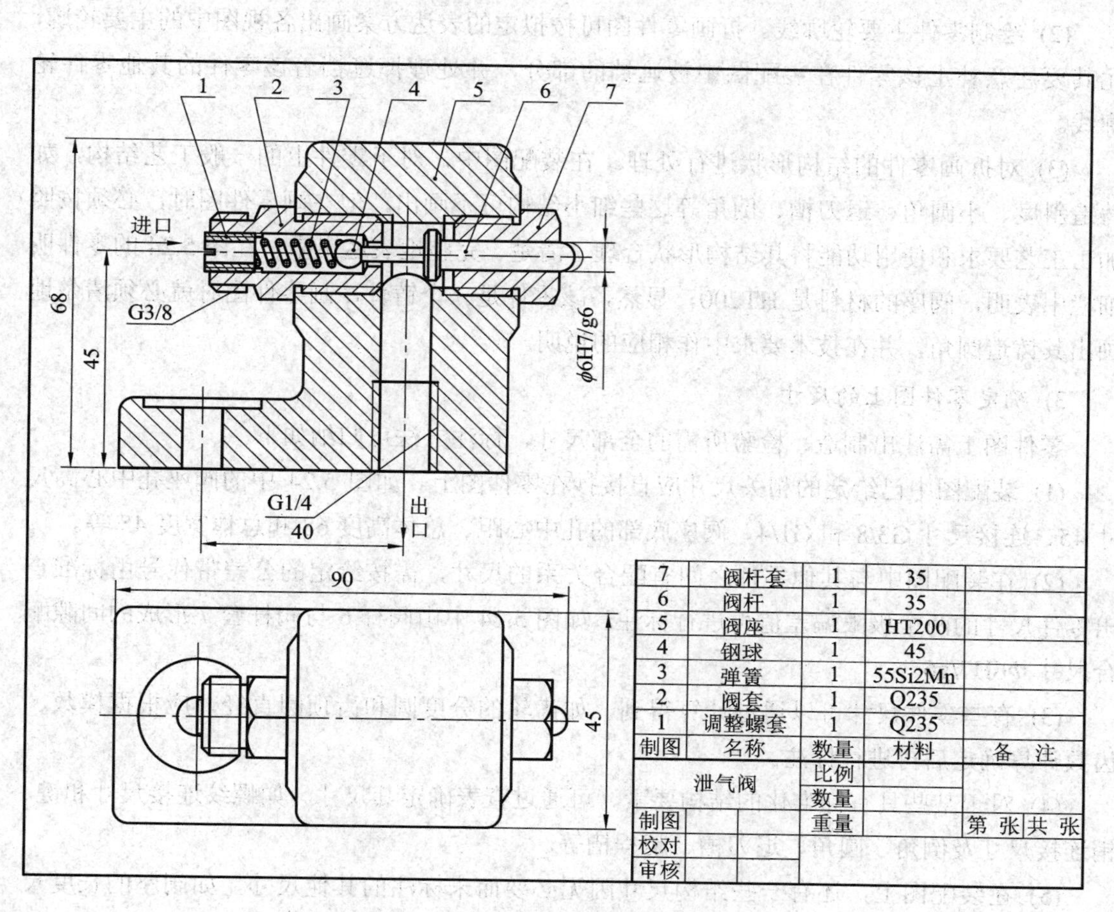

图 5.24　泄气阀装配图

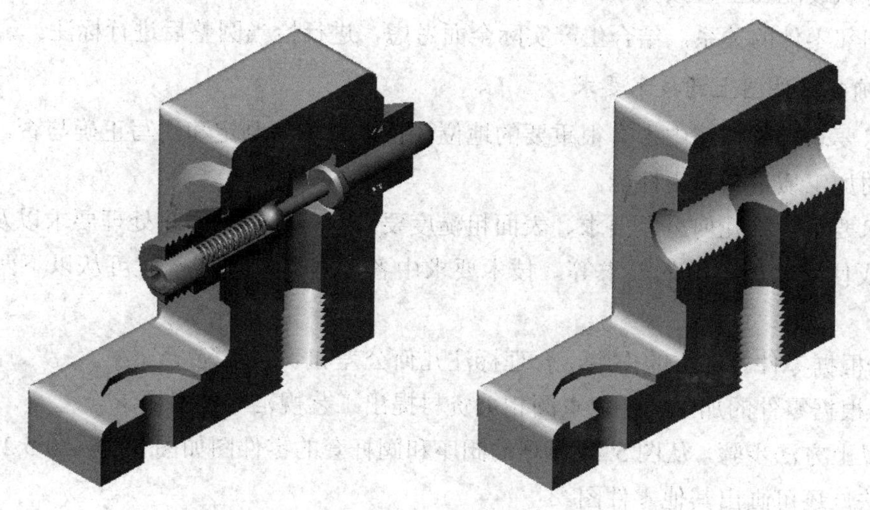

图 5.25　泄气阀及阀座全剖立体图

(2) 绘制零件主要轮廓线。拆画零件图可按拟定的表达方案画出各视图中的主要轮廓，尤其要注意补上该零件在装配图中被遮挡的部分，并处理掉遮挡着该零件的其他零件轮廓线。

(3) 对拆画零件的结构形状进行处理。在装配图中，对于零件上的一般工艺结构，如铸造斜度、小圆角、退刀槽、倒角等这些细小结构可不画出，但在画零件图时，必须按照加工工艺要求和使用功能将其结构形状合理、清楚、完整地表达出来。在图5.24的零件明细栏中表明，阀座的材料是HT200，显然，该零件是一个铸件，画零件图时就必须清楚地画出其铸造圆角，并在技术要求中作相应的说明。

3) 确定零件图上的尺寸

零件图上需注出制造、检验所需的全部尺寸，标注方法可归纳如下：

(1) 装配图中已给定的相关尺寸应直接抄在零件图上。如图5.24中的阀座孔中心高尺寸45、连接尺寸G3/8和G1/4、阀座底部的孔中心距、总体高度68和总体宽度45等。

(2) 在装配图中与其他零件之间有配合关系的尺寸，需按给定的公差带代号由标准查出零件尺寸的两个极限偏差值再进行标注。如图5.24中由阀杆6与阀杆套7形成的间隙配合尺寸Φ6H7/g6。

(3) 有些零件尺寸可以通过计算得到，如齿轮的分度圆和齿顶圆直径，应根据模数、齿数计算确定后再进行标注。

(4) 对于某些具有标准化的结构要素，可通过查表确定其尺寸。如螺纹连接尺寸和键、销连接尺寸及倒角、圆角、退刀槽、越程槽等。

(5) 在装配图上，还有一些结构尺寸因无必要而未标注的其他尺寸，如阀座的长度尺寸和各部分的厚度尺寸、阀座分别与阀套和阀杆套通过螺纹连接的两个螺孔的尺寸等，这类尺寸可从装配图上直接量取，然后按绘图比例换算成原值比例尺寸，并根据零件的作用及其与相邻零件的关系，结合生产实际全面考虑，进行恰当圆整后进行标注。

4) 确定零件图上的技术要求

技术要求在零件图中占有很重要的地位。技术要求的制定和注写正确与否，将直接影响零件的加工质量和使用性能。

技术要求包括几何公差要求、表面粗糙度要求、整体或表面热处理要求以及其他与零件加工或使用功能有关的要求等。技术要求中各项内容的选择一般可从以下两个方面来考虑：

(1) 根据零件各部位的作用，合理标注几何公差和表面粗糙度。

(2) 根据零件的加工工艺，查阅相关资料提出工艺规范等技术要求。

按以上方法步骤，从图5.24拆画的阀座和阀杆套的零件图如图5.26、图5.27所示。用同样方法，还可画出其他零件图。

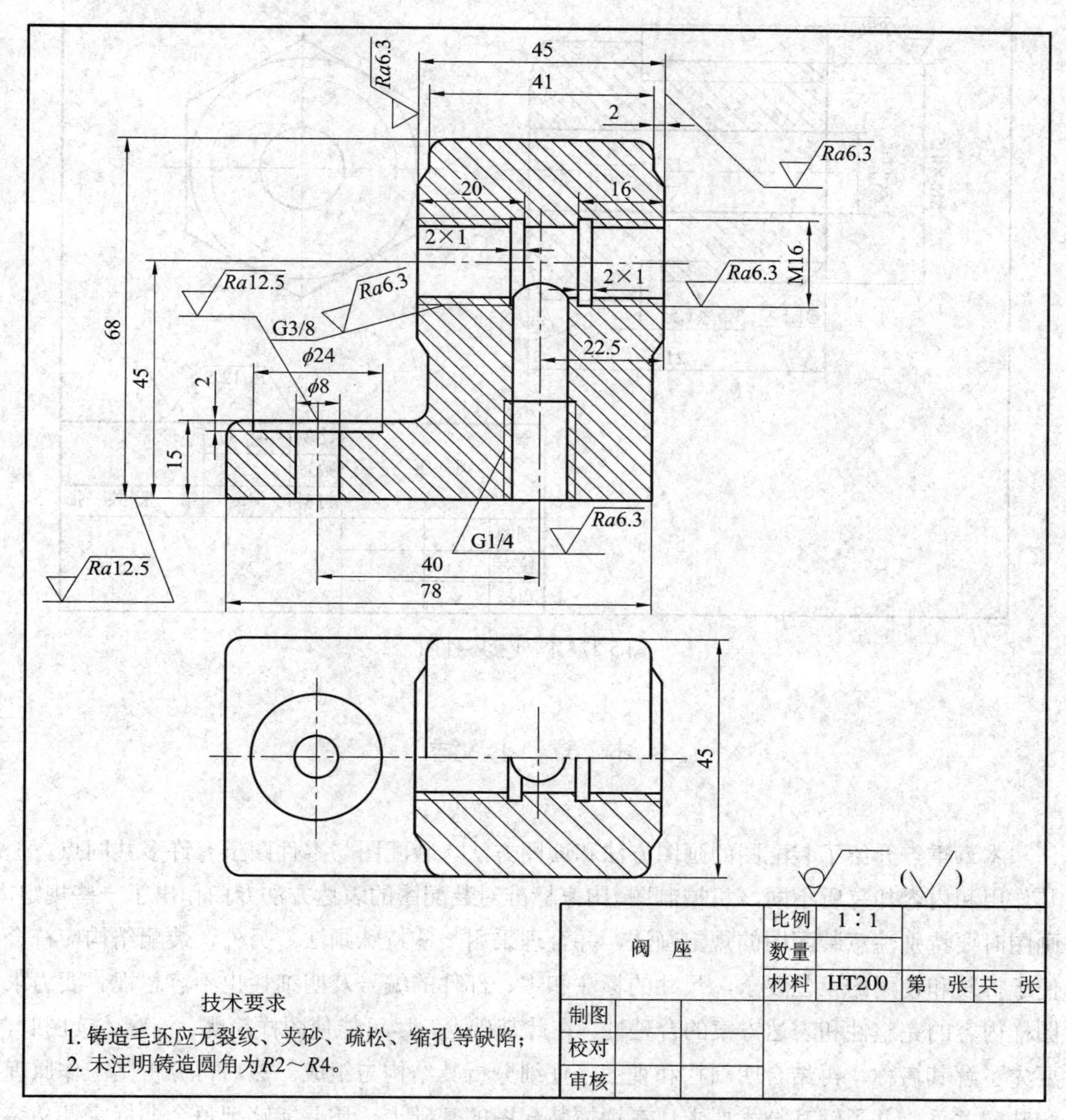

图 5.26 阀座零件图

为了使所画图样尽量满足生产要求，保证产品质量，经过以上步骤后，还要将拆画的零件图与装配图进行认真核对和仔细检查，使零件图上的技术要求与装配图上的装配要求相符，并对零件图进行结构工艺性审查，作出适当的修改和完善。

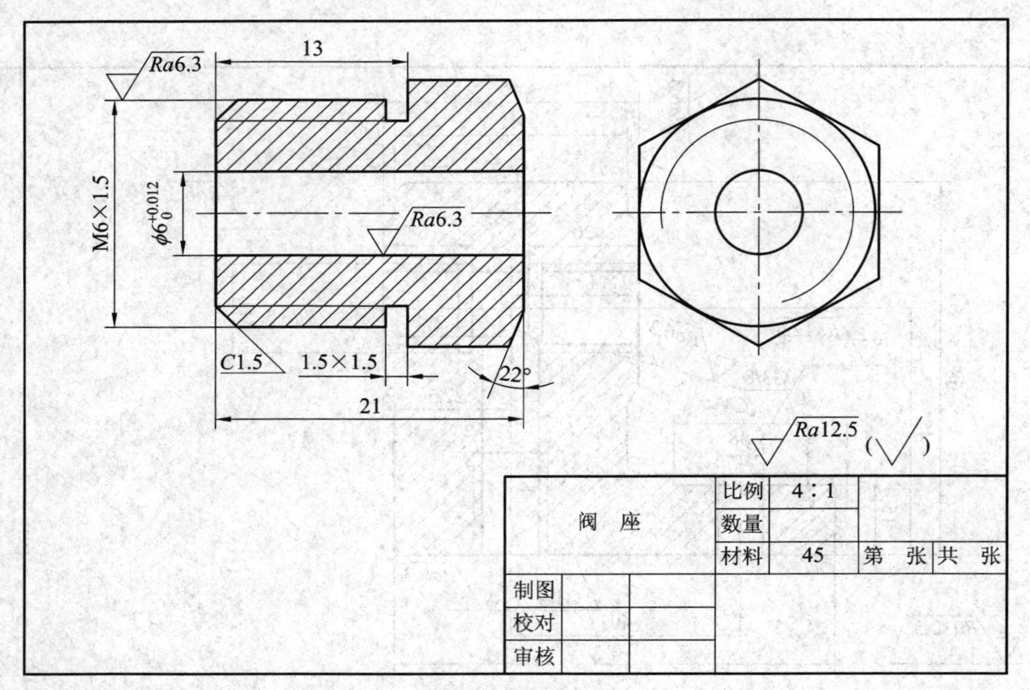

图 5.27 阀杆套零件图

本 章 小 结

本章重点介绍了装配图的画图方法和读图方法。装配图与零件图虽有许多共同点，但其作用和内容却有所不同。《机械制图》国家标准对装配图的表达方法专门作出了一些规定，画图时要特别注意装配图的规定画法，并合理采用一些特殊画法。另外，装配结构应符合便于拆装和使用的工艺要求，尺寸的标注和零、部件的编号及明细栏也不容忽视。要力求图样内容的完整性和表达方案的合理性，在此基础上，尽可能使图样简明、清晰。读图时，要先了解其名称，再结合明细栏和视图，仔细分析其结构与组成，然后再分析其工作原理和装配关系，并了解其技术要求。在读懂装配图的基础上，还要能够把每个非标零件从装配图中拆分开，并按装配图上所表明的结构和装配关系画出零件图。

第六章　其他工程图简介

第一节　钣 金 件 图

钣金件通常用作零部件的外壳，或用于支撑其他零部件。钣金是针对金属薄板(通常在6 mm以下)的一种综合冷加工工艺，包括剪切、冲压、折弯、焊接、铆接、拼接、成型(如汽车车身)等，其显著的特征就是同一零件厚度一致。钣金件具有重量轻、强度高、导电(能够用于电磁屏蔽)、成本低、大规模量产性能好等特点，在电子电器、通信、汽车工业、医疗器械等领域得到了广泛应用。例如在电脑机箱、手机、MP3中，钣金件是必不可少的组成部分。

随着钣金件的应用越来越广泛，钣金件的设计成了产品开发过程中很重要的一环，机械工程师必须熟练掌握钣金件的设计技巧，使得设计的钣金件既满足产品的功能和外观等要求，又能使冲压模具制造简单、成本低。

一、钣金件的规定画法

折弯是钣金件的重要工艺，材料弯曲时其圆角区上，外层受到拉伸，内层受到压缩。当材料厚度一定时，内半径越小，材料的拉伸和压缩就越严重。当外层圆角的拉伸应力超过材料的极限强度时，就会产生裂纹和折断。因此，钣金件在技术要求中要注明折弯半径。

折弯系数就是板材在折弯以后被拉伸的长度。材料不同，板厚不同，采用的折弯模具不同，折弯系数也不同。折弯展开系数是有经验的模具设计师，根据设计经验反复验证而总结出来的数据化的资料，后来的模具设计师可以直接套入计算公式，就可以得到折弯结构的展开平板尺寸了。

钣金件在Solidworks 2018三维建模过程中，分为基体法兰、边线法兰、薄片、褶边等模块。

二、钣金建模过程

盖板钣金件的零件图如图6.1所示。图中用主、俯、左三个基本视图，一个局部放大图和一个展开图表达该钣金件。在展开图中，用点划线表示折弯线。其板厚为0.5 mm，折弯半径为0.5 mm。根据图纸，按以下步骤实现三维建模。

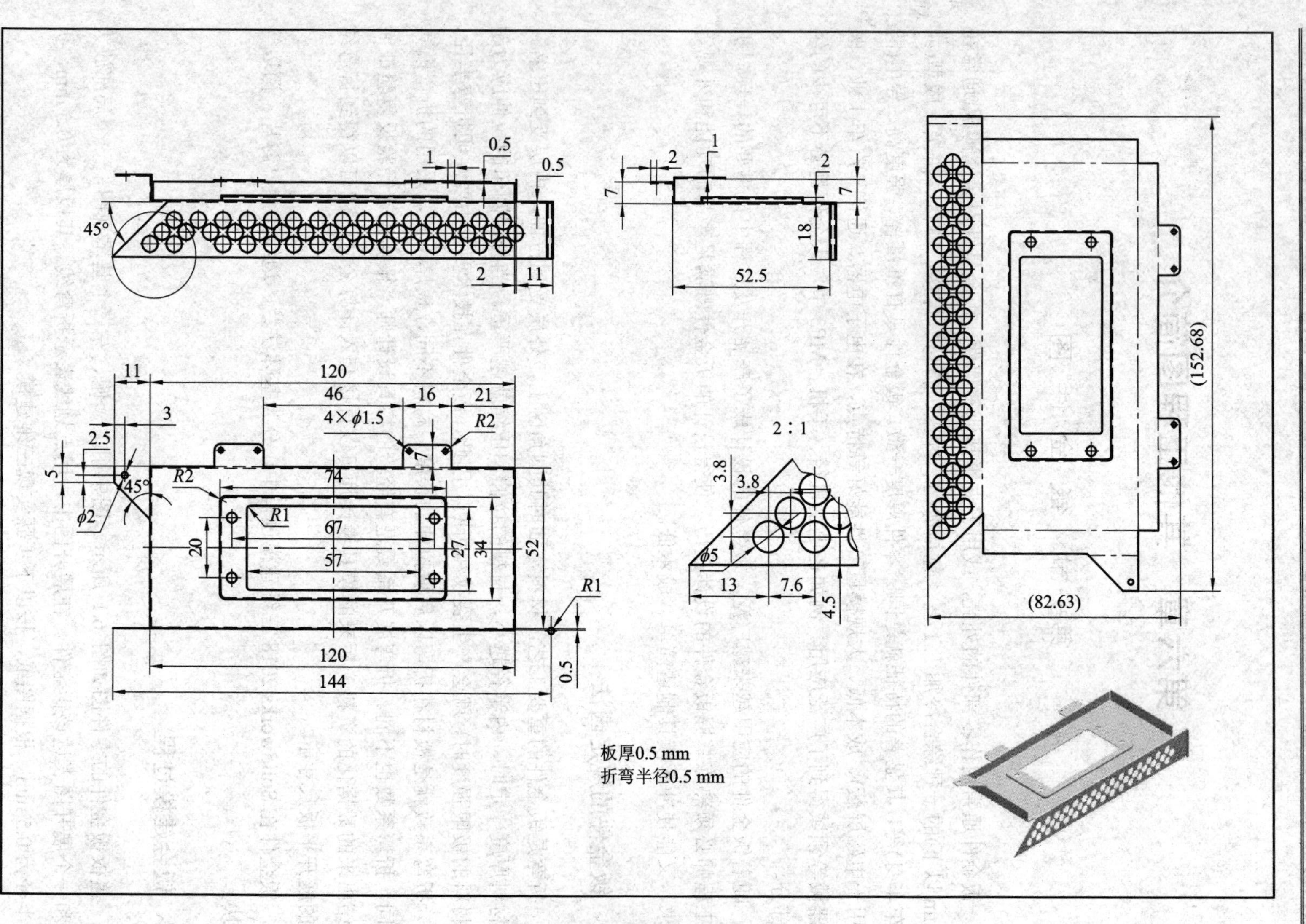

图 6.1　盖板钣金件的零件图

1．基体法兰

基体法兰是新钣金零件的第一个特征。基体法兰特征被添加到 SOLIDWORKS 零件后，系统就会将该零件标记为钣金零件。折弯添加到适当位置，并且特定的钣金特征被添加到 FeatureManager 设计树中。

在前视图中，应用中点线绘制一条长为 L 的直线。其中 L 等于图中长度 120 减去两个板厚和两个折弯半径。退出草图，在基体法兰中以两侧对称宽度 B 建模。基中 B 等于图中宽度 52 减去两个折弯半径和一个壁厚。设置钣金厚度 $T1 = 0.5$，折弯半径为 0.5。

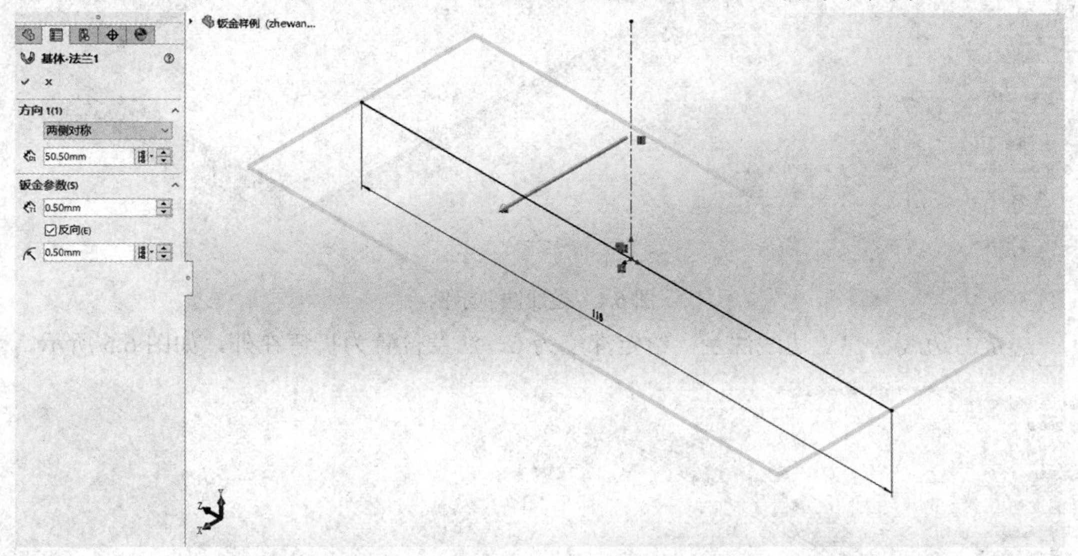

图 6.2　基体法兰示例

2．边线法兰

选定前后边线，建立边线法兰。其中法兰给定深度为 7，包含板厚尺寸。法兰位置一般有材料在内、材料在外、折弯在外三种情况，如图 6.3 所示，需要和基体法兰长度算法配合选择。本例中选择折弯在外形式，如图 6.4 所示。

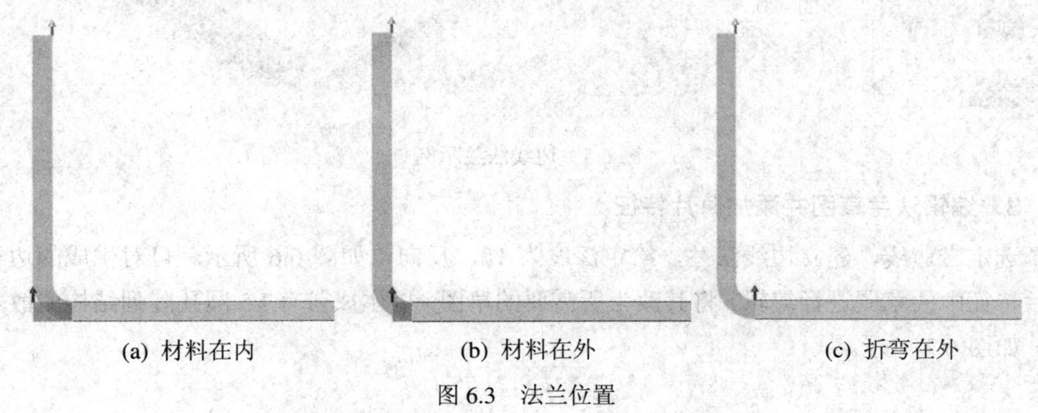

(a) 材料在内　　(b) 材料在外　　(c) 折弯在外

图 6.3　法兰位置

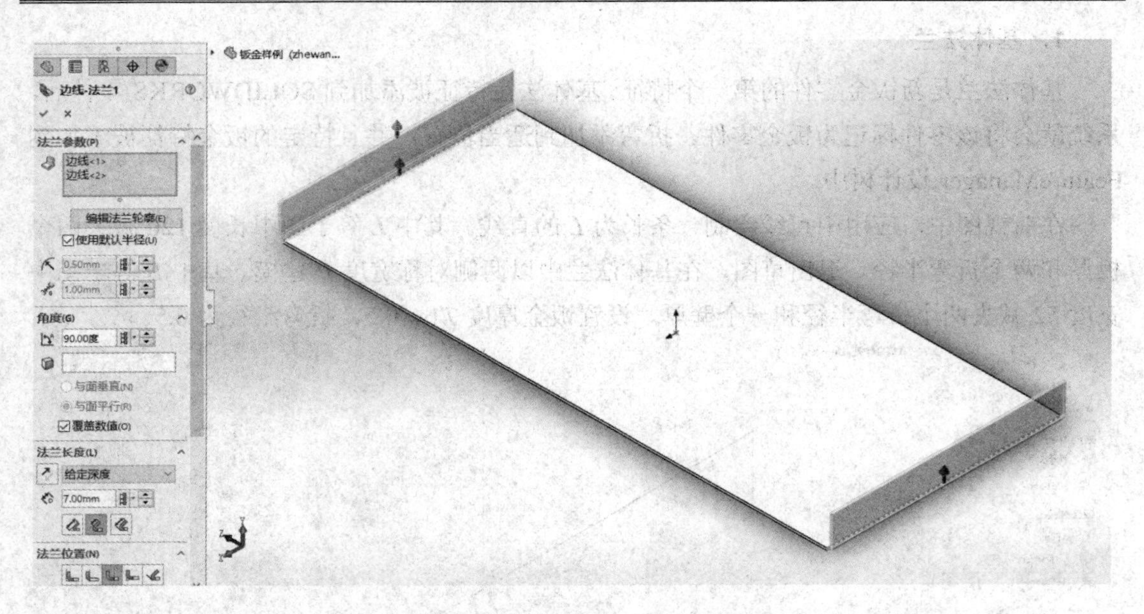

图 6.4　边线法兰示例

选定右边线，建立边线法兰，给定深度为 6，法兰位置为折弯在外，如图 6.5 所示。

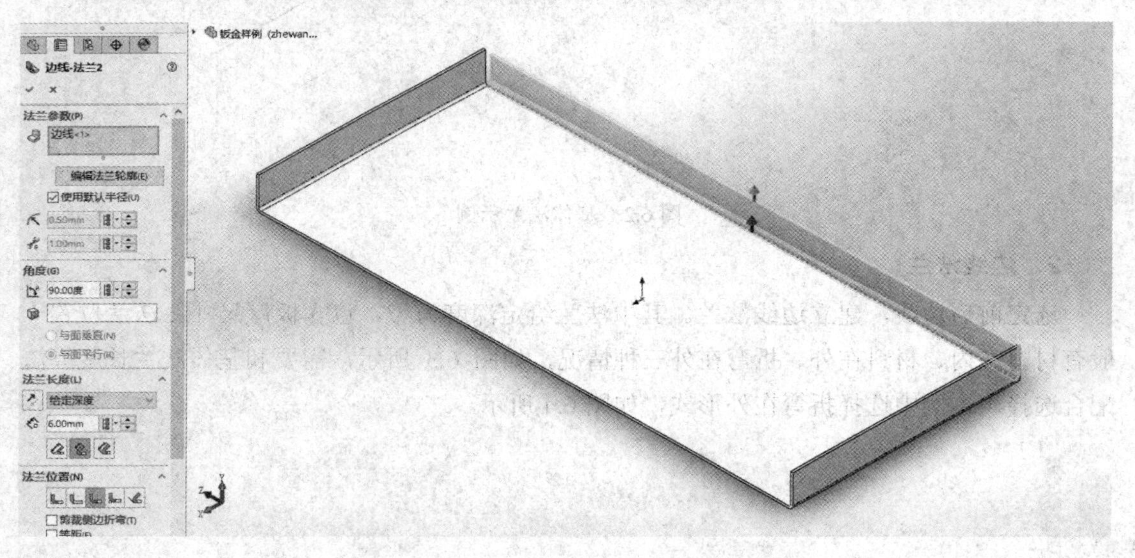

图 6.5　边线法兰示例

3．编辑法兰草图并添加薄片特征

选定右边线，建立边线法兰，给定深度为 18，反向，如图 6.6 所示。可对生成的边线法兰特征中的草图进行编辑，将其改为所需要的草图，以生成带有 F5 圆孔阵列结构的散热板，如图 6.7 所示。

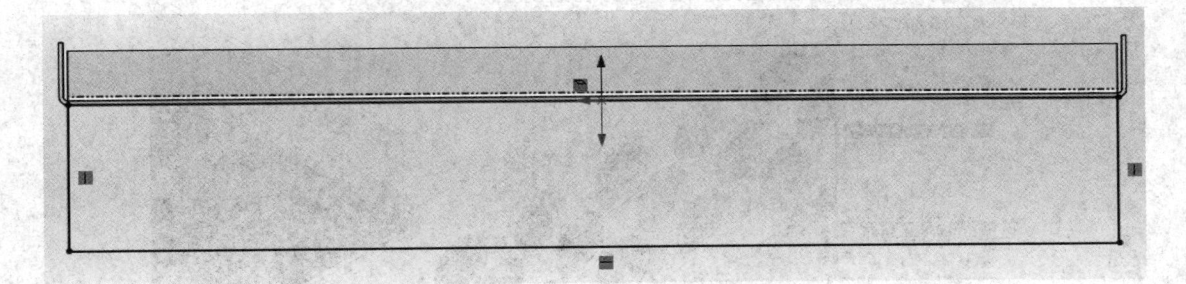

图 6.6　边线法兰草图编辑前

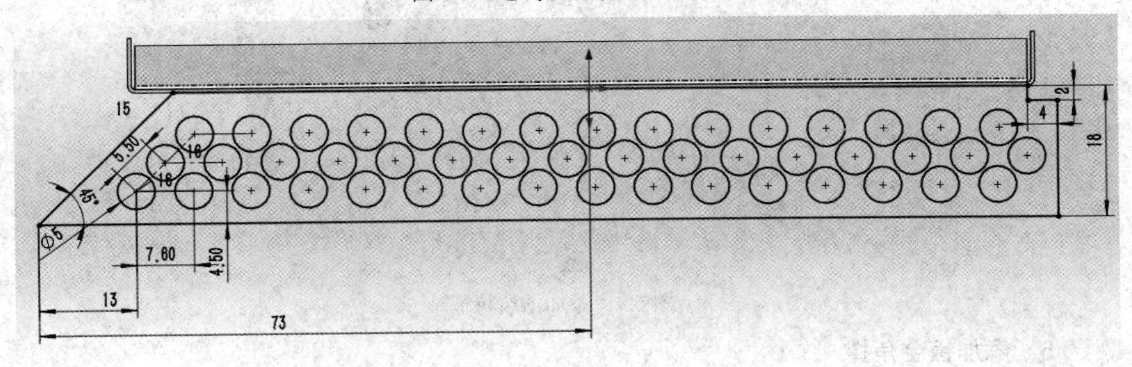

图 6.7　散热板草图

边线法兰中所选边线不能超出基体法兰长度方向的尺寸，因此散热板右端延伸部分以薄片特征建立，如图 6.8 所示。

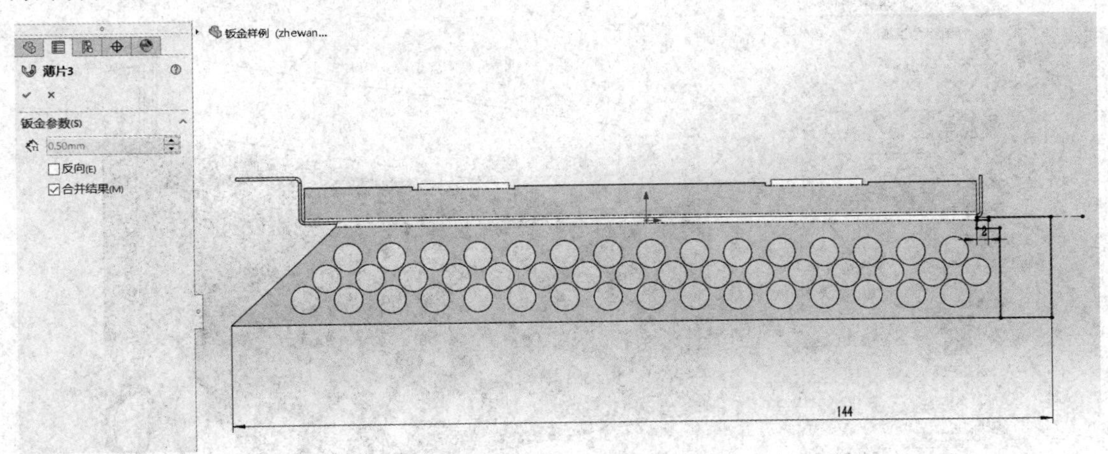

图 6.8　薄片特征

4．添加褶边

选定所需添加褶边的边线，添加褶边特征，如图 6.9 所示。

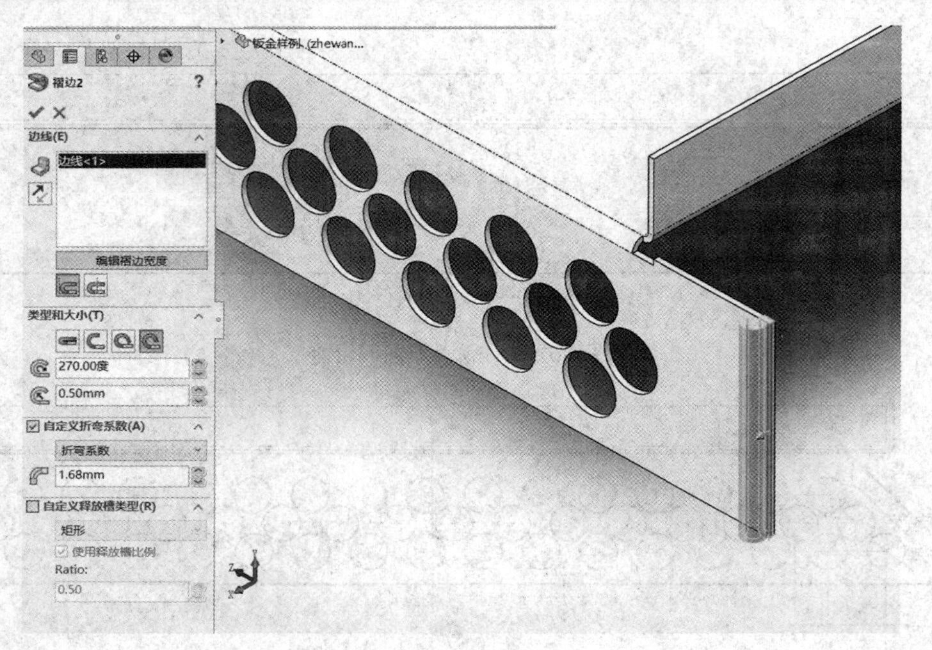

图 6.9　添加褶边特征

5. 添加钣金角撑

选定位置、轮廓尺寸，注意缩进的厚度应小于缩进宽度的二分之一，如图 6.10 所示。并阵列重复的特征。

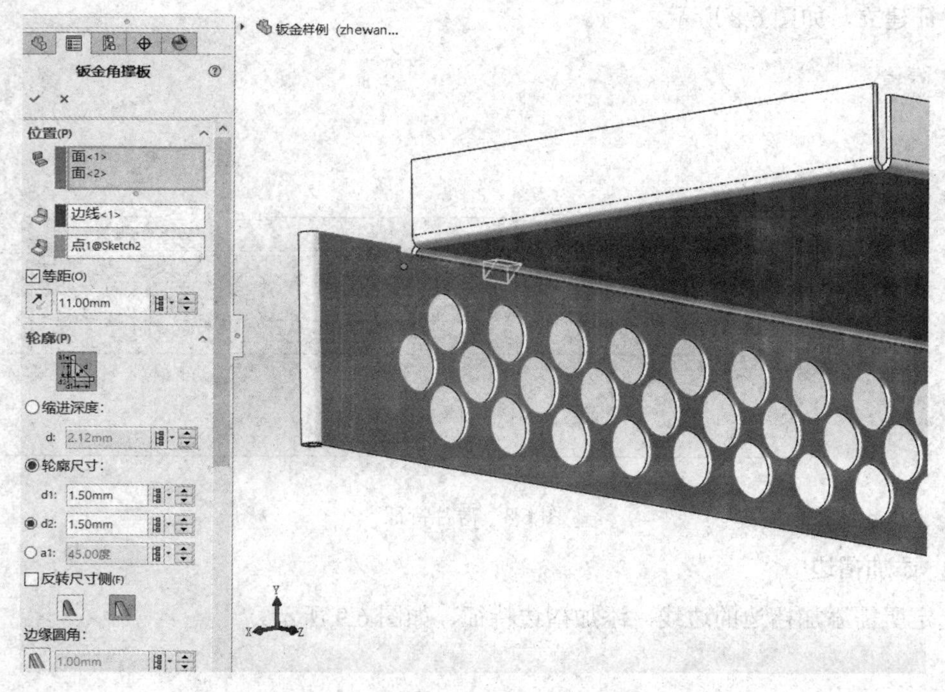

图 6.10　添加角撑

6. 成形工具建模

首先用常规建模方法设计出一个冲压所用的成形工具，如图 6.11 所示。利用该工具对钣金零件进行冲压成形。设计完成后，点击钣金工具里的成形工具，选定停止的面、要移除的面以及插入点，如图 6.12 所示。

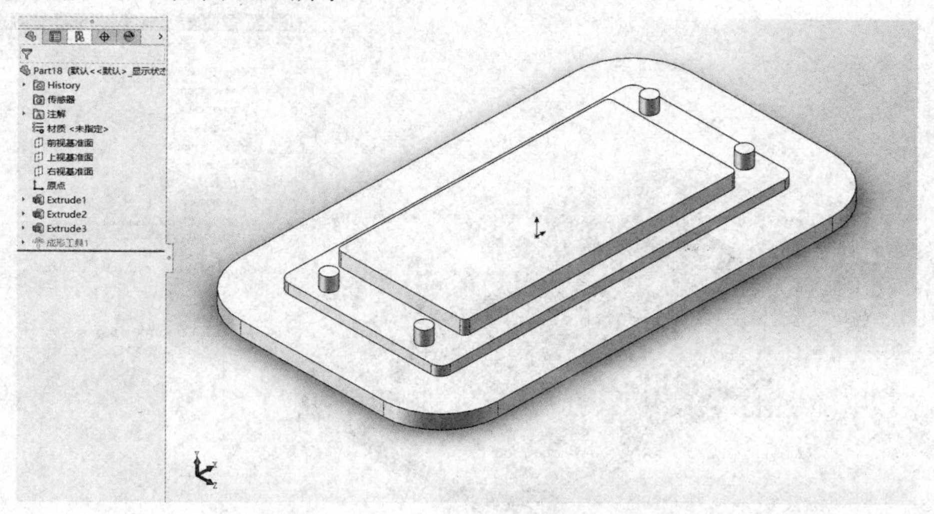

图 6.11　成形工具建模设计

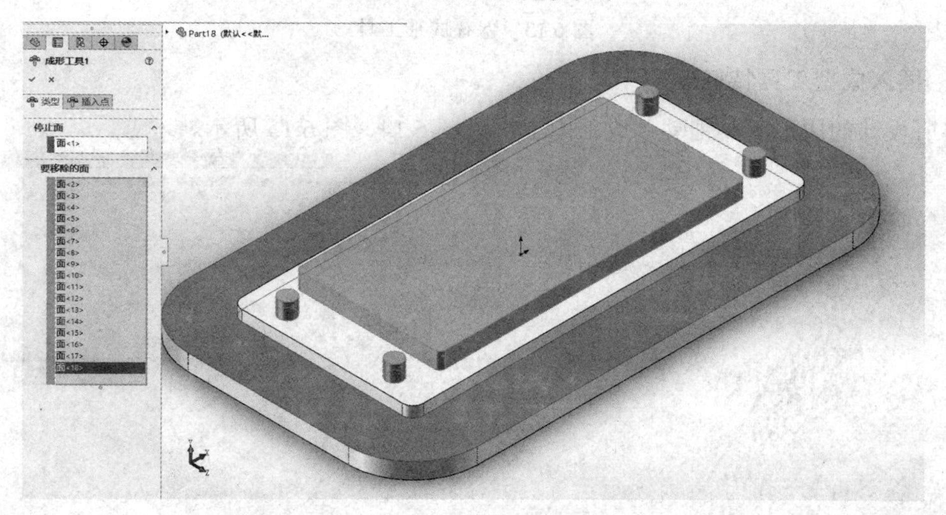

图 6.12　成形工具编辑

停止面是指在成形工具应用于目标零件时，设定确定成形工具停止到的面，该面定义工具被推入到零件的深度；要移除的面是指设定要从目标零件中移除的面。当将成形工具放置在目标零件上时，为要移除的面所选定的面从零件中删除。如果不想移除任何面，就不要在“要移除的面”中选取任何面。插入点是指可为成形工具设定插入点。插入点可帮助确定成形工具在目标零件上的精确位置，可使用尺寸和几何关系工具定义插入点。

成形工具设计完成后，右键单击设计库 forming tools 文件夹并选择成形工具文件夹。

如果成形工具文件夹已选定，省略该步骤。当询问是否将所有子文件夹标记为成形工具文件夹时，单击“是”。(该步骤适用于零件文件(*.sldprt)而非成形工具(*.sldftp)文件。

在 forming tools 文件夹新建一个文件夹如图 6.13 所示。将成形工具保存至此文件夹；在使用时，仅需将保存好的成形工具拖动至需要成形的面。

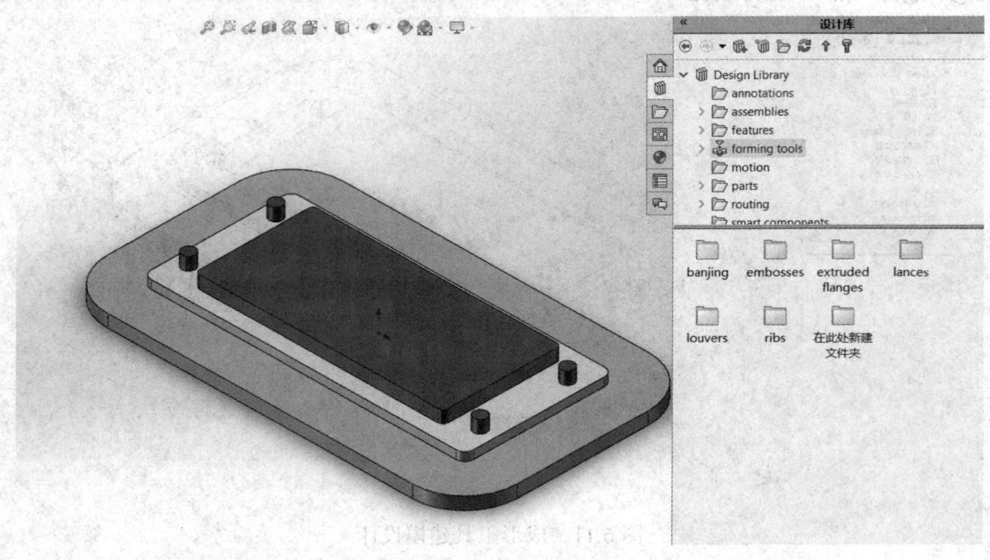

图 6.13　保存成形工具

7. 插入成型工具特征

将所设计的成形工具拖动到成形面上，如图 6.14、图 6.15 所示。

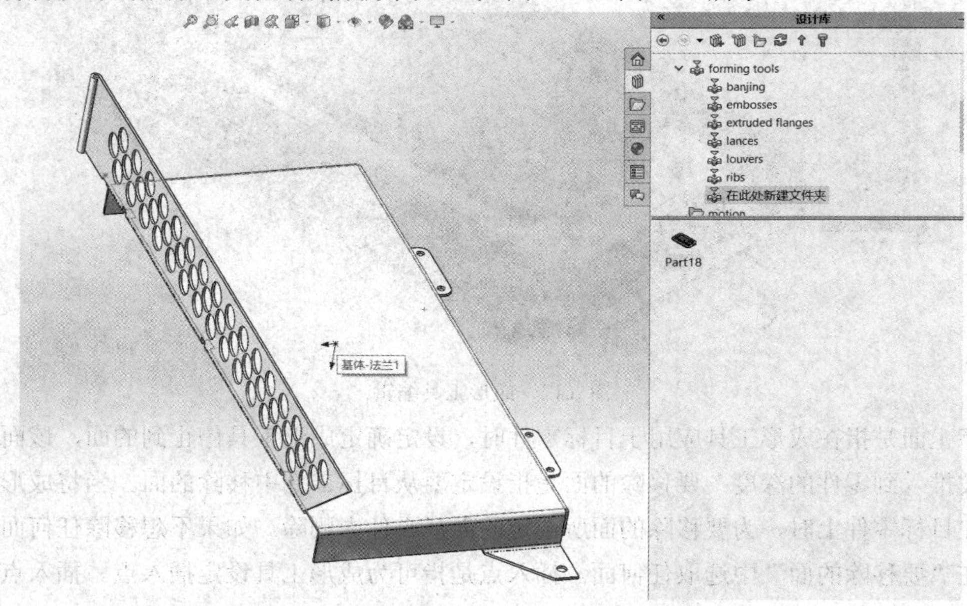

图 6.14　插入成形工具

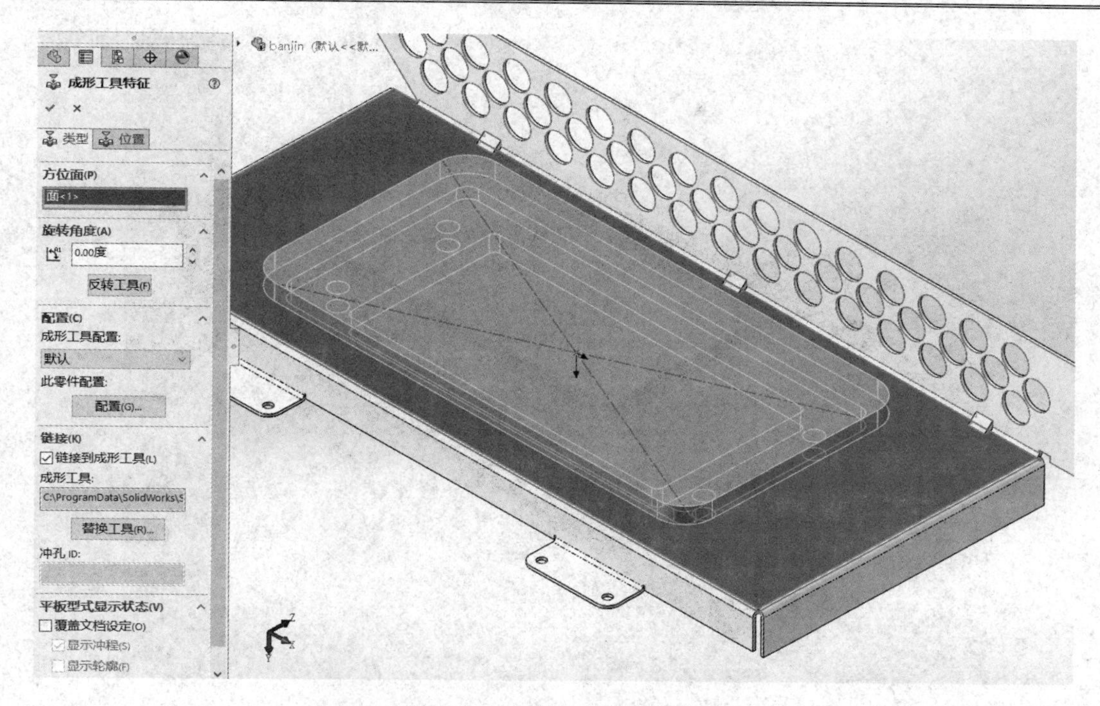

图 6.15 成形工具冲压成形

8．展开图

使用展开和折叠工具在钣金件中可以展开和折叠一个、多个或所有折弯，如图 6.16 所示(展开前请将角撑特征压缩)。

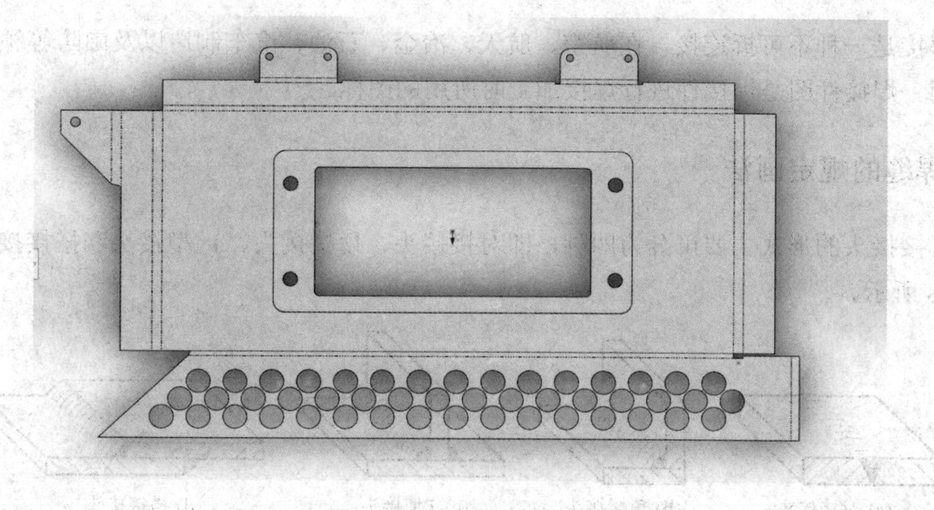

图 6.16 钣金盖板展开图

9．效果图

成形后的盖板钣金件如图 6.17 所示。

图 6.17　盖板钣金件渲染图

第二节　焊接件图

焊接是一种不可拆连接，在航空、航天、冶金、石油、汽车制造以及国防等领域被广泛应用。焊接件图是焊接件进行焊接加工时所用的图样。

一、焊缝的规定画法

焊接接头的形式主要可分为四种，即对接接头、角接接头、T 型接头和搭接接头，如图 6.18 所示。

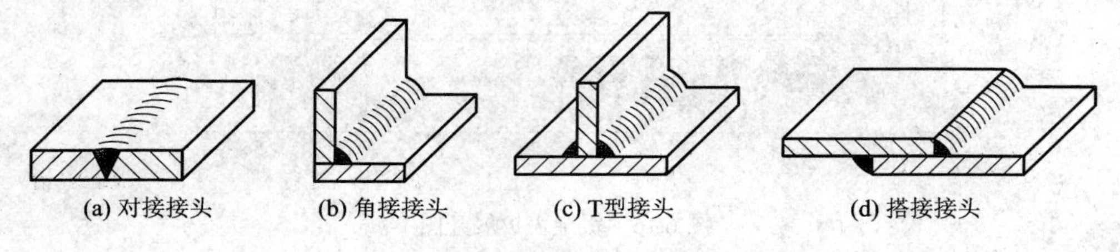

图 6.18　焊接接头形式

工件经焊接后形成的接缝称为焊缝。焊缝画法规定，可见焊缝用细实线画一组圆弧来表示，不可见焊缝用粗实线表示。当绘图比例较大时，在垂直于焊缝的断面或剖视图中，按照规定的图形符号画出焊缝的断面并涂黑，如图 6.19 所示。

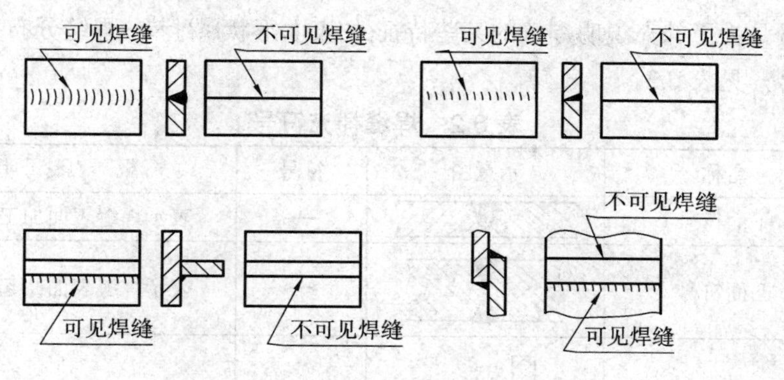

图 6.19 常见焊缝的画法

二、焊缝符号及标注

在图样上，焊缝的形式及尺寸可用焊缝符号来表示。完整的焊缝符号由基本符号、引出线、补充符号、尺寸符号及数据等组成。为了简化，在图样上标注焊缝时通常只采用基本符号和指引线，其他内容一般在有关的文件中(如焊接工艺规程等)规定。

1．基本符号

基本符号是表示焊缝横截面的基本形状和特征的符号，采用粗实线绘制。常用的焊缝基本符号见表 6.1。

表 6.1 常用焊缝基本符号

序号	焊缝名称	示意图	符号
1	I 形焊缝		‖
2	V 形焊缝		V
3	单边 V 形焊缝		V
4	U 形焊逢		Y
5	角焊缝		◺
6	点焊缝		○

2. 补充符号

补充符号是为了补充说明焊缝的某些特征(如表面形状、衬垫、焊缝分布、施焊地点等)而采用的符号，见表6.2。

表6.2 焊缝补充符号

序号	名称	示意图	符号	说明
1	平面符号		—	表示焊缝表面加工后平整
2	凸面符号		︵	表示焊缝表面凸起
3	凹面符号		︶	表示焊缝表面凹陷
4	永久衬垫符号		M	衬垫永久保留
	临时衬垫符号		MR	衬垫在焊接完成后拆除
5	三面焊缝符号		⊏	要求三面焊缝符号的开口方向与三面焊缝的实际方向画的基本一致
6	周围焊缝符号		○	表示环绕工件周围施焊的焊缝
7	现场焊缝符号		▶	表示在现场或在工地上进行焊接
8	尾部符号		<	标注焊接方法等其他说明用

3. 指引线

指引线采用细实线绘制，指引线一般由带箭头的引线和两条基准线(一条为细实线，一条为细虚线)组成，其画法如图6.20所示。指引线应指向焊缝处，基准线一般应与标题栏长边平行，基准线的细虚线可以画在基准线的细实线的上侧或下侧，焊缝符号标注在基准线上，其位置如表6.3所示。

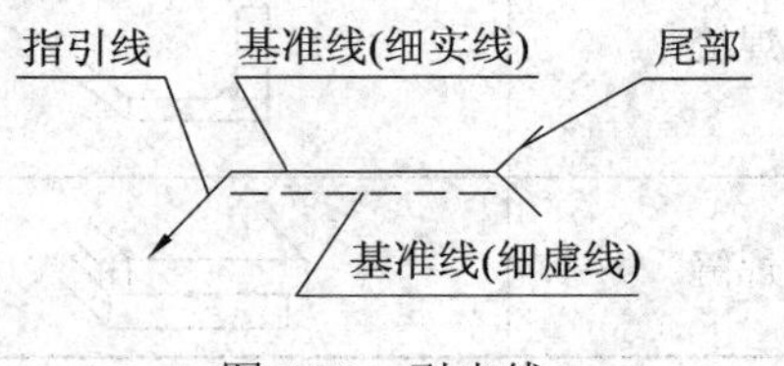

图6.20 引出线

表 6.3　焊缝符号相对基准线的位置

焊缝型式	图示法	标注法	位置的说明
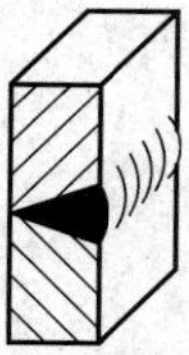	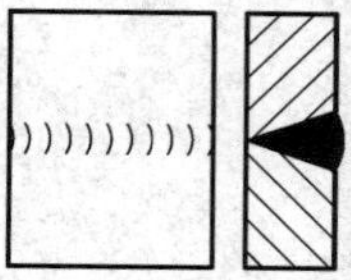	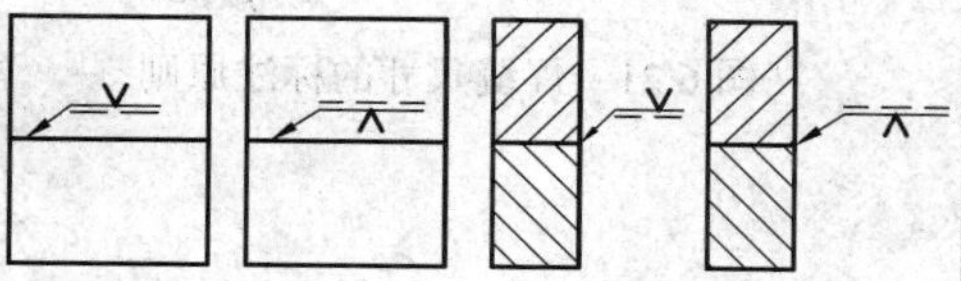	如果焊缝的外表面在接头的箭头侧，则标注在基准线的细实线侧
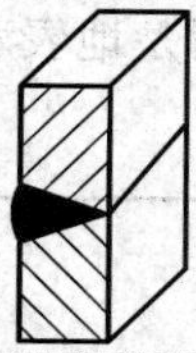	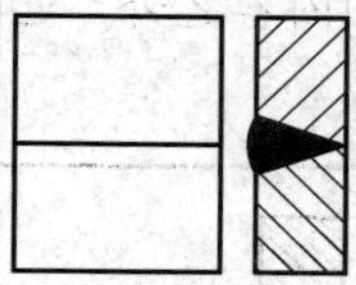	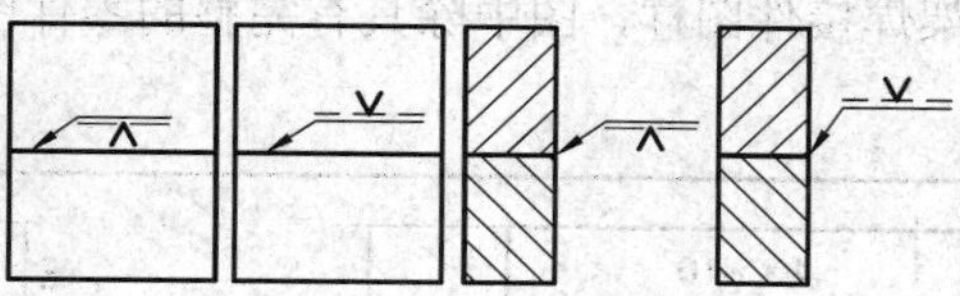	如果焊缝的外表面在接头的非箭头侧，则标注在基准线的细虚线侧
	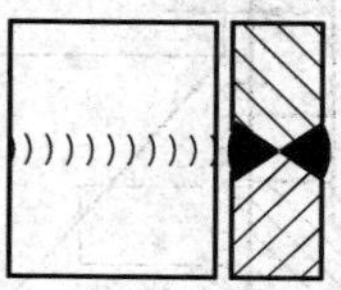	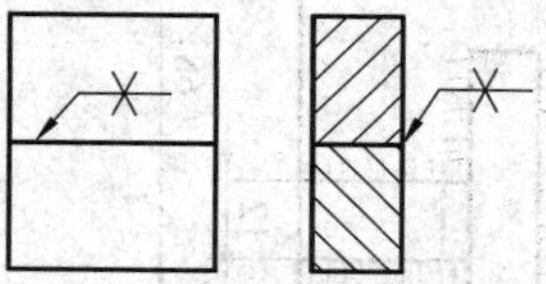	标注对称焊缝可不加细虚线

4. 焊缝尺寸符号

焊缝尺寸符号一般不标注。若因设计或生产需求要注明焊缝尺寸时，可按《GB/T 324—2008 焊缝符号的表示法》标注。常用的焊缝尺寸符号如表 6.4 所示。

表 6.4　焊缝尺寸符号

名称	符号	名称	符号
工件厚度	δ	焊缝间距	e
坡口角度	α	焊角尺寸	K
根部间隙	b	焊点直径	d
钝边高度	P	焊缝有效厚度	S
焊缝长度	l	余高	h
焊缝宽度	c	坡口深度	H
焊缝段数	n	坡口面角度	β
根部半径	R	相同焊缝数量	N

焊缝尺寸符号及数据的标注原则如图 6.21 所示。

(1) 焊缝横截面上的尺寸标在基本符号左侧；

(2) 焊缝长度方向尺寸标注在基本符号的右侧；

(3) 坡口角度、坡口面角度、根部间隙等尺寸标注在基本符号的上侧或下侧；

(4) 相同焊缝数量符号标注在尾部；

(5) 当需要标注的尺寸数据较多又不易分辨时，可在数据前面增加相应的尺寸符号。

$\alpha \cdot \beta \cdot b$

$P \cdot H \cdot K \cdot h \cdot S \cdot R \cdot c \cdot d$(基本符号)$n \times l(e)$ N

$P \cdot H \cdot K \cdot h \cdot S \cdot R \cdot c \cdot d$(基本符号)$n \times l(e)$

$\alpha \cdot \beta \cdot b$

图 6.21　焊缝尺寸的标注原则

三、焊接件图示举例

如图 6.22 所示为挂架焊接件图样，图中除具有完整的零件图内容之外，还清楚地表示了焊接的有关内容。

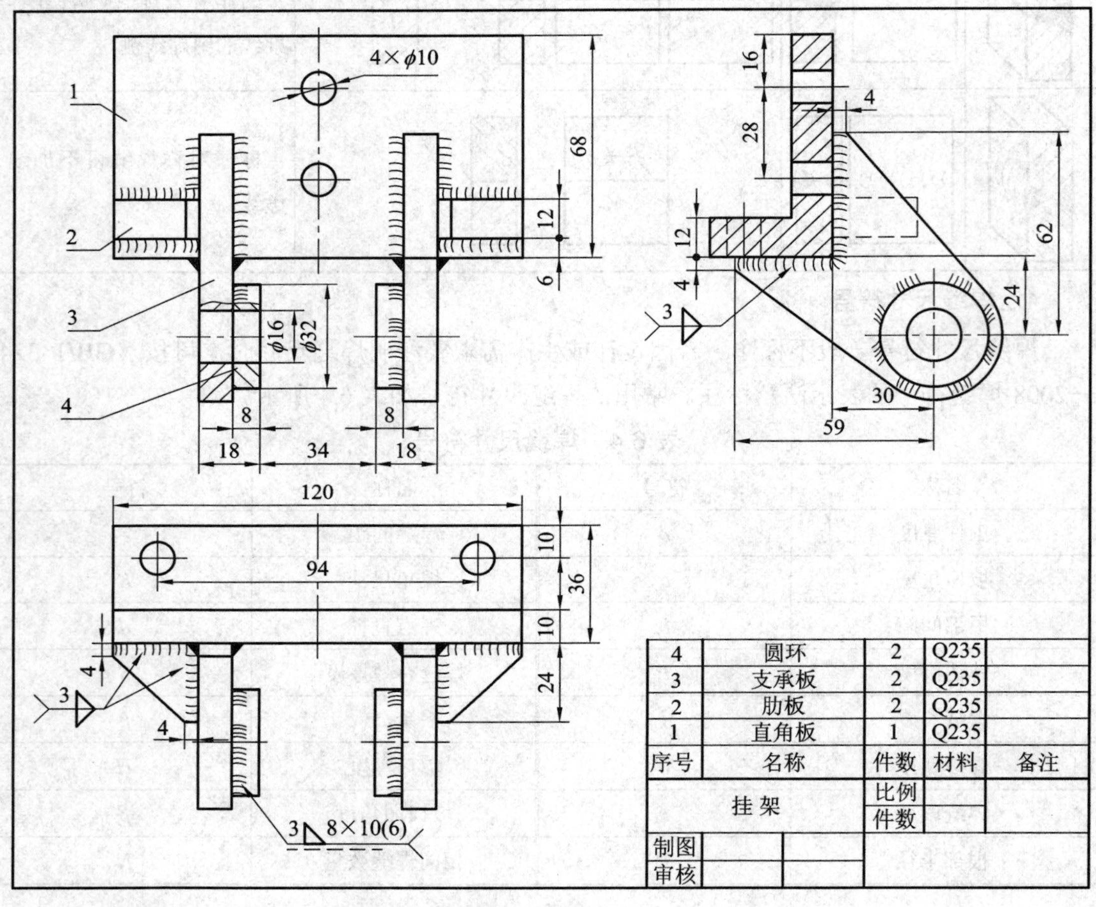

4	圆环	2	Q235	
3	支承板	2	Q235	
2	肋板	2	Q235	
1	直角板	1	Q235	
序号	名称	件数	材料	备注
挂架		比例		
		件数		
制图				
审核				

图 6.22　挂架焊接图

在俯视图中有两处焊缝代号，支承板和圆环焊缝代号为 3◺8×10(6)，3 表示焊角高度，◺表示角焊缝代号，8 表示相同焊缝数量，10 表示焊缝长度，(6)表示焊缝间距。肋板与直角板、支承板的焊缝代号表示双面焊角焊缝，焊角高为 3。左视图中支承板与直角板焊缝代号也表示双面焊角焊缝，焊角高为 3。

应用 Solidworks 2018 进行挂架焊接件的建模，步骤如下。

(1) 激活焊件环境，如图 6.23 所示。

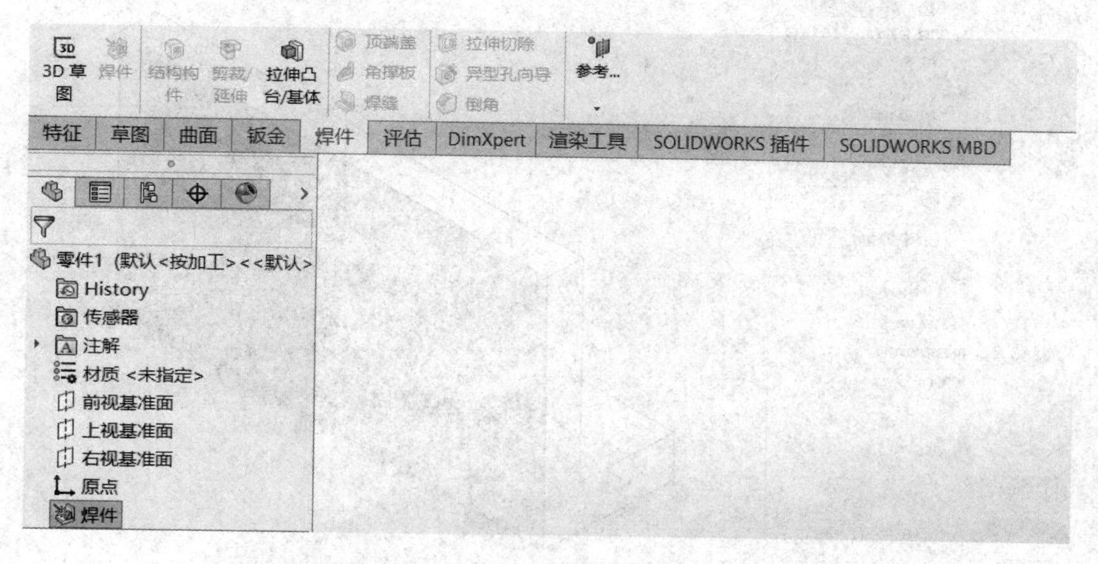

图 6.23　激活焊件环境

(2) 焊件基体绘制，如图 6.24 所示。

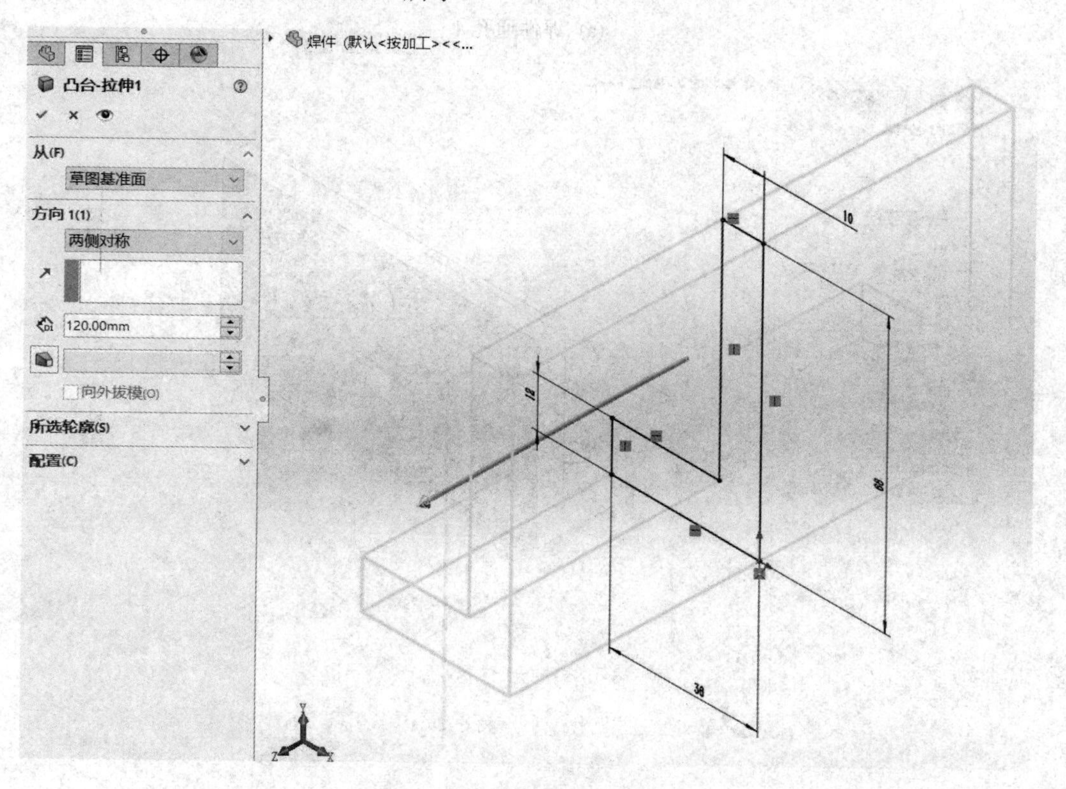

图 6.24　焊件基体绘制

(3) 打通孔，如图 6.25 所示。

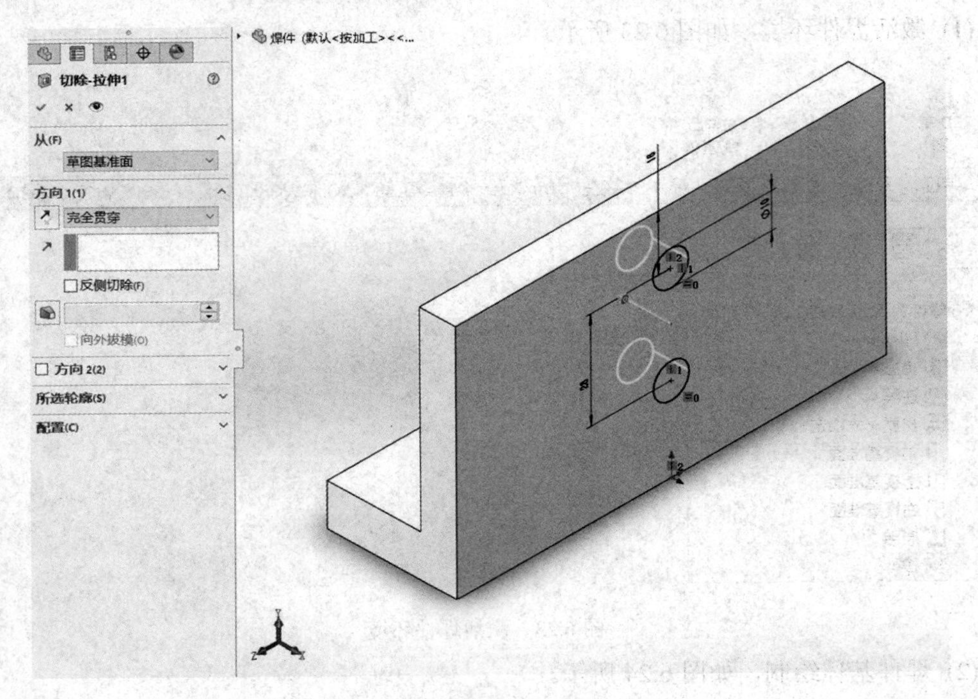

(a) 焊件通孔 1

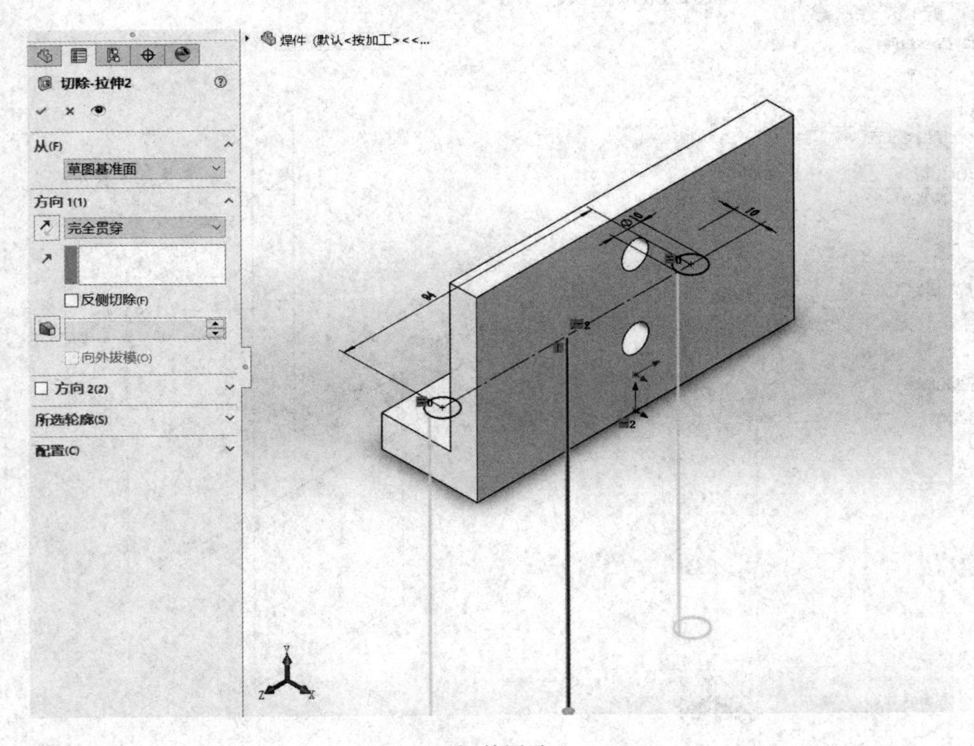

(b) 焊件通孔 2

图 6.25　焊件通孔

(4) 其余焊件绘制如图 6.26 和 6.27 所示。

注意不要勾选合并结果，因为焊接件是多个实体通过焊缝相连接。

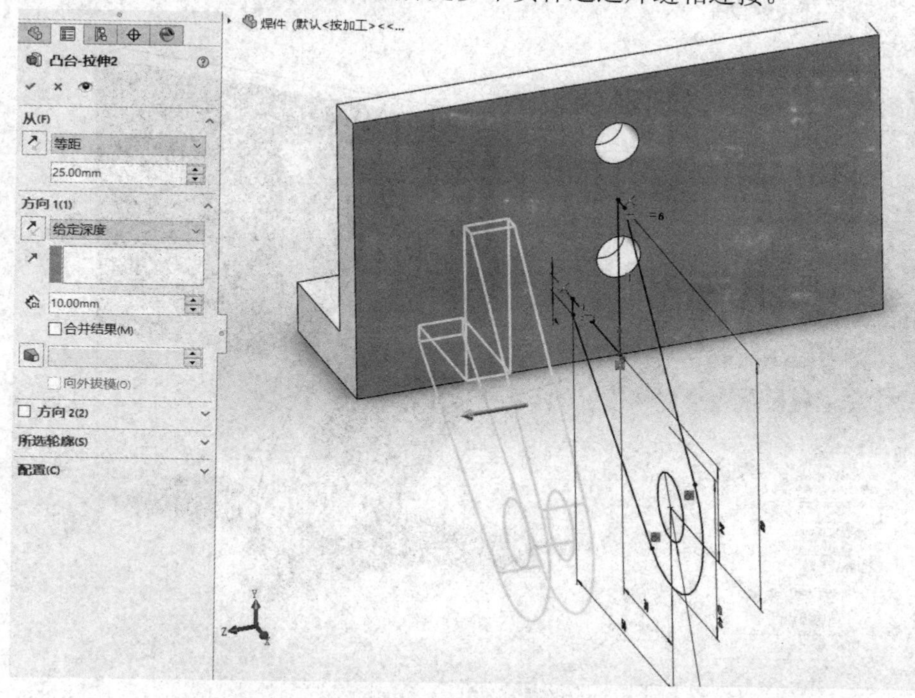

图 6.26　挂架焊件

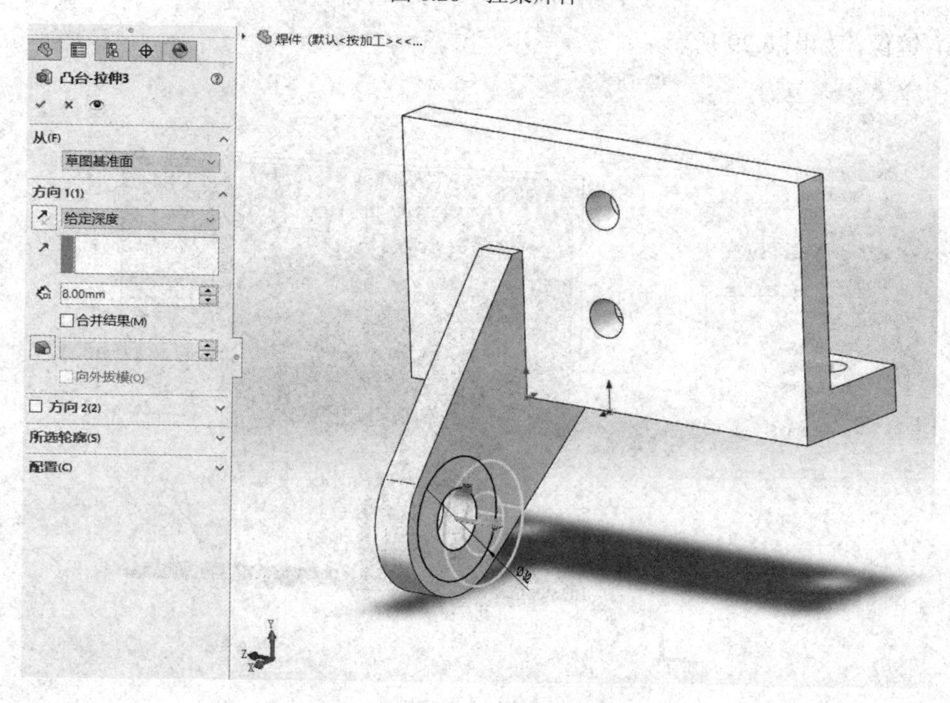

图 6.27　圆环焊件

(5) 添加角撑，如图 6.28 所示。选择多边形轮廓，按图纸选定尺寸。

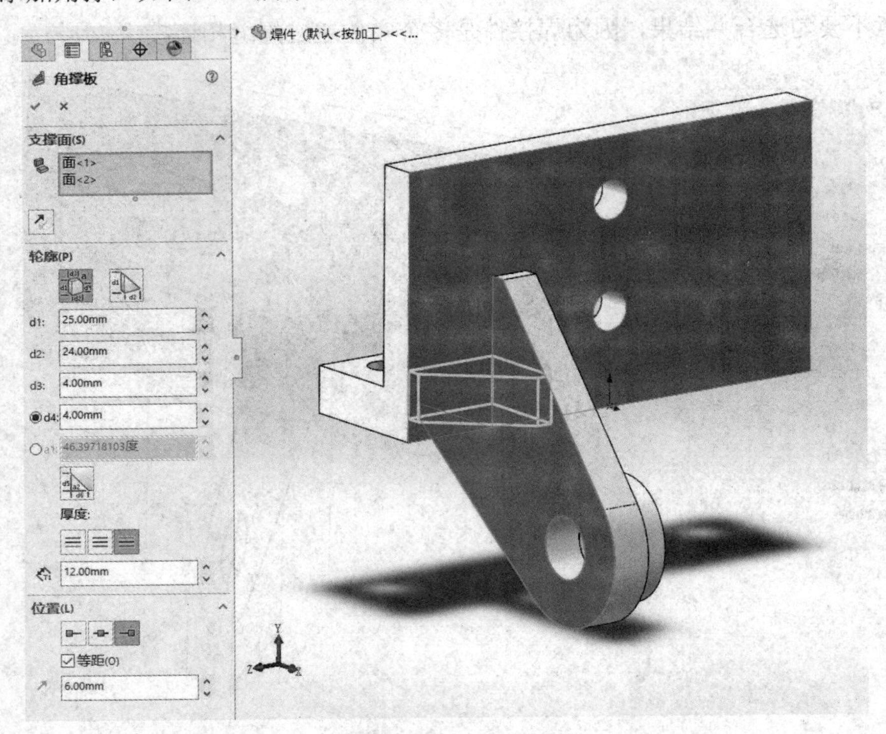

图 6.28　角撑绘制

(6) 镜像，如图 6.29 所示。

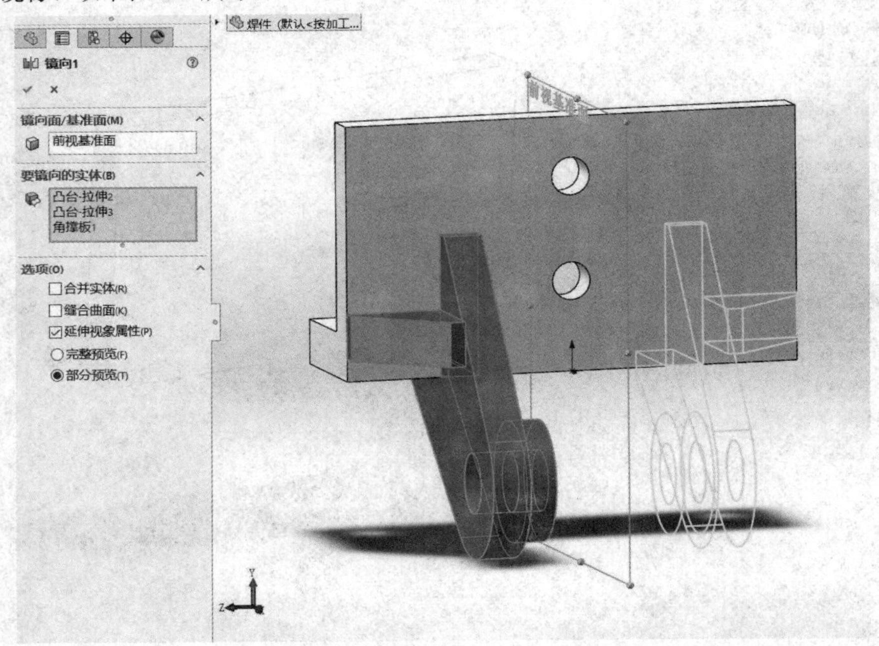

图 6.29　实体镜像

(7) 添加焊缝，如图 6.30 所示。

① 选择面：列举每个独特焊接路径。焊接路径是焊缝围绕模型的路线。

当在该框中选择焊接路径时，图形区域中的焊接路径预览将改变颜色。粉红色的预览表示该焊接路径处于激活状态。黄色的预览表示该焊接路径处于非激活状态。在 PropertyManager 中所作的任何更改都会应用于激活的焊缝。

② 新焊接路径：让您定义新焊接路径。单击“新焊接路径”以生成与先前创建的焊接路径脱节的新路径。如果使用“智能焊接选择工具”，则不需要使用“新焊接路径”。

允许在两个实体之间使用焊接路径。不可以在三个或三个以上实体之间或一个实体的面之间定义焊缝。

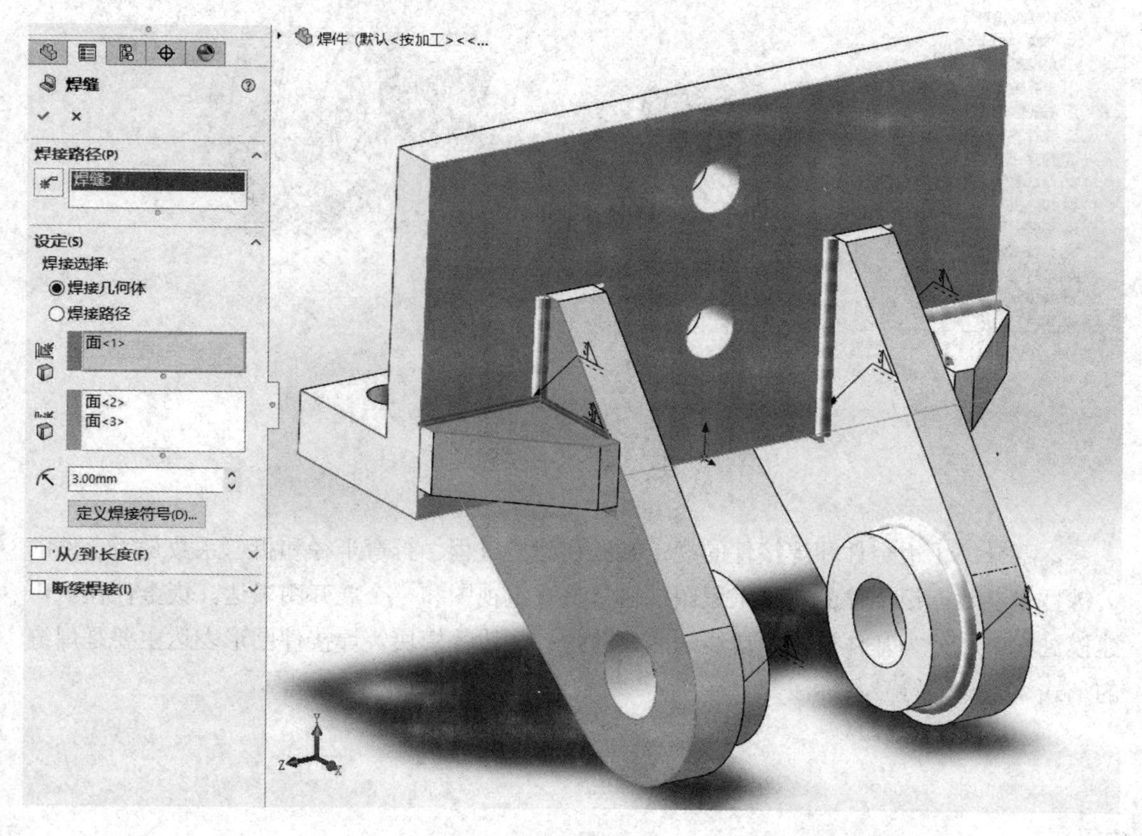

图 6.30　添加焊缝

(8) 完成后的挂架模型如图 6.31 所示。

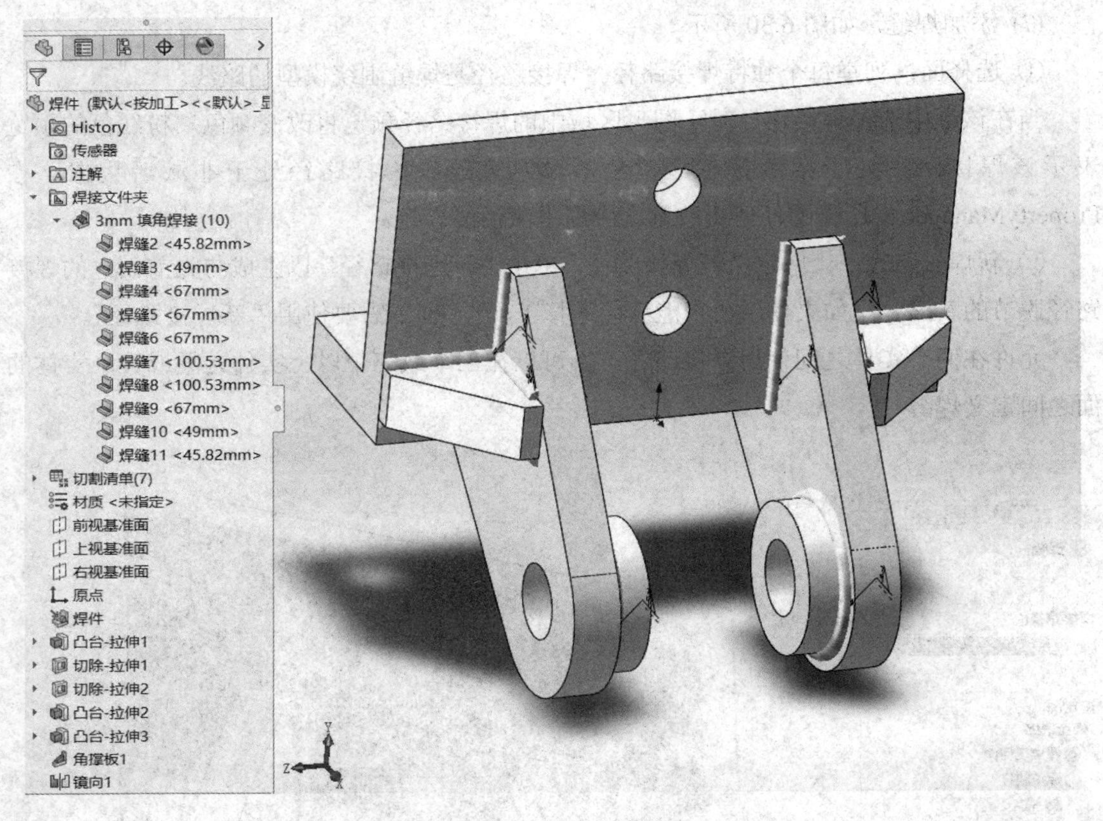

图 6.31　挂架整体图

本 章 小 结

本章介绍了钣金件和焊接件的规定画法和建模过程。折弯半径和折弯系数是钣金件的关键技术参数。钣金件的二维工程图，通常是一组视图和一个展开图表达。钣金件在三维建模过程中，分为基体法兰、边线法兰、薄片、褶边等模块。焊接件图形表达主要是焊缝的形式、画法、符号和标注。

附录A　常用螺纹及螺纹紧固件

A-1　普通螺纹(摘自 GB/T 193—2003、GB/T 196—2003)

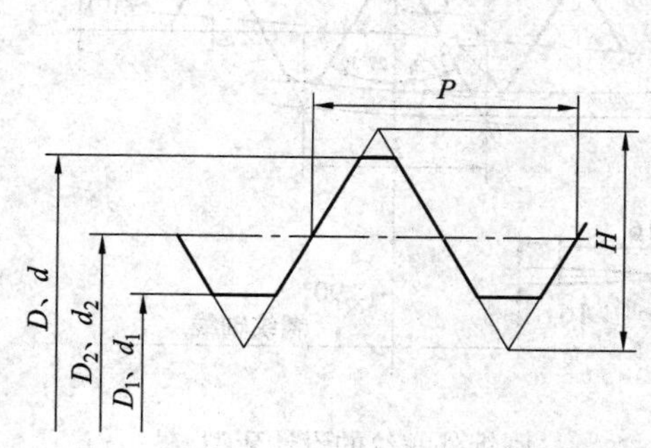

$$D_2 = D - 2\times\frac{3}{8}H = D - 0.6495P;$$

$$d_2 = d - 2\times\frac{3}{8}H = d - 0.6495P;$$

$$D_1 = D - 2\times\frac{5}{8}H = D - 1.0825P;$$

$$d_1 = d - 2\times\frac{5}{8}H = d - 1.0825P;$$

其中：$H = \frac{\sqrt{3}}{2}P = 0.866\,025\,440P$。

标记示例：

公称直径 24 mm，螺距 1.5 mm，右旋细牙普通螺纹：M24×1.5

附表 1　普通螺纹的公称直径与螺距

mm

公称直径 D、d		螺距 P	
第一系列	第二系列	粗牙	细牙
3		0.5	0.35
	3.5	0.6	
4		0.7	0.5
	4.5	0.75	
5		0.8	
6		1	0.75
	7		
8		1.25	1，0.75
10		1.5	1.25，1，0.75

公称直径 D、d		螺距 P	
第一系列	第二系列	粗牙	细牙
12		1.75	1.5，1.25，1
	14	2	1.5，1.25*，1
16			1.5，1
	18	2.5	2，1.5，1
20			
	22		
24		3	
	27		
30		3.5	(3)，2，1.5，1

公称直径 D、d		螺距 P	
第一系列	第二系列	粗牙	细牙
	33	3.5	(3)，2，1.5
36		4	3，2，1.5
	39		
42		4.5	4，3，2，1.5
	45		
48		5	
	52		
56		5.5	
	60		

注：1. 应优先选用第一系列，尽可能地避免使用括号内的螺距。

2. *仅用于发动机的火花塞。

A-2 管螺纹

55°非密封管螺纹(摘自 GB/T 7307－2001)

55°密封管螺纹 { 圆柱内螺纹与圆锥外螺纹(摘自 GB/T 7306.1—2000)
圆锥内螺纹与圆锥外螺纹(摘自 GB/T 7306.2—2000)

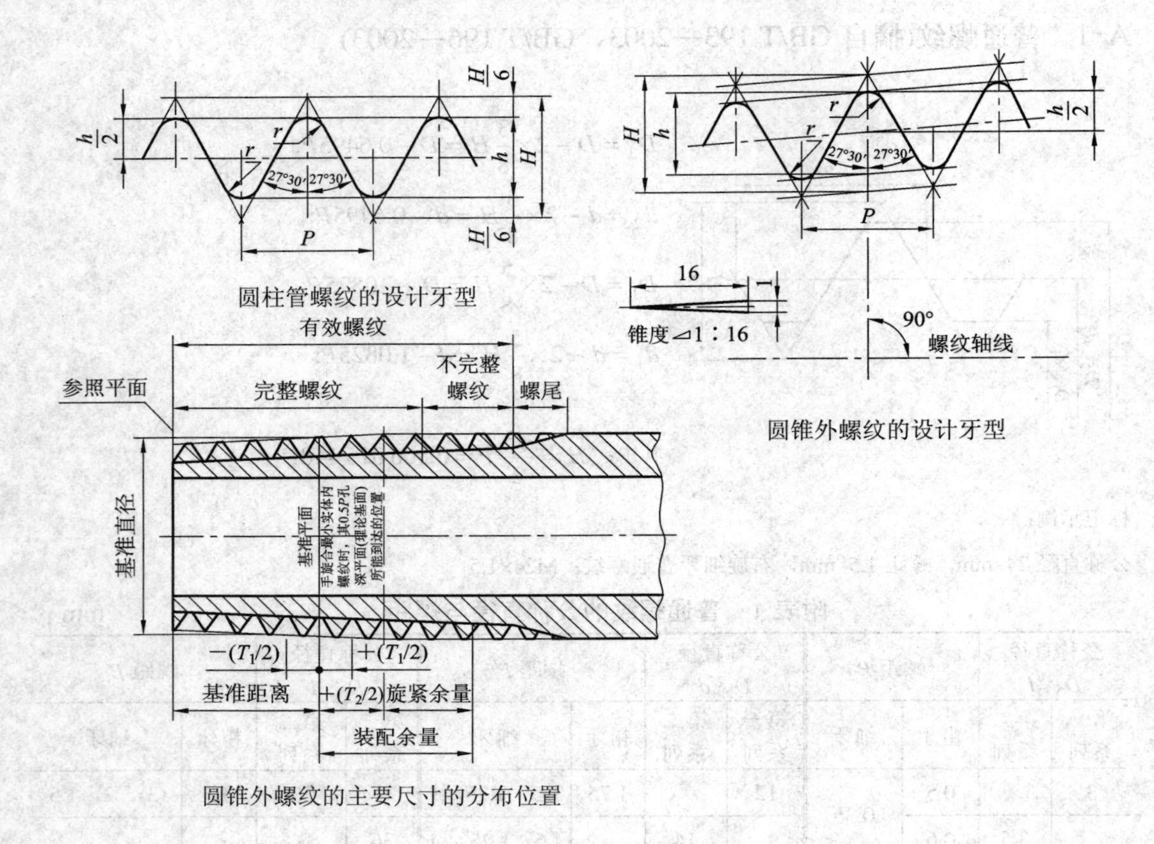

圆柱管螺纹的设计牙型

圆锥外螺纹的设计牙型

圆锥外螺纹的主要尺寸的分布位置

标记示例：

GB/T 7307—2001 G3A 尺寸代号为 3 的 A 级右旋圆柱内螺纹；

GB/T 7306.1—2000 Rp3/4 尺寸代号为 3/4 的右旋圆柱内螺纹；

GB/T 7306.1—2000 $R_1$3 尺寸代号为 3 的右旋圆锥内螺纹；

GB/T 7306.2—2000 Rc3/4LH 尺寸代号为 3/4 的左旋圆锥内螺纹；

GB/T 7306.2—2000 $R_2$3 尺寸代号为 3 的右旋圆锥外螺纹。

附表2 管螺纹基本尺寸

mm

尺寸代号	每25.4 mm内的牙数 n	螺距 P	牙高 h	基本直径或基准平面内的基本直径		
				大径 $D=d$	中径 $D_2=d_2$	小径 $D_1=d_1$
1/8	28	0.907	0.581	9.728	9.147	8.566
1/4	19	1.337	0.856	13.157	12.301	11.445
3/8				16.662	15.806	14.950
1/2	14	1.814	1.162	20.955	19.793	18.631
5/8				22.911	21.749	20.587
3/4				26.441	25.279	24.117
7/8				30.201	29.039	27.887
1	11	2.309	1.479	33.249	31.770	30.291
$1\frac{1}{8}$				37.897	36.418	34.939
$1\frac{1}{4}$				41.910	40.431	38.952
$1\frac{1}{2}$				48.803	46.324	44.845
$1\frac{3}{4}$				53.746	52.267	50.788
2				59.614	58.135	56.656
$2\frac{1}{4}$				65.710	64.231	62.752
$2\frac{1}{2}$				75.184	73.705	72.226
$2\frac{3}{4}$				81.534	80.055	78.576
3				87.884	86.405	84.926
$3\frac{1}{2}$				100.330	98.851	97.372
4				113.030	111.551	110.072
$4\frac{1}{2}$				125.730	124.251	122.772
5				138.430	136.951	135.472
$5\frac{1}{2}$				151.130	149.651	148.172
6				163.830	162.351	160.872

A-3 梯形螺纹(摘自 GB/T 5796.2－2005、GB/T 5796.3－2005)

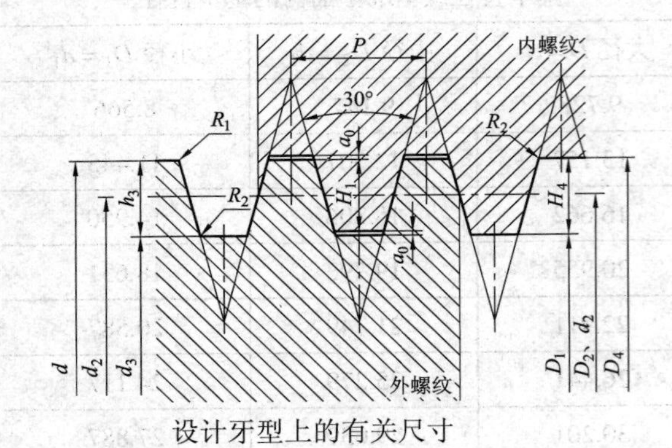

设计牙型上的有关尺寸

标记示例：

公称直径 40 mm、导程 14 mm、螺距 7 mm 的双线右旋梯形螺纹：Tr40×14(*P*7)

附表 3 梯形螺纹基本尺寸 mm

公称直径 第一系列	公称直径 第二系列	螺距 P	中径 $D_2=d_2$	大径 D_4	小径 d_3	小径 D_1
8		1.5*	7.250	8.300	6.200	6.500
	9	1.5	8.250	9.300	7.200	7.500
		2*	8.000	9.500	6.500	7.000
10		1.5	9.250	10.300	8.200	8.500
		2*	9.000	10.500	7.500	8.000
	11	2*	10.000	11.500	8.500	9.000
		3	9.500	11.500	7.500	8.000
12		2	11.000	12.500	9.500	10.000
		3*	10.500	12.500	8.500	9.000
	14	2	13.000	14.500	11.500	12.000
		3*	12.500	14.500	10.500	11.000
16		2	15.000	16.500	13.500	14.000
		4*	14.000	16.500	11.500	12.000
	18	2	17.000	18.500	15.500	16.000
		4*	16.000	18.500	13.500	14.000
20		2	19.000	20.500	17.500	18.000
		4*	18.000	20.500	15.500	16.000
	22	3	20.500	22.500	18.500	19.000
		5*	19.500	22.500	16.500	17.000
		8	18.000	23.000	13.000	14.000
24		3	22.500	24.500	20.500	21.000
		5*	21.500	24.500	18.500	19.000
		8	20.000	25.000	15.000	16.000

公称直径 第一系列	公称直径 第二系列	螺距 P	中径 $D_2=d_2$	大径 D_4	小径 d_3	小径 D_1
	26	3	24.500	26.500	22.500	23.000
		5*	23.500	26.500	20.500	21.000
		8	22.000	27.000	17.000	18.000
28		3	26.500	28.500	24.500	25.000
		5*	25.500	28.500	22.500	23.000
		8	24.000	29.000	19.000	20.000
	30	3	28.500	30.500	26.500	27.000
		6*	27.000	31.000	23.000	24.000
		10	25.000	31.000	19.000	20.000
32		3	30.500	32.500	28.500	29.000
		6*	29.000	33.000	25.000	26.000
		10	27.000	33.000	21.000	22.000
	34	3	32.500	34.500	30.500	31.000
		6*	31.000	35.000	27.000	28.000
		10	29.000	35.000	23.000	24.000
36		3	34.500	36.500	32.500	33.000
		6*	33.000	37.000	29.000	30.000
		10	31.000	37.000	25.000	26.000
	38	3	36.500	38.500	34.500	35.000
		7*	34.500	39.000	30.000	31.000
		10	33.000	39.000	27.000	28.000
40		3	38.500	40.500	36.500	37.000
		7*	36.500	41.000	32.000	33.000
		10	35.000	41.000	29.000	30.000

注：1. 优先选用第一系列，其次选用第二系列。

2. 优先选用表中带* 数值的螺距。

A-4　六角头螺栓　(摘自 GB/T 5782—2016)

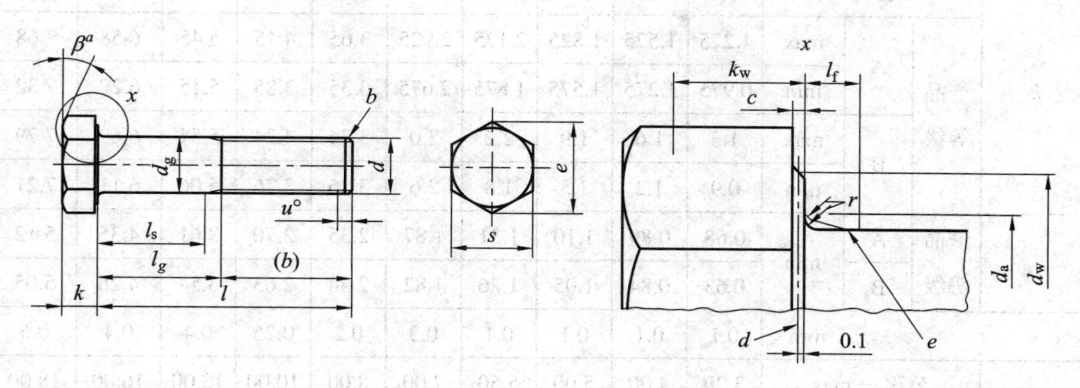

标记示例：

螺纹规格 d=M12、公称长度 l=80 mm、表面氧化、产品等级为 A 级的六角头螺栓：

螺栓　GB/T 5782　M12×80

附表 4　六角头螺栓

mm

螺纹规格 d				M1.6	M2	M2.5	M3	M4	M5	M6	M8	M10	M12
P				0.35	0.4	0.45	0.5	0.7	0.8	1	1.25	1.5	1.75
b 参考		b		9	10	11	12	14	16	18	22	26	30
		c		15	16	17	18	20	22	24	28	32	36
		a		28	29	30	31	33	35	37	41	45	49
c		max		0.25	0.25	0.25	0.40	0.40	0.50	0.50	0.60	0.60	0.60
		min		0.10	0.10	0.10	0.15	0.15	0.15	0.15	0.15	0.15	0.15
$d_a$max				2	2.6	3.1	3.6	4.7	5.7	6.8	9.2	11.2	13.7
d_s	公称 =max			1.60	2.00	2.50	3.00	4.00	5.00	6.00	8.00	10.00	12.00
	产品等级	A	min	1.46	1.86	2.36	2.86	3.82	4.82	5.82	7.78	9.78	11.73
		B		1.35	1.75	2.25	2.75	3.70	4.70	5.70	7.64	9.64	11.57
d_w	产品等级	A	min	2.27	3.07	4.07	4.57	5.88	6.88	8.88	11.63	14.63	16.63
		B		2.30	2.95	3.95	4.45	5.74	6.74	8.74	11.47	14.47	16.47
e	产品等级	A	min	3.41	4.32	5.45	6.01	7.66	8.79	11.05	14.38	17.77	20.03
		B		3.28	4.18	5.31	5.88	7.50	8.63	10.89	14.20	17.59	19.85
l_f		max		0.6	0.8	1	1	1.2	1.2	1.4	2	2	3

续表

k	公称			1.1	1.4	1.7	2	2.8	3.5	4	5.3	6.4	7.5
	产品等级	A	max	1.225	1.525	1.825	2.125	2.925	3.65	4.15	5.45	6.58	7.68
			min	0.975	1.275	1.575	1.875	2.675	3.35	3.85	5.15	6.22	7.32
		B	max	1.3	1.6	1.9	2.2	3.0	3.74	4.24	5.54	6.69	7.79
			min	0.9	1.2	1.5	1.8	2.6	3.26	3.76	5.06	6.11	7.21
k_w	产品等级	A	min	0.68	0.89	1.10	1.31	1.87	2.35	2.70	3.61	4.35	5.12
		B		0.63	0.84	1.05	1.26	1.82	2.28	2.63	3.54	4.28	5.05
r			min	0.1	0.1	0.1	0.1	0.2	0.2	0.25	0.4	0.4	0.6
s	公称 =max			3.20	4.00	5.00	5.50	7.00	8.00	10.00	13.00	16.00	18.00
	产品等级	A	min	3.02	3.82	4.82	5.32	6.78	7.78	9.78	12.73	15.73	17.73
		B		2.90	3.70	4.70	5.20	6.64	7.64	9.64	12.57	15.57	17.57
l				12 16	16 20	16 20 25	20 25 30	25 30 35 40	25 30 35 40 45 50	30 35 40 45 50 55 60	40 45 50 55 60 65 70 80 90	45 50 55 60 65 70 80 90 100	50 55 60 65 70 80 90 100 110 120

A-5 双头螺柱(摘自 GB/T 897～900－1988)

GB/T 897－1988(b_m=1d)　GB/T 898－1988(b_m=1.25d)　GB/T 899－1988(b_m=1.5d)　GB/T 900－1988(b_m=2d)

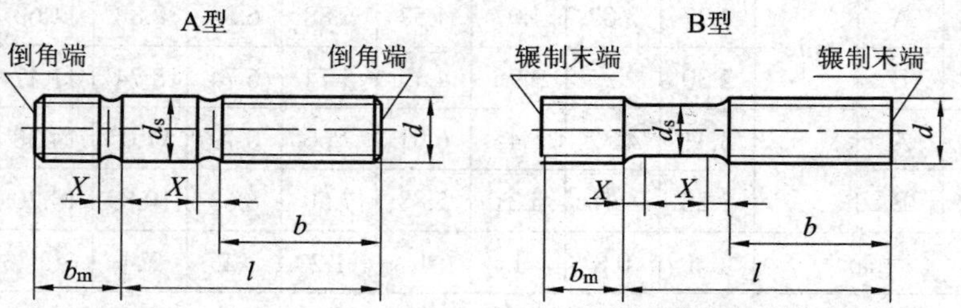

A型　　B型

倒角端　倒角端　辗制末端　辗制末端

d_s　d　X　b　b_m　l

d_s≈螺纹中径(仅适用于B型)

标记示例：

两端均为粗牙普通螺纹，$d = 10$ mm，$l = 50$ mm，性能等级为 4.8 级、不经表面处理、B 型、b_m=1d 的双头螺柱：螺柱 GB/T 897　M10 × 50

旋入机体一端为粗牙普通螺纹，旋螺母一端为螺距 $P = 1$ mm 的细牙普通螺纹，$d = 10$ mm，$l = 50$ mm，性能等级为 4.8 级、不经表面处理、A 型、$b_m = 1.25d$ 的双头螺柱：螺柱 GB/T 898　AM10−M10 × 1 × 50

附表 5　双头螺柱

mm

螺纹规格 d	b_m(公称)				d_s		x	l(公称)/b
	GB/T 897	GB/T 898	GB/T 899	GB/T 900	max	min	max	
M5	5	6	8	10	5	4.7	1.5P	16～22/8, 25～50/16
M6	6	8	10	12	6	5.7		20～22/10, 25～30/14, 32～75/18
M8	8	10	12	16	8	7.64		20～22/12, 25～30/16, 32～90/22
M10	10	12	15	20	10	9.64		25～28/14, 30～38/16, 40～120/26, 130/32
M12	12	15	18	24	12	11.57		25～30/16, 32～40/20, 45～120/30, 130～180/36
M16	16	20	24	32	16	15.57		30～38/20, 40～55/30, 60～120/38, 130～200/44
M20	20	25	30	40	20	19.48		35～40/25, 45～65/35, 70～120/46, 130～200/52
M24	24	30	36	48	24	23.48	2.5P	45～50/30, 55～75/45, 80～120/54, 130～200/60
M30	30	38	45	60	30	29.48		60～65/40, 70～90/50, 95～120/60, 130～200/72
M36	36	45	54	72	36	35.38		65 ～ 75/45, 80 ～ 110/60, 120/78, 130～200/84, 210～300/91
M42	42	52	65	84	42	41.38		65 ～ 80/50, 85 ～ 110/70, 120/90, 130～200/96, 210～300/109
l(系列)	6,(18),20,(22),25,(28),30,(32),35,(38),40,45,50,(55),60,(65),70,(75),80,(85),90,(95),100,110,120,130,140,150,160,170,180,190,200,210,220,230,240,250,260,280,300							

注：1. P 表示粗牙螺纹的螺距。

2. 尽可能不采用括号内的规格。

A-6　螺钉

1. 开槽圆柱头螺钉(摘自 GB/T 65－2016)

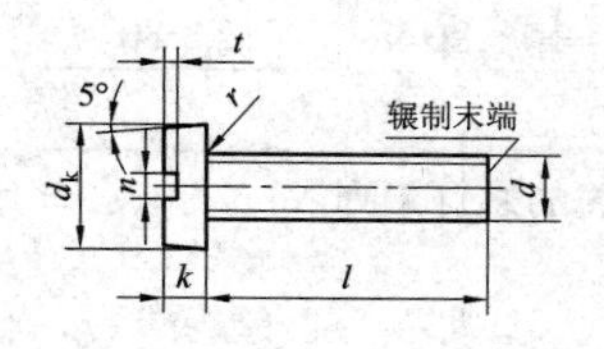

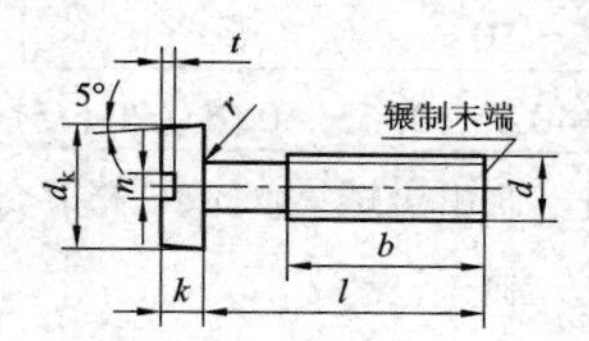

标注示例：

螺纹规格 $d = $ M5、公称长度 $l = 20$ mm、性能等级为 4.8 级，不经表面处理的 A 级开槽圆柱头螺钉：螺钉　GB/T 65　M5×20

附表6　开槽圆柱头螺钉　　mm

螺纹规格 d	M3	M4	M5	M6	M8	M10
P(螺距)	0.5	0.7	0.8	1	1.25	1.5
b	25	38	38	38	38	38
d_k	5.6	7	8.5	10	13	16
k	1.8	2.6	3.3	3.9	5	6
n	0.8	1.2	1.2	1.6	2	2.5
r	0.1	0.2	0.2	0.25	0.4	0.4
t	0.7	1.1	1.3	1.6	2	2.4
公称长度 l	4～30	5～40	6～50	8～60	10～80	12～80
l 系列	4,5,6,8,10,12,(14),16,20,25,30,35,40，45,50,(55),60,(65),70,(75),80					

注：1. M1.6～M3 的螺钉，公称长度≤30 mm 时，制出全螺纹(螺纹规格 d<M3 的螺钉未列入)。

2. M4～M10 的螺钉，公称长度≤40 mm 时，制出全螺纹。

3. 尽可能不采用括号内的规格。

2. 开槽盘头螺钉(摘自 GB/T 67－2016)

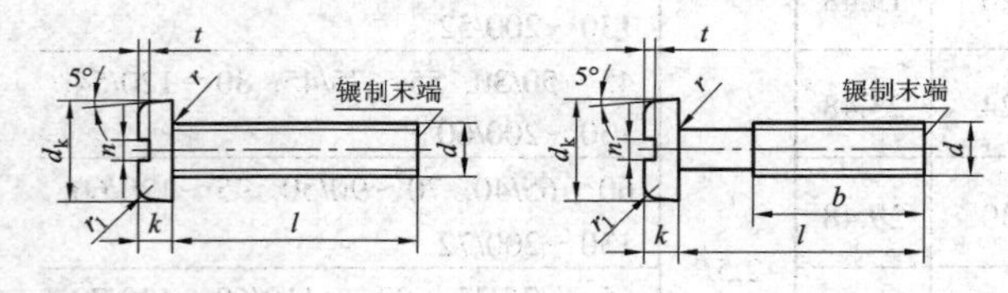

标注示例：

螺纹规格 d = M5、公称长度 l = 20 mm、性能等级为4.8级，不经表面处理的A级开槽盘头螺钉：

螺钉　GB/T 67　M5×20

附表7　开槽盘头螺钉　　mm

螺纹规格 d	M3	M4	M5	M6	M8	M10
P(螺距)	0.5	0.7	0.8	1	1.25	1.5
b	25	38	38	38	38	38
d_k	5.6	8	9.5	12	16	120
k	1.8	2.4	3	3.6	4.8	6
n	0.8	1.2	1.2	1.6	2	2.5
r	0.1	0.2	0.2	0.25	0.4	0.4
t	0.7	1.1	1.3	1.6	2	2.4
r_f(参考)	0.9	1.2	1.5	1.8	2.4	3
公称长度 l	4～40	5～40	6～50	8～60	10～80	12～80
l 系列	4,5,6,8,10,12,(14)，16,20,25,30,35,40,45,50,(55),60,(65),70,(75),80					

注：1. M1.6～M3 的螺钉，公称长度≤30 mm 时，制出全螺纹(螺纹规格 d<M3 的螺钉未列入)。

2. M4～M10 的螺钉，公称长度≤40 mm 时，制出全螺纹。

3. 尽可能不采用括号内的规格。

3. 开槽沉头螺钉(摘自 GB/T 68—2016)

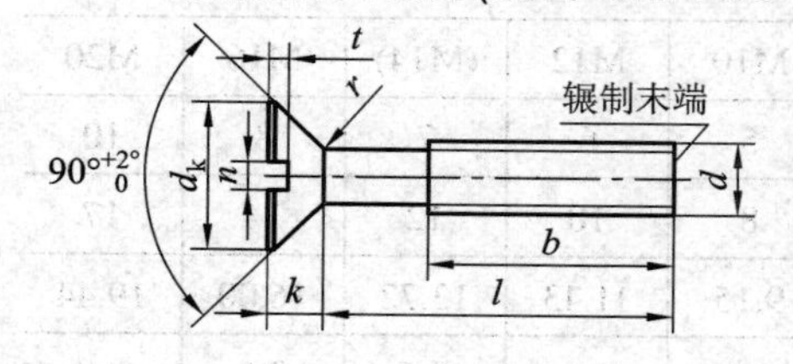

标记示例：

螺纹规格 d=M5、公称长度 l=20 mm、性能等级为 4.8 级，不经表面处理的 A 级开槽沉头螺钉：

螺钉 GB/T 68 M5×20

附表 8 开槽沉头螺钉 mm

螺纹规格 d	M1.6	M2	M2.5	M3	M4	M5	M6	M8	M10
P(螺距)	0.35	0.4	0.45	0.5	0.7	0.8	1	1.25	1.5
b	25	25	25	25	38	38	38	38	38
d_k	3	3.8	4.7	5.5	8.4	9.3	11.3	15.8	18.3
k	1	1.3	1.5	1.8	2.4	3	3.6	4.8	6
n	0.4	0.5	0.6	0.8	1.2	1.2	1.6	2	2.5
r	0.1	0.1	0.1	0.1	0.2	0.2	0.25	0.4	0.4
t	0.5	0.6	0.75	0.85	1.3	1.4	1.6	2．3	2.6
公称长度 l	2.5～16	3～20	4～25	5～30	6～40	8～50	8～60	10～80	12～80
l 系列	2.5,3,4,5,6,8,10,12,(14),16,20,25,30,35,40,45,50,(55),60,(65),70,(75),80								

注：1. M1.6～M3 的螺钉，公称长度≤30 mm 时，制出全螺纹。

2. M4～M10 的螺钉，公称长度≤45 mm 时，制出全螺纹。

3. 尽可能不采用括号内的规格。

4. 内六角圆柱头螺钉(摘自 GB/T 70.1—2008)

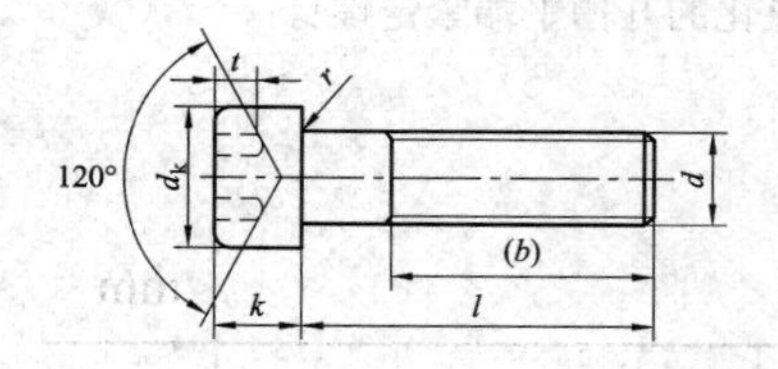

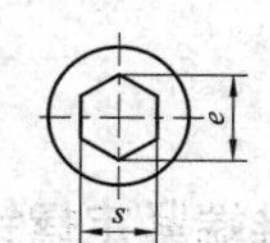

标记示例：

螺纹规格 d=M5、公称长度 l=20 mm、性能等级为 8.8 级，表面氧化的内六角圆柱头螺钉：

螺钉 GB/T 70.1 M5×20

附表 9 内六角圆柱头螺钉 mm

螺纹规格	M3	M4	M5	M6	M8	M10	M12	(M14)	M16	M20
P(螺距)	0.5	0.7	0.8	1	1.25	1.5	1.75	2	2	2.5
b	18	20	22	24	28	32	36	40	44	52
d_k	5.5	7	8.5	10	13	16	18	21	24	30
k	3	4	5	6	8	10	12	14	16	20

续表

螺纹规格	M3	M4	M5	M6	M8	M10	M12	(M14)	M16	M20
t	1.3	2	2.5	3	4	5	6	7	8	10
s	2.5	3	4	5	6	8	10	12	14	17
e	2.87	3.44	4.58	5.72	6.86	9.15	11.43	13.72	16.00	19.44
r	0.1	0.2	0.2	0.25	0.4	0.4	0.6	0.6	0.6	0.8
公称长度 l	5～30	6～40	8～50	10～60	12～80	16～100	20～120	25～140	25～160	30～200
l≤表中数值时，制出全螺纹	20	25	25	30	35	40	45	55	55	65
l 系列	2.5,3,4,5,6,8,10,12,16,20,25,30,35,40,45,50,55,60,65,70,80,90,100,110,120,130,140,150,160,180,200,220,240,260,280,300。									

注：尽可能不采用括号内的规格。

5. 紧定螺钉

开槽锥端紧定螺钉（摘自 GB/T 71—2018）　开槽平端紧定螺钉（摘自 GB/T 73—2017）　开槽长圆柱端紧定螺钉（摘自 GB/T 75—2018）

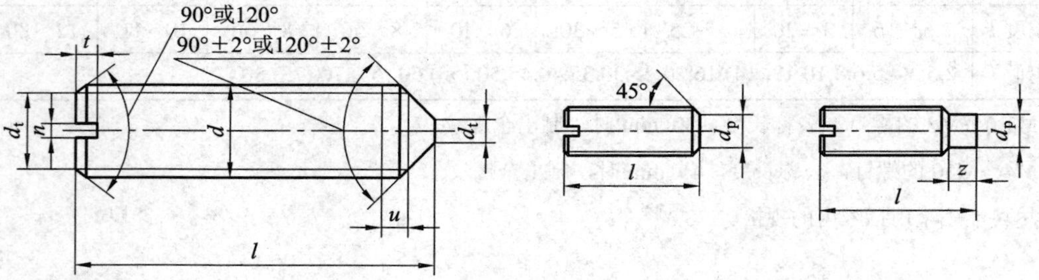

90°或120°
90°±2°或120°±2°
t
d_t
n
d
u
l
45°
d_p
z

标记示例：

螺纹规格 d = M5、公称长度 l = 12 mm、性能等级为 14H 级，表面氧化的开槽平端紧定螺钉：

螺钉 GB/T 73　M5×12－14H

附表 10　开槽锥端紧定螺钉

mm

螺纹规格 d	M1.6	M2	M2.5	M3	M4	M5	M6	M8	M10	M12
P(螺距)	0.35	0.4	0.45	0.5	0.7	0.8	1	1.25	1.5	1.75
n 公称值	0.25	0.25	0.4	0.4	0.6	0.8	1	1.2	1.6	2
t　max	0.74	0.84	0.95	1.05	1.42	1.63	2	2.6	3	3.6
d_t　max	0.1	0.2	0.25	0.3	0.4	0.5	1.5	2	2.6	3
d_p　max	0.8	1	1.5	2	2.5	3.5	4	5.5	7	8.5

续表

螺纹规格 d		M1.6	M2	M2.5	M3	M4	M5	M6	M8	M10	M12
z	max	1.05	1.25	1.5	1.75	2.25	2.75	3.25	4.3	5.3	6.3
l	GB/T 71	2～8	3～10	3～12	4～16	6～20	8～25	8～30	10～40	12～50	14～60
	GB/T 73	2～8	2～10	2.5～12	3～16	4～20	5～25	6～30	8～40	10～50	12～60
	GB/T 75	2.5～8	3～10	4～12	5～16	6～20	8～25	10～30	10～40	12～50	14～60
l系列		2,2.5,3,4,5,6,8,10,12，(14)，16,20,25,30,35，40，45,50，(55)，60									

注：1. 尽可能不采用括号内的规格。

2. d_f≈螺纹小径。

3. GB/T 71中，当d=M2.5 mm、l=3 mm时，螺钉两端倒角均为120°，其余为90°。GB/T 73中和GB/T 75中，头部倒角为90°和120°，本表只摘录了头部倒角为90°的尺寸。

A-7 螺母

六角螺母－C级(摘自GB/T 41－2016)　1型六角螺母－A级和B级(摘自GB/T 6170－2015)

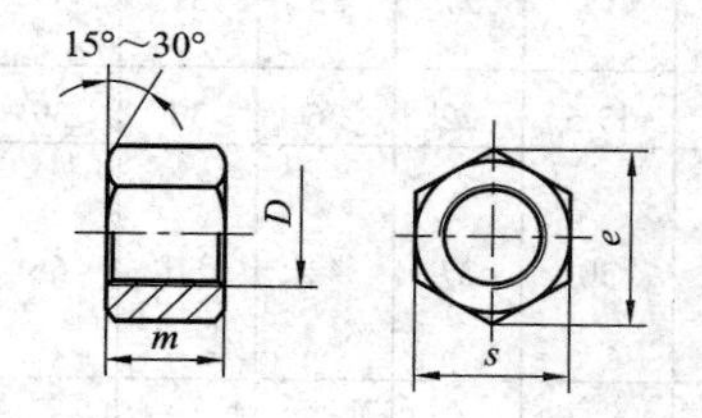

标记示例：

螺纹规格D=M12、性能等级为5级、不经表面处理、C级的六角螺母：螺母　GB/T 41　M12

螺纹规格D=M24、性能等级为8级，不经表面处理、A级的1型六角螺母：螺母　GB/T 6170　M24

附表11　六角螺母

mm

螺纹规格 D		M3	M4	M5	M6	M8	M10	M12	M16	M20	M24	M30	M36
e	GB/T 41-2000	—	—	8.63	10.89	14.2	17.59	19.85	26.17	32.95	39.55	50.85	60.69
	GB/T 6170—2000	6.01	7.66	8.79	11.05	14.38	17.77	20.03	26.75	32.95	39.55	50.85	60.69
s	GB/T 41—2000	—	—	8	10	13	16	18	24	30	36	46	55
	GB/T 6170—2000	5.5	7	8	10	13	16	18	24	30	36	46	55
m	GB/T 41—2000	—	-	5.6	6.1	7.9	9.5	12.2	15.9	18.7	22.3	26.4	31.5
	GB/T 6170—2000	2.4	3.2	4.7	5.2	6.8	8.4	10.8	14.8	18	21.5	25.6	31

注：A级用于D≤16 mm，B级用于D>16 mm。

A-8　垫圈

平垫圈 A级(摘自GB/T 97.1－2002)　平垫圈 倒角型 A级(摘自GB/T 97.2－2002) 平垫圈 C级(摘自GB/T 95－2002)

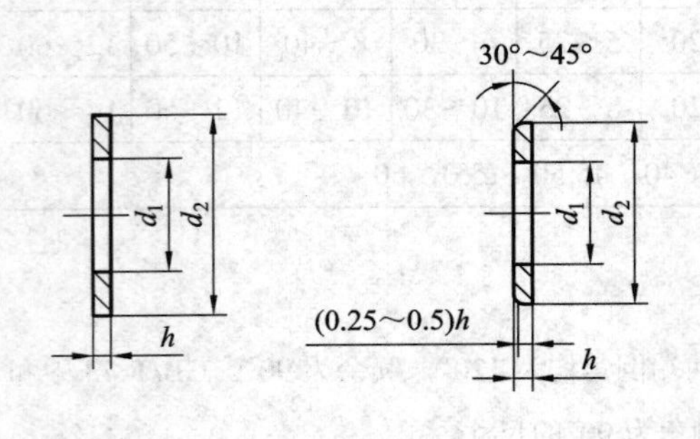

标记示例：

标准系列、公称直径8 mm、由钢制造的硬度等级为200 HV级、不经表面处理、产品等级为A级的平垫圈：

垫圈　GB/T 97.1　8

标准系列、公称直径8 mm、由钢制造的硬度等级为200 HV级、不经表面处理、产品等级为A级的倒角型平垫圈：

垫圈　GB/T 97.2　8

附表12　平垫圈　mm

公称规格(螺纹大径 d)		3	4	5	6	8	10	12	16	20	24	30	36
d_1	GB/T 97.1	3.2	4.3	5.3	6.4	8.4	10.5	13	17	21	25	31	37
	GB/T 97.2	—	—										
	GB/T 95	3.4	4.5	5.5	6.6	9	11	13.5	17.5	22	26	33	39
d_2	GB/T 97.1		9										
	GB/T 97.2	—	—	10	12	16	20	24	30	37	44	56	66
	GB/T 95	7	9										
h	GB/T 97.1	0.5	0.8										
	GB/T 97.2	—	—	1	1.6	1.6	2	2.5	3	3	4	4	5
	GB/T 95	0.5	0.8										

注：GB/T 97.1和GB/T 97.2规定，硬度等级有200HV和300HV级；材料有钢和不锈钢两种。200 HV适用于≤8.8级的A级和B级的或不锈钢的六角头螺栓、六角螺母和螺钉；300HV适用于≥10级的A级和B级的六角头螺栓、螺母和螺钉。GB/T 95规定，硬度等级为100HV，适用于性能等级至6.8级、产品等级为C级的六角头螺栓和螺钉和性能等级至6级、产品等级为C级的六角螺母。

标准型弹簧垫圈(摘自GB/T 93—1987)

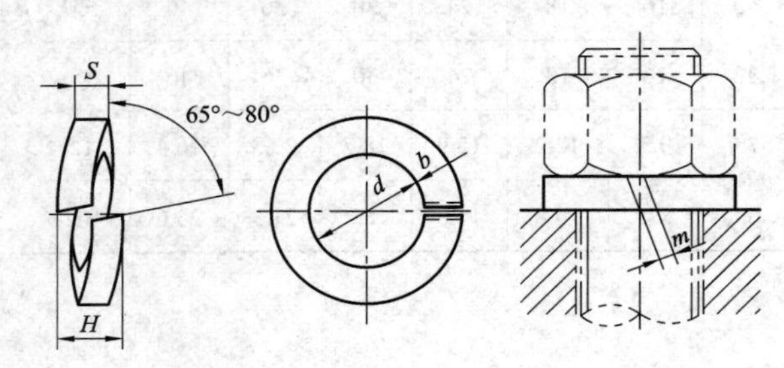

标记示例：

规格16 mm、材料为65Mn、表面氧化的标准型弹簧垫圈：垫圈 GB/T 93 16

附表 13　标准型弹簧垫圈

mm

公称规格(螺纹大径)		3	4	5	6	8	10	12	16	20	24	30	36
d	min	3.1	4.1	5.1	6.1	8.1	10.2	12.2	16.2	20.2	24.5	30.5	36.5
	max	3.4	4.4	5.4	6.68	8.68	10.9	12.9	16.9	21.04	25.5	31.5	37.7
H	min	1.6	2.2	2.6	3.2	4.2	5.2	6.2	8.2	10	12	15	18
	max	2	2.75	3.25	4	5.25	6.5	7.75	10.25	12.5	15	18.75	22.5
S(b)	公称	0.8	1.1	1.3	1.6	2.1	2.6	3.1	4.1	5	6	7.5	9
m≤		0.4	0.55	0.65	0.8	1.05	1.3	1.55	2.05	2.5	3	3.75	4.5

注：m 应大于零。

附录B　常用键与销

B-1　平键及键槽的剖面尺寸(摘自 GB/T 1095、GB/T 1096—2003)

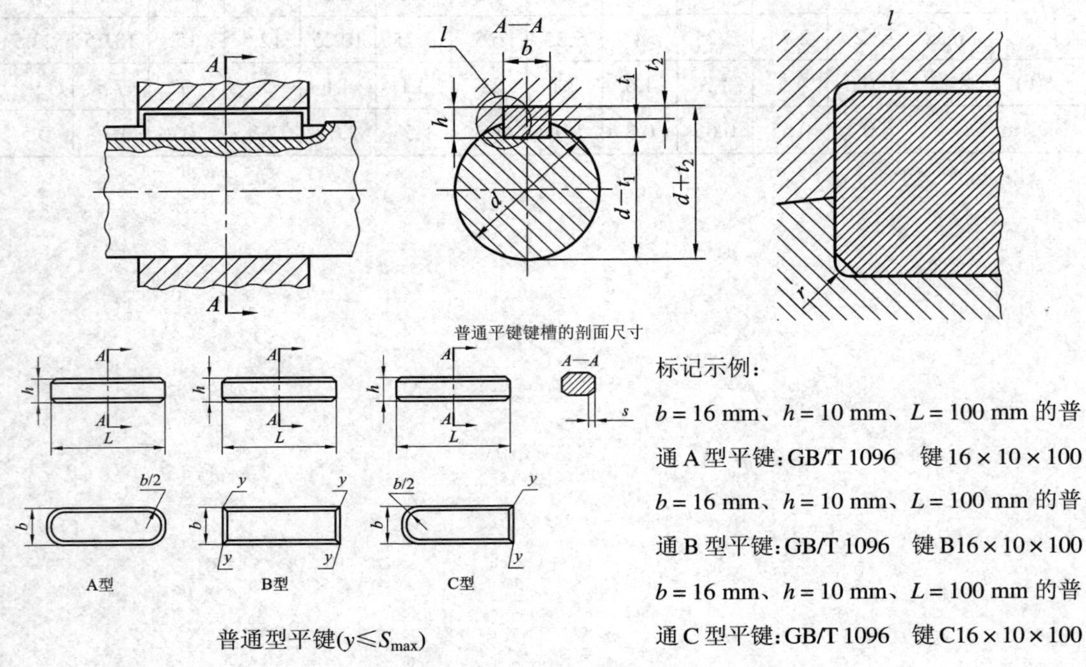

普通平键键槽的剖面尺寸

普通型平键($y \leqslant S_{max}$)

标记示例:

$b = 16$ mm、$h = 10$ mm、$L = 100$ mm 的普通 A 型平键:GB/T 1096　键 16×10×100

$b = 16$ mm、$h = 10$ mm、$L = 100$ mm 的普通 B 型平键:GB/T 1096　键 B16×10×100

$b = 16$ mm、$h = 10$ mm、$L = 100$ mm 的普通 C 型平键:GB/T 1096　键 C16×10×100

附表 14　平键与键槽的连接　　mm

键		键槽											
键尺寸 $b\times h$	标准长度范围 L	基本尺寸	正常连接		紧密连接	松连接		深度				半径 r	
								轴 t_1		毂 t_2			
			轴 N9	毂 JS9	轴和毂 P9	轴 N9	毂 D10	基本尺寸	极限偏差	标准尺寸	极限偏差	max	min
2×2	6～20	2	−0.004	±0.0125	−0.006	+0.025	+0.060	1.2		1.0			
3×3	6～36	3	−0.029		−0.031	0	+0.020	1.8	+0.1	1.4	+0.1	0.16	0.08
4×4	8～45	4	0		−0.012	+0.030	+0.078	2.5	0	1.8	0		
5×5	10～56	5	−0.030	±0.015	−0.042	0	+0.030	3.0		2.3			
6×6	14～70	6						3.5		2.8		0.25	0.16
8×7	18～90	8	0	±0.018	−0.015	+0.036	+0.098	4.0	+0.2	3.3	+0.2		
10×8	22～110	10	−0.036		−0.051	0	+0.040		0	3.3	0		

续表

键		键槽											
键尺寸 $b \times h$	标准长度范围 L	基本尺寸	正常连接		紧密连接	松连接		深度				半径 r	
								轴 t_1		毂 t_2			
			轴 N9	毂 JS9	轴和毂 P9	轴 N9	毂 D10	基本尺寸	极限偏差	标准尺寸	极限偏差	max	min
12×8	28～140	12	0 −0.043	±0.0215	−0.018 −0.061	+0.043 0	+.0120 +0.050	5.0	+0.2 0	3.3	+0.2 0	0.40	0.25
14×9	36～160	14						5.5		3.8			
16×10	45～180	16						6.0		4.3			
18×11	50～200	18						7.0		4.4			
20×12	56～220	20	0 −0.052	±0.026	−0.022 −0.074	+0.052 0	+0.149 +0.065	7.5		4.9		0.60	0.40
22×14	63～220	22						9.0		5.4			
25×14	70～280	25						9.0		5.4			
28×16	80～320	28						10		5.4			
L 系列	6,8,10,12,14,16,1820,22,25,28,32,36,40,45,50,56,63,70,80,90,100,110,125,140,160,180,200,220,250,280,320,400,450，500												

B-2　圆柱销

圆柱销—不淬硬钢和奥氏体不锈钢(摘自 GB/T 119.1—2000)

圆柱销—淬硬钢和马氏体不锈钢(摘自 GB/T 119.2—2000)

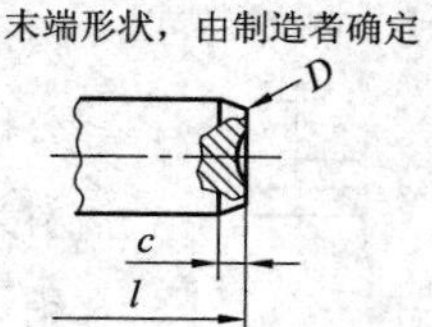

标记示例：

公称直径 $d=10$ mm、公差 m6、公称长度 $l=30$ mm、材料为钢、不经淬火、不经表面处理的圆柱销：

销　GB/T 119.1 6m6×30

公称直径 $d=10$ mm、公差 m6、公称长度 $l=30$ mm、材料为钢、普通淬火(A 级)、表面氧化处理的圆柱销：

销　GB/T 119.2 6×30

附表 15　圆柱销

mm

公称直径 d		3	4	5	6	8	10	12	16	20	25	30	40
$c\approx$		0.5	0.63	0.6	1.2	1.6	2	2.5	3	3.5	4	5	6.3
l 范围	GB/T 119.1	8～30	8～40	10～50	12～60	14～80	18～95	22～140	26～180	35～200	50～200	60～200	80～200
	GB/T 119.2	8～30	10～40	12～50	14～60	18～80	22～100	26～100	40～100	50～100	—	—	—
l 系列	2,3,4,5,6,8,10,12,14,16,18,20,22,24,26,28,30,32,35,40,45,50,55,60,65,70,75,80,85,90,95,100,120,140,160,180,200……												

注：GB/T 119.1 规定圆柱销的公称直径 d=0.6～50 mm，公称长度 l=2～200 mm，公差有 m6 和 h8；GB/T 119.2 规定圆柱销的公称直径 d=1～20 mm，公称长度 l=3～100 mm，公差仅有 m6。

B-3　圆锥销(GB/T 117－2000)

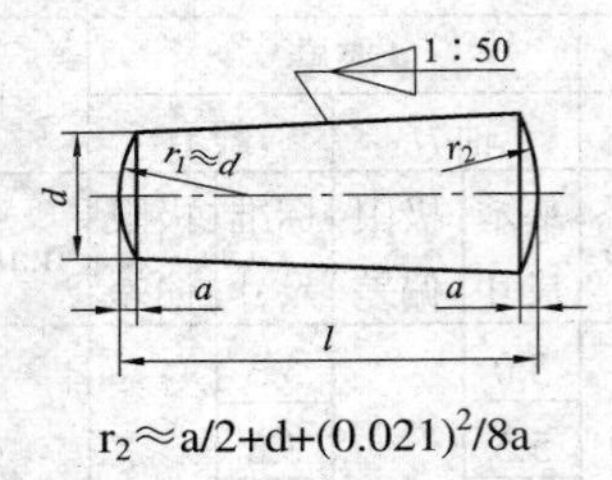

标记示例：

公称直径 $d=6$ mm、公称长度 $l=30$ mm、材料为 35 钢、热处理硬度为 28～38HRC、表面氧化处理的 A 型圆锥销：

销　GB/T　117　6×35

附表 16　圆锥销　　mm

公称直径 d	2	2.5	3	4	5	6	8	10	12	16	20	25	30	40	50
$a\approx$	0.25	0.3	0.4	0.5	0.63	0.8	1	1.2	1.6	2	2.5	3	4	5	6.3
l 范围	10～35	10～30	12～45	14～55	18～60	22～90	22～120	26～160	32～180	40～200	45～200	50～200	55～200	60～200	65～200
l 系列	2,3,4,5,6,8,10,12,14,16,18,20,22,24,26,28,30,32,35,40,45,50,55,60,65,70,75,80,85,90,95,100,120,140,160,180,200……														

注：1. 公称长度大于 200 mm，按 20 mm 递增。

2. 有 A 型和 B 型。A 型为磨削，锥表面粗糙度参数 Ra=0.8 μm；B 型为切削或冷镦，锥表面粗糙度参数 Ra=3.2 μm。A 型和 B 型的圆锥销端面的表面粗糙度参数都是 Ra=6.3 μm。

B-4　开口销(摘自 GB/T 91—2000)

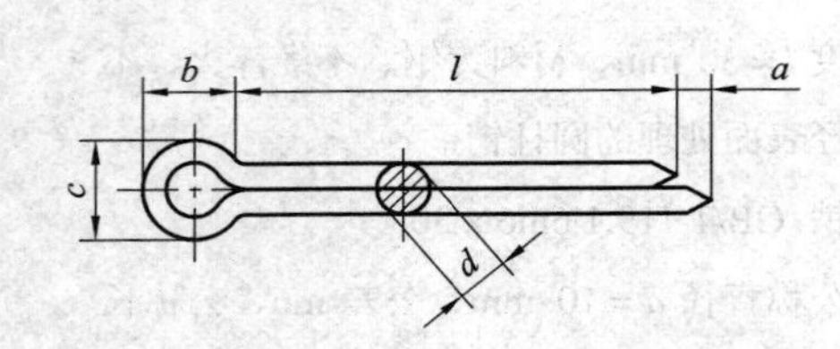

允许制造的型式

a

标记示例

公称直径为 5 mm、公称长度 $l=50$ mm，材料为 Q215 或 Q235、不经表面处理的开口销：

销　GB/T　91　5×50

附表 17　开口销　　mm

公称直径		0.6	0.8	1	1.2	1.6	2	2.5	3.2	4	5	6.3	8	10	13
d	max	0.5	0.7	0.9	1.0	1.4	1.8	2.3	2.9	3.7	4.6	5.9	7.5	9.5	12.4
	min	0.4	0.6	0.8	0.9	1.3	1.7	2.1	2.7	3.5	4.4	5.7	7.3	9.3	12.1
c	max	1	1.4	1.8	2	2.8	3.6	4.6	5.8	7.4	9.2	11.8	15	19	24.8
	min	0.9	1.2	1.6	1.7	2.4	3.2	4	5.1	6.5	8	10.3	13.1	16.6	21.7
$b\approx$		2	2.4	3	3	3.2	4	5	6.4	8	10	12.6	16	20	26
a	max	1.6			2.5			3.2			4			6.3	
	min	0.8			1.25			1.6			2			3.15	
l 范围		4～12	5～16	6～20	8～26	8～32	10～40	12～50	14～65	18～80	22～100	30～120	40～160	45～200	70～200
l 系列		4,5,6,8,10,12,14,16,18,20,22,24,26,28,30,32,36,40,45,50,55,60,65,70,75,80,85,90,95,100,120,140,160,180,200													

注：1. 公称直径等于开口销孔的直径。

2. 对销孔直径推荐的公差为：公称规格≤1.2：H13；公称直径>1.2：H14。

附录C　常用滚动轴承

C-1　深沟球轴承(摘自 GB/T 276－2013)

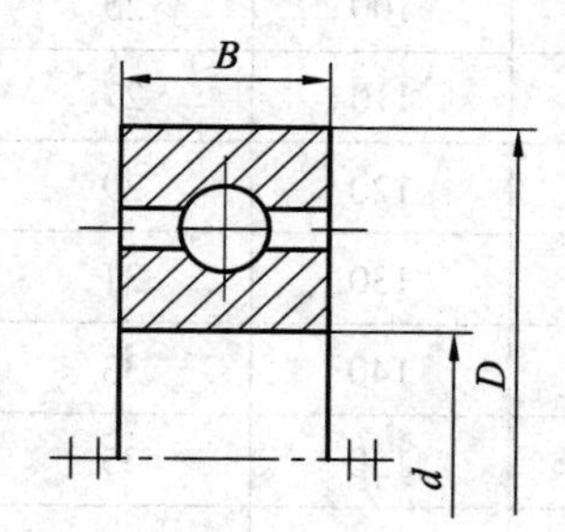

标记示例：

内圈孔径 $d=50$ mm、尺寸系列代号为 02 的深沟球轴承：

滚动轴承 6210　GB/T 276-2013

附表 18　深沟球轴承

mm

轴承型号	外形尺寸			轴承型号	外形尺寸		
	d	D	B		d	D	B
尺寸系列(10)				尺寸系列(03)			
608	8	22	7	634	4	16	5
609	9	24	7	635	5	19	6
6000	10	26	8	6300	10	35	11
6001	12	28	8	6301	12	37	12
6002	15	32	9	6302	15	42	13
6003	17	35	10	6303	17	47	14
6004	20	42	12	6304	20	52	15
60/22	22	44	12	63/22	22	56	16
6005	25	47	12	6305	25	62	17
60/28	28	52	12	63/28	28	68	18
6006	30	55	13	6306	30	72	19
60/32	32	58	13	63/32	32	75	20
6007	35	62	14	6307	35	80	21
6008	40	68	15	6308	40	90	23
6009	45	75	16	6309	45	100	25
6010	50	82	16	6310	50	110	27

续表

轴承型号	外形尺寸			轴承型号	外形尺寸		
	d	*D*	*B*		*d*	*D*	*B*
尺寸系列(02)				尺寸系列(04)			
628	8	24	8	6405	25	80	21
629	9	26	8	6406	30	90	23
6200	10	30	9	6407	35	100	25
6201	12	32	10	6408	40	110	27
6202	15	35	11	6409	45	120	29
6203	17	40	12	6410	50	130	31
6204	20	47	14	6411	55	140	33
62/22	22	50	14	6412	60	150	35
6205	25	52	15	6413	65	160	37
62/28	28	58	16	6414	70	180	42
6206	30	62	16	6415	75	190	45
62/32	32	65	17	6416	80	200	48
6207	35	72	17	6417	85	210	2
6208	40	80	18	6418	90	225	54
6209	45	85	19	6419	95	240	55
6210	50	90	20	6420	100	250	58

C-2 圆锥滚子轴承(摘自 GB/T 297－2015)

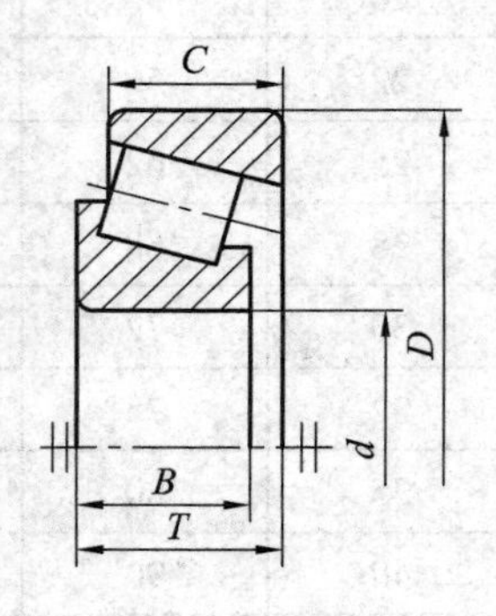

标记示例：

内圈孔径 $d=35$ mm、尺寸系列代号 03 的圆锥滚子轴承：滚动轴承 30307 GB/T 297-2015

附表 19　圆锥滚子轴承

mm

轴承型号	外形尺寸				
	d	*D*	*T*	*B*	*C*
尺寸系列(02)					
30202	15	35	11.75	11	10
30203	17	40	13.25	12	11
30204	20	47	15.25	14	12
30205	25	52	16.25	15	13
30206	30	62	17.25	16	14
302/32	32	65	18.25	17	15
30207	35	72	18.25	17	15
30208	40	80	19.75	18	16
30209	45	85	20.75	19	16
30210	50	90	21.75	20	17
30211	55	100	22.75	21	18
30212	60	110	23.75	22	19
30213	65	120	24.75	23	20
30214	70	125	26.75	24	21
30215	75	130	27.75	25	22
30216	80	140	28.75	26	22
30317	85	150	30.5	28	24
尺寸系列(03)					
30302	15	42	14.25	13	11
30303	17	47	15.25	14	12
30304	20	52	16.25	15	13
30305	25	62	18.25	17	15
30306	30	72	20.75	19	16
30307	35	80	22.75	21	18
30308	40	90	25.25	23	20
30309	45	100	27.25	25	22
30310	50	110	29.25	27	23
30311	55	120	31.5	29	25
30312	60	130	33.5	31	26
30313	65	140	36	33	28
30314	70	150	38	35	30
30315	75	160	40	37	31
30316	80	170	42.5	39	33
30317	85	180	44.5	41	34

轴承型号	外形尺寸				
	d	*D*	*T*	*B*	*C*
尺寸系列(23)					
32303	17	47	20.25	19	16
32304	20	52	22.25	21	18
32305	25	62	25.25	24	20
32306	30	72	28.75	27	23
32307	35	80	32.75	31	25
32308	40	90	35.25	33	27
32309	45	100	38.25	36	30
32310	50	110	42.25	40	33
32311	55	120	45.5	43	35
32312	60	130	48.5	46	37
32313	65	140	51	48	39
尺寸系列(30)					
33005	25	47	17	17	14
33006	30	55	20	20	16
33007	35	62	21	21	17
33008	40	68	22	22	18
33009	45	75	24	24	19
33010	50	80	24	24	19
33011	55	90	27	27	21
33012	60	95	27	27	21
33013	65	100	27	27	21
33014	70	110	31	31	25.5
33015	75	115	31	31	25.5
33016	80	125	36	36	29.5
尺寸系列(31)					
33108	40	75	26	26	20.5
33109	45	80	26	26	20.5
33110	50	85	26	26	20
33111	55	95	30	30	23
33112	60	100	30	30	23
33113	65	110	34	34	26.5
31314	70	120	37	37	29
31315	75	125	37	37	29
31316	80	130	37	37	29

C-4 推力球轴承(摘自 GB/T 301－2015)

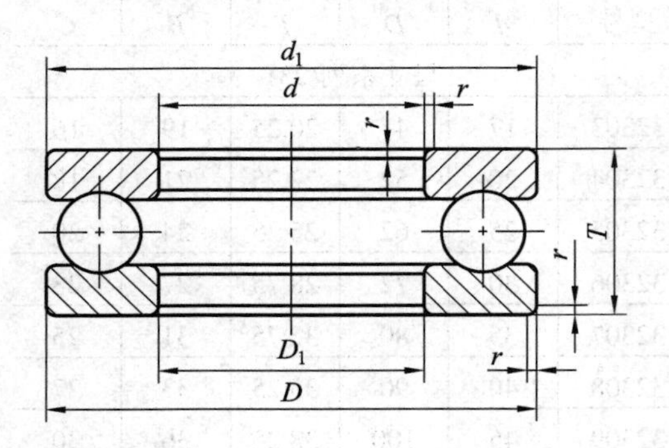

标记示例：

内圈孔径 $d=50$ mm、尺寸系列代号为 12 的单向推力球轴承：滚动轴承 51210 GB/T 301—2015

附表 20 推力球轴承

mm

轴承型号	外形尺寸					轴承型号	外形尺寸				
	d	D	T	D_{1min}	d_{1max}		d	D	T	D_{1min}	d_{1max}
尺寸系列(11)						尺寸系列(13)					
51104	20	35	10	21	35	51304	20	47	18	22	47
51105	25	42	11	26	42	51305	25	52	18	27	52
51106	30	47	11	32	47	51306	30	60	21	32	60
51107	35	52	12	37	52	51307	35	68	24	37	68
51108	40	60	13	42	60	51308	40	78	25	42	78
51109	45	65	14	47	65	51309	45	85	28	47	85
51110	50	70	14	52	70	51310	50	95	31	52	95
51111	55	78	16	57	78	51311	55	105	35	57	105
51112	60	85	17	62	85	51312	60	110	35	62	110
51113	65	90	18	67	90	51313	65	115	36	67	115
51114	70	95	18	72	95	51314	70	125	40	72	125
51115	75	100	19	77	100	51315	75	135	44	77	135
51116	80	105	19	82	105	51316	80	140	44	82	140
51117	85	110	19	87	110	51317	85	150	49	88	150
51118	90	120	22	92	120	51318	90	155	50	93	155
51120	100	135	25	102	135	51320	100	170	55	103	170

续表

轴承型号	外形尺寸					轴承型号	外形尺寸				
	d	D	T	$D_{1\min}$	$d_{1\max}$		d	D	T	$D_{1\min}$	$d_{1\max}$
尺寸系列(12)						尺寸系列(14)					
51204	20	40	14	22	40	51405	25	60	24	27	60
51205	25	47	15	27	47	51406	30	70	28	32	70
51206	30	52	16	32	52	51407	35	80	32	37	80
51207	35	62	18	37	62	51408	40	90	36	42	90
51208	40	68	19	42	68	51409	45	100	39	47	100
51209	45	73	20	47	73	51410	50	110	43	52	110
51210	50	78	22	52	78	51411	55	120	48	57	120
51211	55	90	25	57	90	51412	60	130	51	62	130
51212	60	95	26	62	95	51413	65	140	56	68	140
51213	65	100	27	67	100	51414	70	150	60	73	150
51214	70	105	27	72	105	51415	75	160	65	78	160
51215	75	110	27	77	110	51416	80	170	68	83	170
51216	80	115	28	82	115	51417	85	180	72	88	177
51217	85	125	31	88	125	51418	90	190	77	93	187
51218	90	135	35	93	135	51420	100	210	85	103	205
51220	100	150	38	103	150	51422	110	230	95	113	225

注：1. 本表未列入座圈和单向轴承圈背面倒角尺寸 $r_{\min}$，需要时可查阅本标准。对应的 $r_{\max}$ 在 GB/T274 中规定，需要时可查阅。

2. 推力轴承有 51000 型(单向推力球轴承)和 52000 型(双向推力球轴承)，类型代号都是 5，尺寸系列代号分别为 11、12、13、14 和 21、22、23、24。52000 型推力球轴承的形式、尺寸可查阅该标准。

附录D　普通圆柱螺旋压缩弹簧尺寸及参数（两端圈并紧磨平或制扁）

(摘自 GB/T 2089—2009)

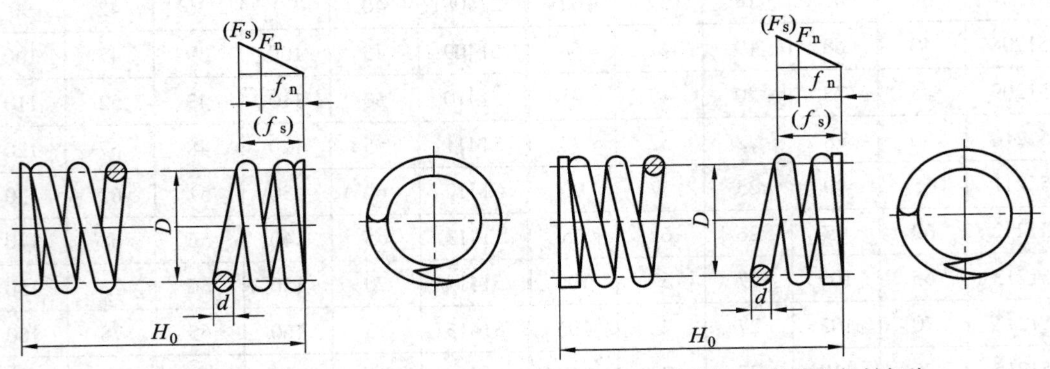

YA型(冷卷，两端圈并紧磨平型)　　YB型(热卷，两端圈并紧制扁型)

标记示例：

YA 型弹簧、材料直径为 1.2 mm、弹簧中径为 8 mm、自由高度 40 mm、精度等级为 2 级、左旋的两端圈并紧磨平的冷卷压缩弹簧：YA 1.2 × 8 × 40　左　GB/T 2089

YB 型弹簧、材料直径为 30 mm、弹簧中径为 160 mm、自由高度 200 mm、精度等级为 3 级、右旋的两端圈并紧制扁的冷卷压缩弹簧：YB 30 × 160 × 200 GB/T 2089

附表 21　普通圆柱螺旋压缩弹簧尺寸及参数

d mm	D mm	F_n N	n=2.5 圈		n=4.5 圈		n=6.5 圈		n=8.5 圈		n=10.5 圈		n=12.5 圈	
			H_0 mm	f_n mm	H_0 mm	f_n mm	H_0 mm	f_n mm	H_0 mm	f_n mm	H_0 mm	f_n mm	H_0 mm	f_n mm
1.2	6	86	9	2.3	12	4.1	17	5.7	22	7.8	25	9.6	30	11
	7	74	10	3.1	14	5.7	20	8.0	25	11	30	13	35	15
	8	65	11	4.1	16	7.3	24	11	28	14	35	17	40	20
	9	58	12	5.3	20	9.4	28	13	35	18	45	22	50	26
	10	52	14	6.3	24	11	32	16	40	22	50	26	58	33
	12	43	17	9.1	26	17	40	24	48	31	58	39	70	48
2	10	215	13	3.4	20	6.1	28	9.0	35	11	40	14	48	17
	12	179	15	4.8	24	9.0	32	13	40	16	48	21	58	25
	14	153	17	6.7	26	12	38	17	50	23	55	28	65	33

续表

d mm	D mm	F_n N	n=2.5 圈		n=4.5 圈		n=6.5 圈		n=8.5 圈		n=10.5 圈		n=12.5 圈	
			H_0 mm	f_n mm	H_0 mm	f_n mm	H_0 mm	f_n mm	H_0 mm	f_n mm	H_0 mm	f_n mm	H_0 mm	f_n mm
2	16	134	19	8.9	30	16	42	23	55	30	65	37	75	43
	18	119	22	11	35	20	48	28	65	37	75	46	90	54
	20	107	25	14	40	24	55	36	75	47	90	56	105	67
4	20	764	26	6.1	38	11	52	16	65	21	80	25	90	30
	22	694	28	7.3	40	13	55	19	70	25	85	30	100	37
	25	611	30	9.4	45	17	60	24	80	32	95	41	110	47
	28	545	34	12	50	21	70	30	90	39	105	50	130	59
	30	509	36	14	55	24	75	36	95	46	115	57	140	68
	32	477	37	15	58	28	80	40	100	52	120	65	150	77
6	30	1605	38	8	55	15	75	22	95	29	115	36	130	42
	32	1505	38	10	58	17	80	25	100	33	120	41	140	49
	35	1376	40	12	60	21	85	30	105	39	130	49	150	57
	38	1267	42	14	65	24	90	35	115	47	140	58	160	67
	40	1204	45	15	70	27	95	39	120	50	140	63	170	75
	45	1070	48	19	75	35	105	49	140	63	160	62	190	97
8	32	3441	45	7	70	13	90	18	110	24	150	29	155	35
	35	3146	47	8	72	15	96	22	115	28	140	35	160	42
	38	2898	50	10	76	18	98	26	122	33	140	41	170	49
	40	2753	52	11	78	20	100	28	128	37	150	46	180	54
	45	2447	57	14	84	25	105	36	130	47	160	58	190	68
	50	2203	62	17	88	31	115	44	150	58	180	73	210	85
20	80	23236	115	19	170	34	240	49	300	64	350	79	400	94
	85	21869	120	21	180	38	250	55	310	72	360	89	420	106
	90	20654	130	24	190	43	260	62	320	81	380	100	450	119
	95	49567	140	27	200	48	270	69	330	90	400	111	460	133
	100	18589	150	29	210	53	280	76	340	100	420	124	480	148
	110	16899	160	36	220	64	290	92	360	121	450	150	520	178

注：1. F_n 取 $0.8F_s$(F_n 为最大工作负荷代号，F_s 为试验负荷代号)，f_n 取 $0.8f_s$(f_n 为最大工作变形量代号，f_s 为试验负荷下变形量代号)。

2. 本表未列入的参数需要时可查阅本标准。

附录E　常用机械加工一般规范和零件结构要素

E-1　零件倒圆与倒角(摘自 GB/T 6403.4—2008)

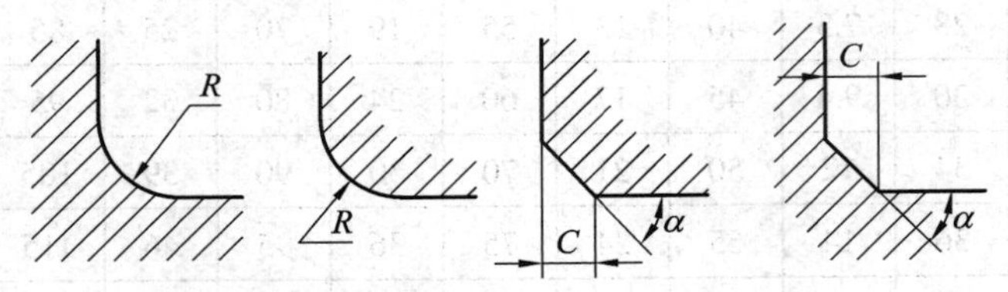

α 一般用 45°，也可用 30°或 60°

零件倒圆、倒角形式见上图，其尺寸系列值见附表 22。

附表 22　零件倒圆与倒角　mm

R、C												
0.1	0.2	0.3	0.4	0.5	0.6	0.8	1.0	1.2	1.6	2.0	2.5	3.0
4.0	5.0	6.0	8.0	10	12	16	20	25	32	40	50	—

内角、外角分别为倒圆、倒角(倒角为 45°)的四种装配型式如下图。

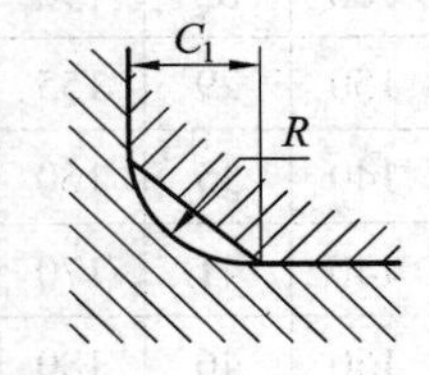

内角倒圆、外角倒角

$C_1 > R$

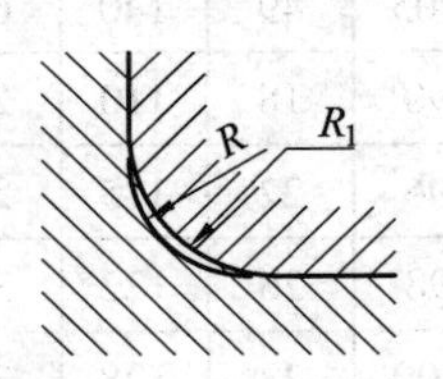

内角倒圆、外角倒圆

$R_1 > R$

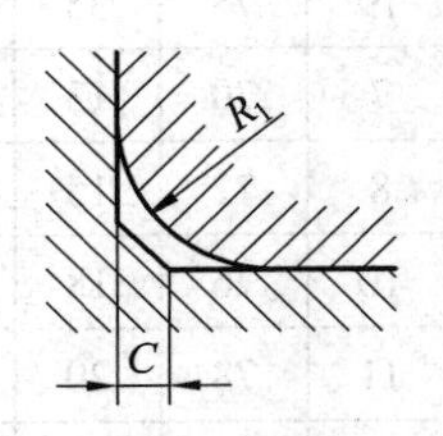

内角倒角、外角倒圆

$C < 0.58R_1$

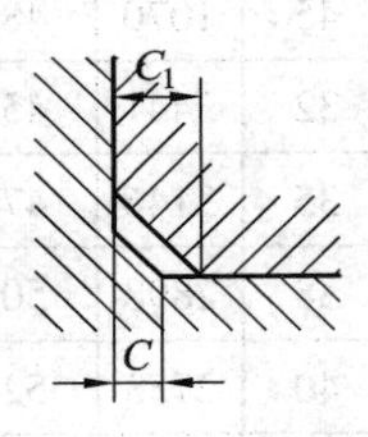

内角倒角、外角倒角

$C_1 > C$

注：1. C_1、R_1 的偏差为正；C、R 的偏差为负。

2. 按上述关系装配时，内角与外角取值要适当，外角的倒圆或倒角过大会影响零件工作面；内角的倒圆或倒角过小会产生应力集中。

内角倒角、外角倒圆时 C 的最大值 C_{max} 与 R_1 的关系值见附表 23。

附表 23　内角倒角与外角倒圆　mm

R_1	0.1	0.2	0.3	0.4	0.5	0.6	0.8	1.0	1.2	1.6	2.0	2.5	3.0	4.0	5.0	6.0	8.0	10	12	16	20	25
C_{max}	—	0.1	0.1	0.2	0.2	0.3	0.4	0.5	0.6	0.8	1.0	1.2	1.6	2.0	2.5	3.0	4.0	5.0	6.0	8.0	10	12

与直径 Φ 相应的倒角 C、倒圆 R 的推荐值见附表 24。

附表 24　直径对应的倒角、倒圆

mm

Φ	～3	>3～6	>6～10	>10～18	>18～30	>30～50	>50～80	>80～120	>120～180
C 或 R	0.2	0.4	0.6	0.8	1.0	1.6	2.0	2.5	3.0
Φ	>180～250	>250～320	>320～400	>400～500	>500～630	>630～800	>800～1000	>1000～1250	>1250～1600
C 或 R	4.0	5.0	6.0	8.0	10	12	16	20	25

E-2　砂轮越程槽(摘自 GB/T 6403.5—2008)

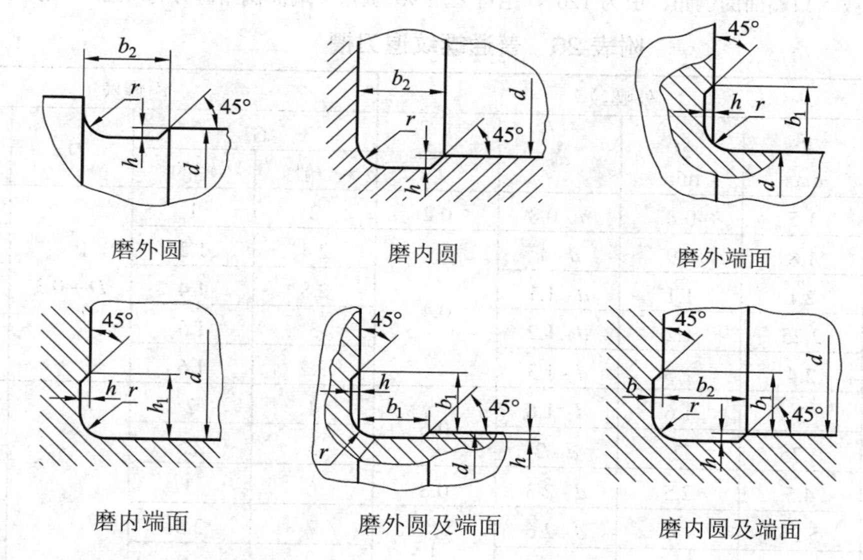

磨外圆　磨内圆　磨外端面

磨内端面　磨外圆及端面　磨内圆及端面

回转面及端面砂轮越程槽的形式如上图，尺寸见附表 25。

附表 25　砂轮越程槽

mm

b_1	0.6	1.0	1.6	2.0	3.0	4.0	5.0	8.0	10
b_2	2.0	3.0		4.0		5.0		8.0	10
h	0.1	0.2		0.3	0.4		0.6	0.8	1.2
r	0.2	0.5		0.8	1.0		1.6	2.0	3.0
d	～10			10～50		50～100		100	

注：1. 越程槽内与直线相交处，不允许产生尖角。

2. 越程槽深度 h 与圆弧半径 r，要满足 $r \leqslant 3h$。

E-3 普通螺纹倒角和退刀槽(摘自 GB/T 3—1997)

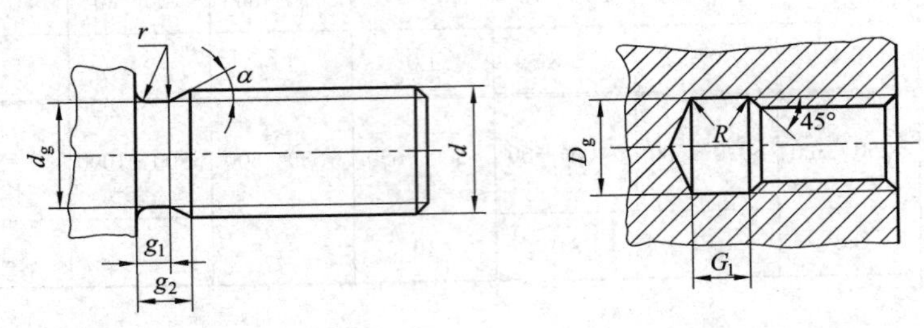

注：1. 过渡角 $\alpha \geqslant 30°$。

2. 外螺纹始端端面的倒角一般为 45°，也可采用 60°或 30°倒角；倒角深度≥牙型高度。

3. 内螺纹入口端面的倒角一般为 120°，也可采用 90°倒角；端面倒角直径为(1.05～1)D。

附表 26 普通螺纹退刀槽 mm

螺距 P	外螺纹				内螺纹			
	g_2 max	g_1 min	d_g	$r\approx$	G_1 一般	G_1 短的	D_g	$R\approx$
0.5	1.5	0.8	d - 0.8	0.2	2	1	D + 0.3	0.2
0.6	1.8	0.9	d - 1	0.4	2.4	1.2		0.3
0.7	2.1	1.1	d - 1.1		2.8	1.4		0.4
0.75	2.25	1.2	d - 1.2		3	1.5		
0.8	2.4	1.3	d - 1.3		3.2	1.6		
1	3	1.6	d - 1.6	0.6	4	2	D + 0.5	0.5
1.25	3.75	2	d - 2		5	2.5		0.6
1.5	4.5	2.5	d - 2.3	0.8	6	3		0.8
1.75	5.25	3	d - 2.6	1	7	3.5		0.9
2	6	3.4	d - 3		8	4		1
2.5	7.5	4.4	d - 3.6	1.2	10	5		1.2
3	9	5.2	d - 4.4	1.6	12	6		1.5
3.5	10.5	6.2	d - 5.5		14	7		1.8
4	12	7	d - 5.7	2	16	8		2
4.5	13.5	8	d - 6.4	2.5	18	9		2.2
5	15	9	d - 7		20	10		2.5
5.5	17.5	11	d - 7.7	3.2	22	11		2.8
6	18	11	d - 8.3		24	12		3
参考值	≈3P	—	—	—	=4P	=2P	—	≈0.5P

注：1. d、D 为螺纹公称直径代号。

2. d_g 公差为：$h13(d>3\ \text{mm})$、$h12(d\leqslant 3\ \text{mm})$；$D_g$ 公差为 H13。

3. “短”退刀槽仅在结构受限制时采用。

E-4　紧固件通孔(摘自 GB/T 5277—1985)及沉头座孔尺寸(摘自 GB/T 152.2～152.4—1988)

附表 27　紧固件通孔及沉头座孔　　mm

螺纹规格 d			3	4	5	6	8	10	12	14	16	18	20	22	24	27	30	36
通孔直径 GB/T 5277—1985	精装配		3.2	4.3	5.3	6.4	8.4	10.5	13	15	17	19	21	23	25	28	31	37
	中等装配		3.4	4.5	5.5	6.6	9	11	13.5	15.5	17.5	20	22	24	26	30	33	39
	粗装配		3.6	4.8	5.8	7	10	12	14.5	16.5	18.5	21	24	26	28	32	35	42
沉头螺钉用沉孔	GB/T 152.2—1988	d_2	6.4	9.6	10.6	12.8	17.6	20.3	24.2	28.4	32.4	—	40.4	—	—	—	—	—
		$t\approx$	1.6	2.7	2.7	3.3	4.6	5.0	6.0	7.0	8.0	—	10.0	—	—	—	—	—
		d_1	3.4	4.5	5.5	6.6	9	11	13.5	15.5	17.5	—	22	—	—	—	—	—
		α	$90°{}^{-2°}_{-4°}$															
用于内六角圆柱头螺钉的沉孔		d_2	6.0	8.0	10.0	11.0	15.0	18.0	20.0	24.0	26.0	—	33.0	—	40.0	—	48.0	57.0
		t	3.4	4.6	5.7	6.8	9.0	11.0	13.0	15.0	17.5	—	21.5	—	25.5	—	32.0	38.0
		d_3	—	—	—	—	—	—	16	18	20	—	24	—	28	—	36	42
		d_1	3.4	4.5	5.5	6.6	9.0	11.0	13.5	15.5	17.5	—	22.0	—	26.0	—	33.0	39.0
用于开槽圆柱头螺钉的沉孔	GB/T 152.3—1988	d_2	—	8	10	11	15	18	20	24	26	—	33	—	—	—	—	—
		t	—	3.2	4.0	4.7	6.0	7.0	8.0	9.0	10.5	—	12.5	—	—	—	—	—
		d_3	—	—	—	—	—	—	16	18	20	—	24	—	—	—	—	—
		d_1	—	4.5	5.5	6.6	9.0	11.0	13.5	15.5	17.5	—	22.0	—	—	—	—	—
六角头螺栓和六角螺母用沉孔	GB/T 152.4—1988	d_2	9	10	11	13	18	22	26	30	33	36	40	43	48	53	61	71
		d_3	—	—	—	—	—	—	16	18	20	22	24	26	28	33	36	42
		d_1	3.4	4.5	5.5	6.6	9.0	11.0	13.5	15.5	17.5	20.0	22.0	24	26	30	33	39

注：对螺栓和螺母用沉孔的尺寸 t，只要能制出与通孔轴线垂直的圆平面即可；尺寸 d_1、d_2、t 的公差带都是 H13(GB/T 152.4—1988 中的 d_2 的公差带为 H15)。

附录F　极限与配合

F-1　优先配合中轴的上、下极限偏差数值(由 GB/T 1801—2009 和 GB/T 1800.2—2009 摘录后整理)

附表 28　优先配合中轴的极限偏差　μm

公称尺寸/mm		公差带											
		c	d	f	g	h				k	n	p	s	u
大于	至	11	9	7	6	6	7	9	11	6	6	6	6	6
—	3	−60 −120	−20 −45	−6 −16	−2 −8	0 −6	0 −10	0 −25	0 −60	+6 0	+10 +4	+12 +6	+20 +14	+24 +18
3	6	−70 −145	−30 −60	−10 −22	−4 −12	0 −8	0 −12	0 −30	0 −75	+9 +1	+16 +8	+20 +12	+27 +19	+31 +23
6	10	−80 −170	−40 −49	−13 −28	−5 −14	0 −9	0 −15	0 −36	0 90	+10 +1	+19 +10	+24 +15	+32 +23	+37 +28
10	14	−95	−50	−16	−6	0	0	0	0	+12	+23	+29	+39	+44
14	18	−205	−93	−34	−17	−11	−18	−43	−110	+1	+12	+18	+28	+33
18	24	−110	−65	−20	−7	0	0	0	0	+15	+28	+35	+48	+54 +41
24	30	−240	−117	−41	−20	−13	−21	−62	−130	+2	+15	+22	+35	+61 +48
30	40	−120 −280	−80	−25	−9	0	0	0	0	+18	+33	+42	+59	+76 +60
40	50	−130 −290	−142	−50	−25	−16	−25	−52	−160	+2	+17	+26	+43	+86 +70
50	65	−140 −330	−100	−30	−10	0	0	0	0	+21	+39	+51	+72 +53	+106 +87
65	80	−150 −340	−174	−60	−29	−19	−30	−74	−190	+2	+20	+32	+78 +59	+121 +102

续表

公称尺寸/mm		公差带												
		c	d	f	g	h				k	n	p	s	u
大于	至	11	9	7	6	6	7	9	11	6	6	6	6	6
80	100	−170											+93	+146
		−390	−120	−36	−12	0	0	0	0	+25	+45	+59	+71	+124
100	120	−180	−207	−71	−34	−22	−35	−87	−220	+3	+23	+37	+101	+166
		−400											+79	+144
120	140	−200											+117	+195
		−450											+92	+170
140	160	−210	−145	−43	−14	0	0	0	0	+28	+52	+68	+125	+215
		−460	−245	−83	−39	−25	−40	−100	−250	+3	+27	+43	+100	+190
160	180	−230											+133	+235
		−480											+108	+210
180	200	−240											+151	+265
		−530											+122	+236
200	225	−260	−170	−50	−15	0	0	0	0	+33	+60	+79	+159	+287
		−550	−285	−96	−44	−29	−46	−115	−290	+4	+31	+50	+130	+258
225	250	−280											+169	+313
		−570											+140	+284
250	280	−300											+190	+347
		−620	−190	−56	−17	0	0	0	0	+36	+66	+88	+158	+315
280	315	−330	−320	−108	−49	−32	−52	−130	−320	+4	+34	+56	+202	+382
		−650											+170	+350
315	355	−360											+226	+426
		−720	−210	−62	−18	0	0	0	0	+40	+73	+98	+190	+390
355	400	−400	−350	−119	−54	−36	−57	−140	−360	+4	+37	+62	+244	+471
		−760											+208	+435
400	450	−440											+272	+530
		−840	−230	−68	−20	0	0	0	0	+45	+80	+108	+232	+490
450	500	−480	−385	−131	−60	−40	−63	−155	−400	+5	+37	+68	+292	+580
		−880											+252	+540

E-2 优先配合中孔的上、下极限偏差数值(由 GB/T 1801—2009 和 GB/T 1800.2—2009 摘录后整理)

附表 29 优先配合中孔的极限偏差 μm

公称尺寸/mm		公差带												
		C	D	F	G	H				K	N	P	S	U
大于	至	11	9	8	7	7	8	9	11	7	7	7	7	7
—	3	+120	+45	+20	+12	+10	+14	+25	+60	0	-4	-6	-14	-18
		+60	+20	+6	+2	0	0	0	0	-10	-14	-16	-24	-28
3	6	+145	+60	+28	+16	+12	+18	+30	+75	+3	-4	-8	-15	-19
		+70	+30	+10	+4	0	0	0	0	-9	-16	-20	-27	-31
6	10	+170	+76	+35	+20	+15	+22	+36	+90	+5	-4	-9	-17	-22
		+80	+40	+13	+5	0	0	0	0	-10	-19	-24	-32	-37
10	14	+205	+93	+43	+24	+18	+27	+43	+110	+6	-5	-11	-21	-26
14	18	+95	+50	+16	+6	0	0	0	0	-12	-23	-29	-39	-44
18	24													-33
		+240	+117	+53	+28	+21	+33	+52	+130	+6	-7	-14	-27	-54
24	30	+110	+65	+20	+7	0	0	0	0	-15	-28	-35	-48	-40
														-61
30	40	+280												-51
		+120	+142	+64	+34	+25	+39	+62	+160	+7	-8	-17	-34	-76
40	50	+290	+80	+25	+9	0	0	0	0	-18	-33	-42	-59	-61
		+130												-86
50	65	+330											-42	-76
		+140	+170	+76	+40	+30	+46	+74	+190	+9	-9	-21	-72	-106
65	80	+340	+100	+30	+10	0	0	0	0	-21	-39	-51	-48	-91
		+150											-78	-121
80	100	+390											-58	-111
		+170	+207	+90	+47	+35	+54	+87	+220	+10	-10	-24	-93	-146
100	120	+400	+120	+36	+12	0	0	0	0	-25	-45	-59	-66	-131
		+180											-101	-166

续表

公称尺寸/mm		公差带												
		C	D	F	G	H				K	N	P	S	U
大于	至	11	9	8	7	7	8	9	11	7	7	7	7	7
120	140	+450 +200											−77 −117	−155 −195
140	160	+460 +210	+245 +145	+106 +43	+54 +14	+40 0	+63 0	+100 0	+250 0	+12 −28	−12 −52	−28 −68	−85 −125	−175 −215
160	180	+480 +230											−93 −133	−195 −235
180	200	+530 +240											−105 −151	−219 −265
200	225	+550 +260	+285 +170	+122 +50	+61 +15	+46 0	+72 0	+115 +0	+290 0	+13 −33	−14 −60	−33 −79	−113 −159	−241 −287
225	250	+570 +280											−123 −169	−267 −313
250	280	+620 +300	+320 +190	+137 +56	+69 +17	+52 0	+81 0	+130 0	+320 0	−16 −36	−14 −66	−36 −88	−138 −190	−295 −347
280	315	+650 +330											−150 −202	−330 −382
315	355	+720 +360	+350 +210	+151 +62	+75 +18	+57 0	+89 0	+140 0	+360 0	+17 −40	−16 −73	−41 −98	−169 −226	−369 −426
355	400	+760 +400											−187 −244	−414 −471
400	450	+840 +440	+385 +230	+165 +68	+83 +20	+63 0	+97 0	+155 0	+400 0	+18 -45	−17 −80	−45 −108	−209 −272	−467 −530
450	500	+880 +480											−229 −292	−517 −580

参 考 文 献

[1] 何铭新，钱可强. 机械制图[M]. 北京：高等教育出版社，2016.
[2] 朱凤艳. 机械制图[M]. 北京：北京理工大学出版社，2016.
[3] 何铭新，钱可强. 机械制图[M]. 北京：高等教育出版社，2016.
[4] 王琳，王慧源，匡珑. 现代机械工程图学教程[M]. 北京：科学出版社，2016.
[5] 邹玉堂. 机械工程图学[M]. 北京：机械工业出版社，2019.
[6] 刘炀. 现代机械工程图学[M]. 北京：机械工业出版社，2018.
[7] 高红英，赵明威. 机械制图项目教程[M]. 北京：高等教育出版社，2018.
[8] 胡琳. 工程制图[M]. 北京：机械工业出版社，2018.